iLike就业Illustrator CS5中文版多功能教材

叶华 编著

電子工業出版社
Publishing House of Electronics Industry
北京·BEIJING

内 容 简 介

本书以实例为载体，使用通俗易懂的语言，详细地介绍了如何利用 Illustrator CS5 的各种功能来创建图形或编辑图像，以及制作出与众不同的精美效果。通过本书的学习，可以帮助读者比较全面地掌握软件中的理论知识和相关细节。编者从读者的角度出发，以实例的方式将 Illustrator CS5 展现在了读者的面前。希望读者通过实际的操作，可以掌握软件的各种操作方法和技巧，以便在日后的实践中进行灵活运用，实现创作理想。

本书可作为电脑平面设计人员、电脑美术爱好者以及与图形图像设计相关的工作人员的学习、工作参考用书。

图书在版编目（CIP）数据

iLike 就业 Illustrator CS5 中文版多功能教材/ 叶华编著. —北京：电子工业出版社，2011.2

ISBN 978-7-121-12942-1

Ⅰ. ① i…　Ⅱ. ① 叶…　Ⅲ. ① 图形软件，Illustrator CS5－教材　Ⅳ. ①TP391.41

中国版本图书馆 CIP 数据核字（2011）第 024634 号

责任编辑：戴　新
文字编辑：易　昆
印　　刷：北京天竺颖华印刷厂
装　　订：三河市鑫金马印装有限公司
出版发行：电子工业出版社
　　　　　北京市海淀区万寿路 173 信箱　邮编：100036
　　　　　北京市海淀区翠微东里甲 2 号　邮编：100036
开　　本：787×1092　1/16　印张：14.5　字数：371 千字
印　　次：2011 年 2 月第 1 次印刷
定　　价：30.00 元

凡所购买电子工业出版社图书有缺损问题，请向购买书店调换。若书店售缺，请与本社发行部联系。联系及邮购电话：（010）88254888。

质量投诉请发邮件至 zlts@phei.com.cn，盗版侵权举报请发邮件至 dbqq@phei.com.cn。

服务热线：（010）88258888。

前　言

Illustrator 是一款优秀的平面设计类软件，由 Adobe 公司研发。Illustrator CS5 是 Adobe 公司推出的最新版本，它功能齐全，集矢量绘图与排版功能于一身，非常实用。Illustrator CS5 较之以前的版本而言，在使用界面与操作性能等方面都进行了改进与增强，也增加了一些新的功能。该软件在海报、VI 设计、广告、画册、网页图形制作等诸多领域中都起着非常重要的作用，它是设计人员的得力助手。利用它，设计人员可以制作出非常精美的作品。

本书是一本主要讲述 Illustrator CS5 各方面功能的书，它以实例为载体，向大家展示了软件各项功能的使用方法和技巧，也展示了如何使用该软件来创建和制作各种不同的效果。

编者根据对此软件的理解与分析，最终，将本书划分为 11 个课业内容，科学地将软件涉及的各个环节的知识从整体中划分开来。

在第 1 课中，编者以理论和实际相结合的方法向读者介绍了 Illustrator CS5 中的基础知识。编者将基础知识具体归结为一系列并列的知识点，分门别类地为大家进行讲述，对于一些需要实际操作的问题，则以实例的表现方式展示了出来，方便读者学习。本章的知识点主要包括图形图像及印刷基本知识、Illustrator CS5 工作界面、个性化界面、图像的显示、文件的基本操作、自定义快捷键、Adobe Bridge 应用等。

从第 2 课至第 10 课，编者向大家详细介绍了 Illustrator CS5 中的各项功能，这些知识点都是以实例的方式表现出来的，读者可以在实际操作中进行学习，从而能够更快地接受讲述的知识，这种形式较之文字理论类书籍，会更易于学习。在实例的编排中，书中还插有注意、提示和技巧等小篇幅的知识点，这都是一些平时容易出错的地方或者是一些操作过程中要注意的技巧，它们对学习 Illustrator CS5 很有帮助。这些课业的内容主要包括绘制与编辑图形、绘制与编辑路径、对象的操作、颜色填充与描边编辑、高级填充技巧、文本的处理、图表的编辑、高级应用技巧、滤镜和效果的使用等。

在第 11 课中，编者加入了打印和 PDF 文件输出的相关知识，为设计完成后的输出工作提供了一些知识点作为参考。作品在创作完成后，一般需要打印出来或是输出为其他格式的文件，所以本书中安排的第 11 课的内容是非常实用的。本课中仍是以实例的表现方式向大家讲述了关于打印的知识，主要包括安装 PostScript 打印机、设置打印选项、创建书籍版式 PDF 文件（PDF 文件制作）等内容。

本书在每课的具体内容中也进行了十分科学地内容安排，首先介绍了知识结构，其次列出了对应课业的就业达标要求，然后紧跟具体内容，为读者的学习提供了非常明确的信息与步骤安排。

本书在编著的过程中，因为得到出版社的领导、编辑老师的大力帮助，才得以顺利出版，在此对他们表示衷心的感谢。

由于全书整理时间仓促，书中难免有疏漏和不妥之处，欢迎广大读者和同行批评和指正。

为方便读者阅读，若需要本书配套资料，请登录“北京美迪亚电子信息有限公司”（http://www.medias.com.cn），在“资料下载”页面进行下载。

目　录

第 1 课

Illustrator CS5 基础知识

本课知识结构

在第 1 课中，编者将向大家介绍关于 Illustrator CS5 的基础知识，对于读者来说，充分了解软件各方面的基础知识，是学习该软件中其他知识的前提，也是实施设计过程的必要条件。

就业达标要求

- ☆ 掌握图形图像基本知识
- ☆ 认知 Illustrator CS5 工作界面
- ☆ 个性化界面
- ☆ 图像的显示
- ☆ 文件的基本操作
- ☆ 自定义快捷键
- ☆ 掌握 Adobe Bridge 的应用

1.1 图形图像及印刷基本知识

图形图像的基本知识，对于学习平面设计类软件的人员来说，是最基础的知识和要求，对于 Illustrator 也不例外。在学习 Illustrator CS5 之初，掌握一些关于图形和图像的概念，对软件的进一步学习非常有帮助，也是学习的路途中必须迈出的第一步。

1. 矢量图形与位图图像

矢量图形与位图图像在使用计算机绘图的过程中，是首先要了解的概念。使用 Illustrator CS5，既可以制作出精美的矢量图形，又可以导入位图图像进行编辑。

- 矢量图形：矢量图形又称向量图，是以线条和颜色块为主构成的图形。矢量图形的显示效果与分辨率无关，可以任意改变大小以进行输出，并且图片的观看质量也不会受到影响，这些主要是因为其线条的形状、位置、曲率等属性都是通过数学公式进行描述和记录的。矢量图形文件所占的磁盘空间比较少，非常适用于网络传输，也经常被应用在标志设计、插图设计以及工程绘图等专业设计领域。随着社会发展，软件的应用功能都在不断地提高，许多软件都可以制作和编辑矢量图形，例如 CorelDRAW 和本书中将要向大家详细介绍的 Illustrator 等，如图 1-1 所示。
- 位图图像：位图图像又称为点阵图，是由许许多多的像素点所组成的。这些不同颜色的点按照一定的次序排列，就组成了色彩斑斓的图像。当将图像放大到一定程度时，在屏幕上就可以看到一个个的小色块，这些色块就是像素。由于位图图像是通过记录每个点的位置和颜色信息来保存图像内容的，所以，像素越多，颜色信息越丰富，图像的文件容量也就越大，如图 1-2 所示。

图 1-1　矢量图形

图 1-2　位图图像

像素是组成位图图像的最小单位。一个图像文件的像素越多，更多的细节就越能被充分表现出来，图像质量也会随之提高。但用于保存图像所需的磁盘空间也会越多，编辑和处理的速度也会变慢。位图图像与分辨率的设置有关，当位图图像以过低的分辨率打印或是以较大的倍数放大显示时，图像的边缘就会出现锯齿，如图 1-3 所示。所以，在制作和编辑位图图像之前，应该首先根据输出的要求调整图像的分辨率。

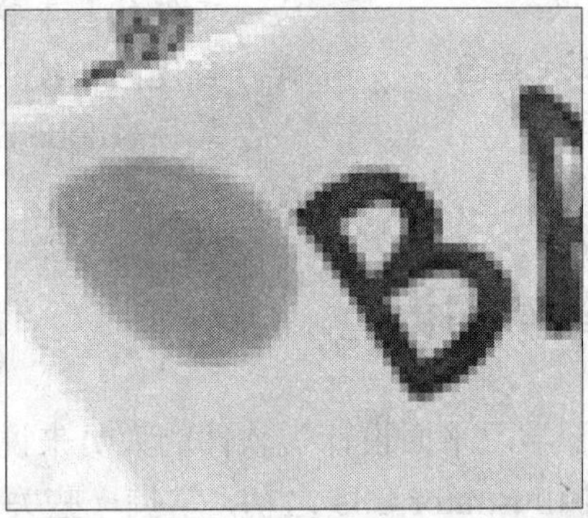

图 1-3　像素

2. 分辨率

分辨率常以“宽×高”的形式来表示，它对于数字图像的显示及打印等方面，都起着至关重要的作用。也许这个词汇相对比较抽象，下面将以分类的方法向大家介绍如何巧妙、正确地运用分辨率，以帮助大家用最快的速度掌握该知识点。一般情况下，分辨率分为图像分辨率、屏幕分辨率以及打印分辨率。

● 图像分辨率：图像分辨率通常以像素/英寸来表示，是指图像中每单位长度含有的像素数目。例如，分辨率为 300 像素/英寸的 1×1 英寸的图像总共包含 90000 个像素，而分辨率为 72 像素/英寸的图像只包含 5184 个像素（72 像素宽×72 像素高=5184）。但分辨率并不是越大越好，分辨率越大，图像文件越大，在进行处理时所需的内存和 CPU 处理时间也就越多。不过，分辨率高的图像比相同打印尺寸的低分辨率图像包含更多的像素，因而图像会更加清楚细腻。

● 屏幕分辨率：屏幕分辨率就是指显示器分辨率，即显示器上每单位长度显示的像素或点的数量，通常以点/英寸（dpi）来表示。显示器分辨率取决于显示器的大小及其像素设置。显示器在显示图像时，图像像素会被直接转换为显示器像素，这样当图像分辨率高于显示器分辨率时，在屏幕上显示的图像比其指定的打印尺寸大。一般显示器的分辨率为 72dpi 或 96dpi。

● 打印分辨率：激光打印机（包括照排机）等输出设备产生的每英寸油墨点数（dpi）就是打印机分辨率。大部分桌面激光打印机的分辨率为 300dpi 到 600dpi，而高档照排机能够以 1200dpi 或更高的分辨率进行打印。

图像的最终用途决定了图像分辨率的设定，用于印刷的图像，分辨率应不低于 300dpi；如果要对图像进行打印输出，则需要符合打印机或其他输出设备的要求；应用于网络的图像，分辨率只需满足典型的显示器分辨率即可。

3. *颜色模式*

颜色模式是用来提供一种将颜色翻译成数字数据的方法，从而使颜色能在多种媒体中得到一致的描述。当人们在描述一种颜色时，通常会以感觉的方式去认知，并不能精准地判断出是哪一种，而是一个相对较为模糊的范围。但通过色彩模式，就可以做到，比如在一种颜色模式中为某种颜色赋予了一个专有的颜色值，就可以在不同情况下得到同一种颜色。

虽然颜色模式可以准确地表达一种颜色，但是每一种颜色模式都不能将全部颜色表现出来，它只是根据自身颜色模式的特点来表现某一个色域范围内的颜色。所以，不同的颜色模式能表现的颜色范围与颜色种类也是不同的，如果需要表现色彩丰富的图像，应该选用色域范围大的颜色模式，反之应选择色域范围小的颜色模式。

Illustrator CS5 提供了灰度、RGB、CMYK、HSB、Web 安全 RGB 这 5 种颜色模式，其中最常用的是 RGB 模式和 CMYK 模式，而 CMYK 是默认的颜色模式。运用不同颜色模式调配出的颜色是不同的。

正确地选择颜色模式至关重要，因为颜色模式对可显示颜色的数量、图像的通道数和图像的文件大小都有所影响。

● 灰色模式：灰度模式的图像由 256 级的灰度组成。图像的每一个像素能够用 0～255 的亮度值来表现，所以其色调表现力较强，图像也较为细腻。使用黑白胶卷拍摄所得到的黑白照片即为灰度图像，如图 1-4 所示。

提示 将颜色模式转换为双色调模式或位图模式时，必须先转换为灰度模式，然后再由灰度模式转换为双色调模式或位图模式。

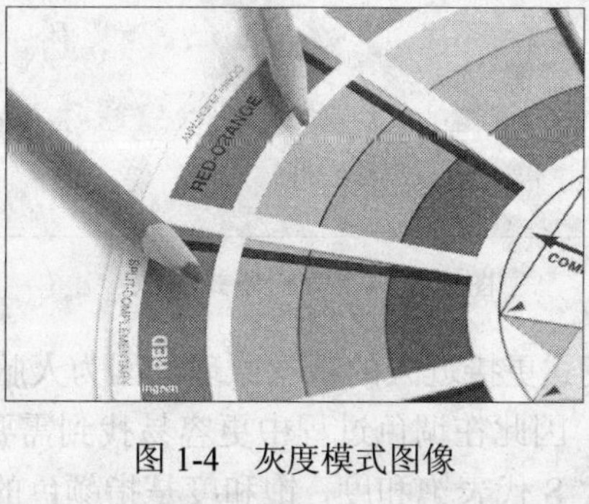

图 1-4 灰度模式图像

● RGB 模式：众所周知，红、绿、蓝常称为光的三原色，绝大多数可视光谱可用红色、绿色和蓝色（RGB）三色光的不同比例和强度混合来产生。RGB 模式为图像中每个像素的 RGB 分量指定了一个介于 0~255 之间的强度值。当所有这 3 个分量的值相等时，结果是中性灰色。当 3 个分量的值都为 0 时，结果是纯黑色；当所有分量的值均为 255 时，结果是纯白色。由于 RGB 颜色合成可以产生白色，因此也称为加色模式。

RGB 图像通过三种颜色或通道，可以在屏幕上重新生成多达 1670 万（256×256×256）种颜色；这三个通道可转换为每像素 24（8×3）位的颜色信息。新建的 Photoshop 图像默认为 RGB 模式，如图 1-5 所示。

图 1-5　RGB 模式图像

注意　原色是指某种颜色体系的基本颜色，由它们可以合成出成千上万种颜色，而它们却不能由其他颜色合成。

● CMYK 模式：CMYK 颜色模式是一种印刷使用的模式，由分色印刷时使用的青色（C）、洋红（M）、黄色（Y）和黑色（K）4 种颜色组成。CMYK 模式以打印在纸上的油墨光线吸收特性为基础，当白光照射到半透明油墨上时，色谱中的一部分被吸收，而另一部分被反射回眼睛。由于该模式中的 4 种颜色可以通过合成得到可以吸收所有颜色的黑色，所以 CMYK 模式也被称为减色模式。在准备用印刷色打印图像时，应使用 CMYK 模式，如图 1-6 所示，该颜色模式没有 RGB 颜色模式的色域广。

图 1-6　CMYK 模式图像

● HSB 模式：HSB 颜色模式更接近人的视觉原理，因为人脑在辨别颜色时，都是按照色相、饱和度和亮度进行判断的，因此在调色过程中更容易找到需要的颜色。H 代表色相，每种颜色的固有颜色相貌叫做色相。S 代表饱和度，饱和度是指颜色的强度或纯度，表示色相中颜色本身色素分量所占的比例，颜色的饱和度越高，其鲜艳程度也就越高。B 代表亮度，亮度是指颜色明暗的程度。HSB 颜色调板，如图 1-7 所示。

● Web 安全 RGB 模式：Web 安全 RGB 模式是一种新增加的色彩模式，专门用于网页图像的制作。该模式是 RGB 模式的一种简化版本，它的 R、G、B 原色百分比被限制在一定的刻度上。Web 安全 RGB 颜色调板，如图 1-8 所示。

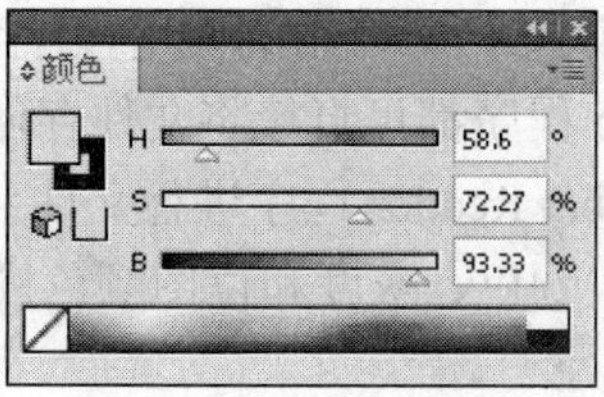

图 1-7 HSB 颜色调板

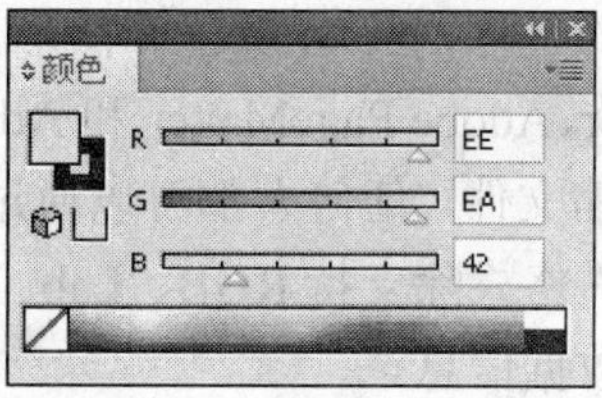

图 1-8 Web 安全 RGB 颜色调板

4. 文件格式

在平面设计工作中，熟悉一些常用的图像格式的特点及其应用范围是非常重要的，下面介绍 Illustrator CS5 中常用的文件格式。

● AI（*.AI）：AI 格式是 Illustrator 软件创建的矢量图格式，在 Photoshop 中可以直接打开 AI 格式的文件，打开后可以对其进行编辑。

● EPS（*.EPS）：EPS 是“Encapsulated PostScript”首字母的缩写。EPS 可同时包含像素信息和矢量信息，是一种通用的行业标准格式。除了多通道模式的图像之外，其他模式都可存储为 EPS 格式，但是它不支持 Alpha 通道。EPS 格式可以支持剪贴路径，可以产生镂空或蒙版效果。

● TIFF（*.TIFF）：TIFF 格式是印刷行业标准的图像格式，几乎所有的图像处理软件和排版软件都对其提供了很好的支持。该格式通用性很强，被广泛用于程序之间和计算机平台之间进行图像数据交换。TIFF 格式支持 RGB、CMYK、Lab、索引颜色、位图和灰度颜色模式，并且在 RGB、CMYK 和灰度三种颜色模式中还支持使用通道、图层和路径。

● PSD（*.PSD）：PSD 格式是 Photoshop 新建和保存图像文件默认的格式。PSD 格式是唯一可支持所有图像模式的格式，并且可以存储在 Photoshop 中建立的所有的图层、通道、参考线、注释和颜色模式等信息。因此，对于没有编辑完成，下次需要继续编辑的文件最好保存为 PSD 格式。不过，PSD 格式也有其缺点，例如保存时所占用的磁盘空间比较大，因为相比其他格式的图像文件而言，PSD 格式保存的信息较多。此外，由于 PSD 是 Photoshop 的专用格式，许多软件（特别是排版软件）都不能直接支持，因此，在图像编辑完成之后，应将图像转换为兼容性好并且占用磁盘空间小的图像格式，如 TIFF、JPG 格式。

● GIF（*.GIF）：GIF 格式也是通用的图像格式之一，由于最多只能保存 256 种颜色，且使用 LZW 压缩方式压缩文件，因此 GIF 格式保存的文件非常小，不会占用太多的磁盘空间，非常适合用于 Internet 上的图片传输。在将图像保存为 GIF 格式之前，需要将图像转换为位图、灰度或索引颜色等颜色模式。GIF 包括两种保存格式，一种为“正常”格式，可以支持透明背景和动画格式；另一种为“交错”格式，可让图像在网络上以由模糊逐渐转为清晰的方式显示。

● JPEG（*.JPEG）：JPEG 文件比较小，是一种高压缩比、有损压缩真彩色图像文件格式，所以在注重文件大小的领域应用很广，比如上传在网络上的大部分高颜色深度图像。但是，JPEG 格式在压缩保存的过程中会丢失一些不易查觉的数据，虽然失真并不严重，但仍会与原图有所差别，并且没有原图的质量好，所以，不适用于印刷、出版等业务范围。

● BMP（*.BMP）：BMP 是 Windows 平台标准的位图格式，很多软件都支持该格式，它的使用非常广泛。BMP 格式支持 RGB、索引颜色、灰度和位图颜色模式的图像，不支持 CMYK 颜色模式的图像，也不支持 Alpha 通道。

● PDF（*.PDF）：Adobe PDF 是 Adobe 公司开发的一种跨平台的通用文件格式，能够保存任何源文档的字体、格式、颜色和图形，而不管创建该文档所使用的应用程序和平台是什么，Adobe Illustrator、Adobe PageMaker 和 Adobe Photoshop 程序都可直接将文件存储为 PDF 格式。PDF 文件为压缩文件，任何人都可以通过免费的 Acrobat Reader 程序进行文件共享、查看、导航和打印。PDF 格式除支持 RGB、Lab、CMYK、索引颜色、灰度和位图颜色模式外，还支持通道、图层等数据信息。

● PNG（*.PNG）：PNG 是 Portable Network Graphics（轻便网络图形）的缩写，是 Netscape 公司专为互联网开发的网络图像格式，由于并不是所有的浏览器都支持 PNG 格式，所以该格式使用的范围没有 GIF 和 JPEG 格式广泛，但不同于 GIF 格式图像的是，它可以保存 24 位的真彩色图像，并且支持透明背景和消除锯齿边缘的功能，可以在不失真的情况下压缩保存图像。PNG 格式在 RGB 和灰度颜色模式下支持 Alpha 通道，但在索引颜色和位图模式下不支持 Alpha 通道。

5. 输出设备

在输出作品文件时，颜色的质量和输出的清晰度是十分重要的，必须要充分考虑到。打印机的分辨率通常是以每英寸多少点（dpi）来衡量的。点数越多，质量就越高。

● 喷墨打印机：高档喷墨打印机通过在产生图像时改变色点的大小生成质量几乎与照片一样的图像，但造价相对比较高。低档喷墨打印机生成彩色图像的造价比较低，但不能提供图像的高精度输出，因为这些打印机通常采用所谓的高频仿色技术，利用从墨盒中喷出的墨水来产生颜色。高频仿色过程一般采用青色、洋红色、黄色以及通常使用的黑色（CMYK）等墨水的色点图案产生上百万种颜色的视觉效果。在许多喷墨打印机里，色点图案是很容易看见的，颜色也不总是高度精确的。虽然许多新的喷墨打印机以 300dpi 的分辨率输出图像，但大多数的高频仿色和颜色质量仍是不太精确的。中档喷墨打印机的新产品采用的技术提供了比低档喷墨打印机更好的彩色保真度，其适用度比较广。

● 激光打印机：激光打印机包括黑白打印机和彩色打印机两种。现阶段，打印技术的进步使彩色激光打印机成为高档彩色打印机中的一种极具杀伤力的产品。彩色激光打印技术使用青、洋红、黄、黑色墨粉来创建彩色图像，其输出速度也是非常快的。

● 照排机：照排机是印前输出中心使用的一种高级输出设备，主要用于商业印刷厂的图像处理。它以 1200dpi~3500dpi 的分辨率将图像记录在纸上或胶片上。印前输出中心可以在胶片上提供样张（校样），以便精确地预览最后的彩色输出，然后图像照排机的输出被送至商业印刷厂，由商业印刷厂用胶片产生印板。这些印板可用在印刷机上以产生最终的印刷品。

6. 印刷术语

● 拼版：在印版上安排页面就叫拼版，具体来讲，就是将一些做好的单版，组排成为一个整的印刷版。印刷版是对齐的页面组，对它们进行折叠、剪切和修整后，将会产生正确的堆叠顺序。

● 分色：通常在印刷前，文件必须做分色处理，也就是将包含多种颜色的文件输出分离在青、品红、黄、黑四个印版上，这个过程被称为分色。这里指的是传统印刷，如果是数码印刷就不需要了。

● 套印：最后的印品在印刷过程中需要通过四次着墨，比如先印好品红后再印黄色，而在此过程中，要保证几种颜色准确对齐。在有些劣质印刷品中我们可以看到印出来的内容面目全非，就是因为颜色没有套准。

● 网点：在了解网点的定义之前，首先要了解连续调和非连续调的概念。无论是绘画作品还是彩色照片，都是用连续调表现画面浓淡层次的，即色彩淡的地方色素较少，而色彩较浓郁的地方色素较多。印刷品再现绘画作品或彩色照片时，是利用网点的大小表现画面每个微小部位色彩的浓淡的。利用放大镜在印刷品上可以观察到层次是由网点来表现的，大小不等的网点组成了各种丰富的层次。网点的形状有圆形、菱形、方形、梅花形等各种各样的形状，网点的大小是决定色调厚薄的关键因素。网点的大小以线数（lpi）来表示，线数越多，网点越小，画面表现的层次就越丰富。彩色画报、杂志等一般采用 175lpi 印刷，而报纸一般都采用比较低的 100lpi 印刷。网点有一定的角度，称为加网角度，这也是一个很重要的概念，因为如果加网角度不合适，就很容易出现龟纹，龟纹就是指在打样或印刷中出现的一种不悦目的网纹图形。

- 覆膜：是指用覆膜机在印品的表面覆盖一层 0.012mm～0.020mm 厚的透明塑料薄膜而形成一种纸塑合一的产品加工技术，它是印刷之后的一种表面加工工艺，又被人们称为印后过塑、印后裱胶或印后贴膜。通常，根据所用工艺覆膜可分为即涂膜、预涂膜两种；根据薄膜材料的不同又包括亮光膜、亚光膜两种。覆膜工艺广泛应用于各类包装装潢印刷品，以及各种装订形式的书刊、挂历、本册、地图等中，是一种非常受欢迎的印品表面加工技术。
- 漏白与补漏白：印刷用纸多为白色，印刷或制版时，相连接的颜色如果不密合，露出白纸底色，就是漏白。补漏白是指分色制版时有意使颜色交接位扩展，减少套印不准的影响。
- 烫金（银）：将金属箔或颜料箔通过热压转印到印刷品或其他物品上，以增进装饰效果，这属于印后表面修饰加工。金属箔由聚酯膜真空镀铝并涂粘合剂后制成，外观呈金或银光泽，通常借助平压式烫箔机将铜锌版上凸起的文字图案烫印到印刷品或皮革、塑料等制品表面。高档包装纸盒、贺卡、商标或商品说明书，精致的书刊封皮等，多采取烫箔金（银）加以处理。
- 上光：这种工艺也属于印后表面修饰加工，是指用涂布机（或印刷机）在印刷品表面涂敷一层无色透明涂料，如古巴胶、丙烯酸酯等，干后起到保护和增加印刷品光泽的作用。也有采用压光法的，即涂敷热塑性涂料后通过辊压使印刷品表面形成高光泽镜面效果。图片、画册、高档商标、包装装潢及商业宣传品等常进行上光加工。
- 粘胶：是指使用粘胶剂将印刷品某些部分连接形成具有一定容积空间的立体或半立体成品。粘胶分为手工粘胶和机械粘胶两类，主要用于制作手提袋和包装盒等。
- 制版：简称为晒版。它是一种预涂感光版，以铝为版基，上面涂有感光剂。
- 模切：是指把钢刀片按设计图形镶嵌在木底板上排成模框，或者用钢板雕刻成模框，在模切机上把纸片轧成一定形状的工序。适合商标、瓶贴、标签和盘面等边缘呈曲线的印刷品的成形加工。近年利用激光切割木底板镶嵌钢刀片，大大提高了模切作业的精度和速度。
- 压痕：是指利用压印钢线在纸片上压出痕迹或留下供弯折的槽痕。常把压痕钢线与模切钢刀片组合嵌入同一木底板上成为模切版，以用于包装折叠盒的成形加工。
- 凹凸压印：属于印后表面修饰加工，是指不施印墨，只用凹模和凸模在印刷品或白纸上压出浮雕状花纹或图案的工艺。这种工艺广泛用于书籍封皮、标签、瓶贴、贺卡及包装纸盒的装饰加工。
- 单色印刷：是指利用一版印刷，它可以是黑版印刷，也可以是专色印刷。单色印刷使用较为广泛，并且同样能产生丰富的色调，达到令人满意的效果。在单色印刷中，还可以用色彩纸作为底色，印刷出的效果类似双色印刷，但又可以别具一格。
- 双色/三色印刷：将四版当中的两版抽离，只使用两版印刷，就是双色印刷。印刷过程中使用两种颜色可以产生第三种颜色，如蓝色与红色混合可以得到紫色，至于得到紫色的深浅度则完全依赖于蓝色与红色之间网点的比例。图片也可通过某两种色版来印刷，以达到特殊色效果。另外，也可以将四色版印刷中的一版抽离，保留三色版印刷。为了使画面效果清晰突出，往往三色中以颜色较重、调较深的版作为主色。在设计中采用这样的印刷方式，有时会产生一种新鲜的感觉，应用于对景物的环境、氛围、时间和季节的表现则可起到特殊的创意效果。

● 四色印刷：彩色画稿或照片画面上的颜色种类是非常多的，如果要把这成千上万种颜色一色一色地印刷，几乎是不可能的。所以，一般印刷上采用的是四色印刷，即先将原稿进行颜色分解，分成青（C）、品红（M）、黄（Y）、黑（K）四色色版，然后印刷时再进行颜色的合成。

● 专色印刷：专色是指在印刷时，不通过印刷 C、M、Y、K 四色合成某种颜色，而是专门用一种特定的油墨来印刷该颜色。专色油墨是由印刷厂预先混合好的或由油墨厂生产的。对于印刷品的每一种专色，在印刷时都有专门的一个色版对应。使用专色可使颜色更准确。尽管在计算机上不能准确地表示颜色，但通过标准颜色匹配系统的预印色样卡，能看到该颜色在纸张上的准确颜色，如 Pantone 彩色匹配系统就创建了很详细的色样卡。

● 光泽色印刷：主要是指印金或印银色，要制专色版，一般采用金墨或银墨印刷，或用金粉、银粉与亮光油、快干剂等调配印刷。通常情况下印金银色最好要铺底色，这是因为金墨或银墨直接印在纸张表面，会因为纸面吸油影响到金、银墨的光泽。一般来说，可根据设计要求选择某一种色调铺底。如要求金色发冷色光泽，可选用蓝版作为铺底色；反之，则可选择红色；如果使用黑色铺底，会达到既深沉又有光泽的印刷效果。

1.2 Illustrator CS5 工作界面

Illustrator CS5 的工作界面主要由标题栏、菜单栏、工具箱、调板、页面区域、滚动条、状态栏等部分组成，如图 1-9 所示。

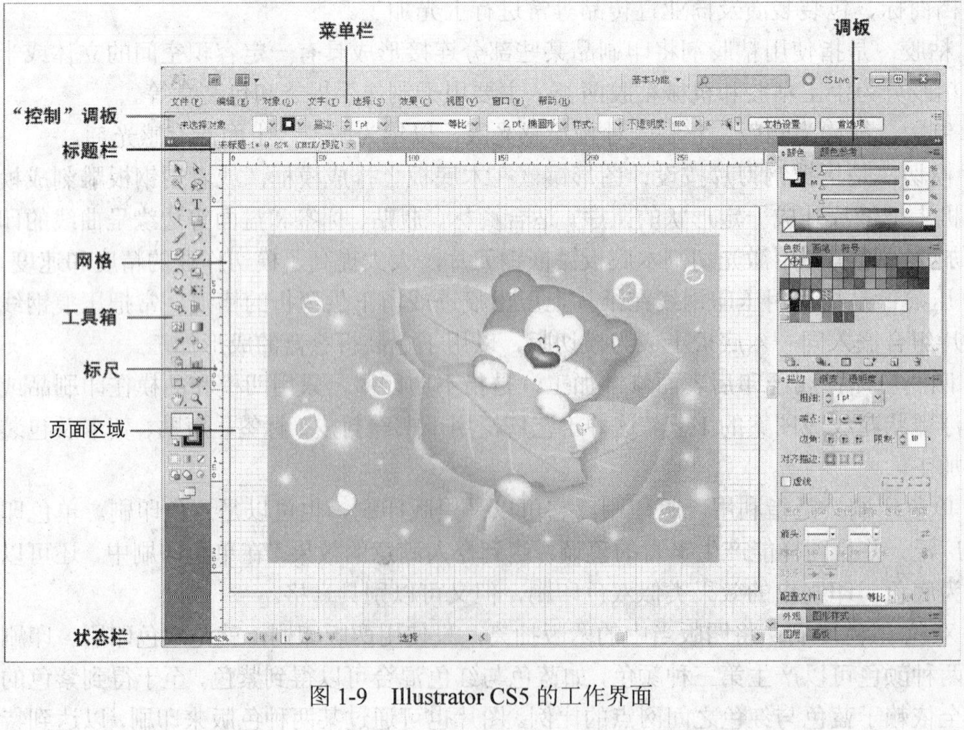

图 1-9 Illustrator CS5 的工作界面

● 标题栏：位于窗口的最上方，左侧显示了当前软件的名称以及将要编辑或处理的图形文件名称，右侧是窗口的控制按钮。

● 菜单栏：包括文件、编辑、对象、文字等 9 个主菜单，每一个菜单又包含多个子菜单，通过应用这些命令可以完成各种操作。

● 工具箱：包括了 Illustrator CS5 中所有的工具，大部分工具还有其展开式工具栏，里面包含了与该工具功能相类似的工具，可以更方便、快捷地进行绘图与编辑。

● 调板：调板是 Illustrator CS5 最重要的组件之一，在调板中可设置数值和调节功能。调板是可以折叠的，可根据需要分离或组合，具有很大的灵活性。

● 页面区域：是指工作界面中间黑色实线的矩形区域，这个区域的大小就是用户设置的页面大小。

● 滚动条：当屏幕内不能完全显示出整个文档的时候，通过对滚动条的拖动可实现对整个文档的浏览。

● 状态栏：显示当前文档视图的显示比例，当前正使用的工具和时间、日期等信息。

1. 菜单栏

Illustrator CS5 中的菜单栏包含“文件”、“编辑”、“对象”、“文字”、“选择”、“效果”、“视图”、“窗口”和“帮助”共 9 个菜单，如图 1-10 所示。每个菜单里又包含了相应的子菜单。

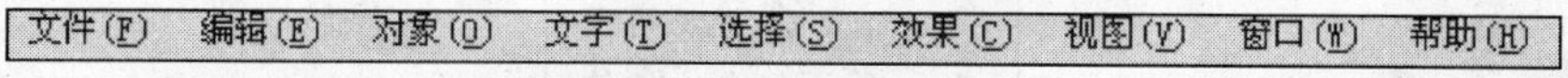

图 1-10　菜单栏

需要使用某个命令时，首先单击相应的菜单名称，然后从下拉菜单列表中选择相应的命令即可。一些常用的菜单命令右侧显示有该命令的快捷键，如“编辑”|“贴在后面”菜单命令的快捷键为 Ctrl+B，有意识地记住一些常用命令的快捷键，可以加快操作速度，提高工作效率。

有些命令的右边有一个黑色的三角形，表示该命令还有相应的下拉子菜单，将鼠标移至该命令上，即可弹出其下拉菜单。有些命令的后面有省略号，表示用鼠标单击该命令即可弹出其对话框，可以在对话框中进行更详尽的设置。有些命令呈灰色，表示该命令在当前状态下不可以使用，需要选中相应的对象或进行了合适的设置后，该命令才会变为黑色，呈可用状态。

2. 工具箱

Illustrator CS5 中的工具箱包括许多具有强大功能的工具，使用这些工具可以在绘制和编辑图像的过程中制作出精彩的效果，如图 1-11 所示。

图 1-11　工具箱

要使用某种工具，直接单击工具箱中的该工具即可。工具箱中的许多工具并没有直接显示出来，而是以成组的形式隐藏在右下角带小三角形的工具按钮中，使用鼠标按住该工具不放，即可展开工具组。例如，使用鼠标按住“文字工具”T，将展开文字工具组，如图 1-12 所示。使用鼠标单击文字工具组右边的黑色三角形，文字工具组就从工具箱中分离出来，成为一个相对独立的工具栏，如图 1-13 所示。

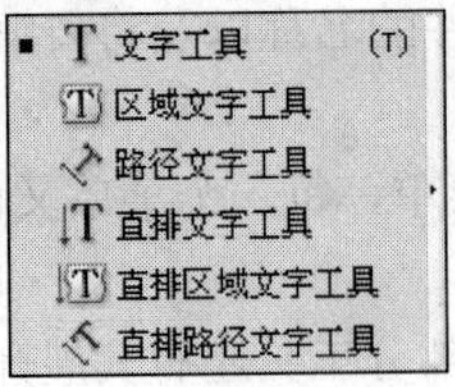

图 1-12 展开的文字工具组

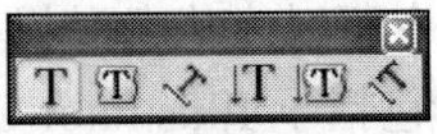

图 1-13 分离出来的文字工具栏

3. 调板

调板是 Illustrator CS5 最重要的组件之一，其中包括了许多实用、快捷的工具和命令，它们可以自由地拆开、组合和移动，为绘制和编辑图形提供了便利的条件。调板以组的形式出现，如图 1-14 所示。

注意 使用鼠标按住调板组中任意一个调板的标题不放，将其向页面中拖动，拖动到调板组外时，松开鼠标左键，该调板将成为独立的调板。

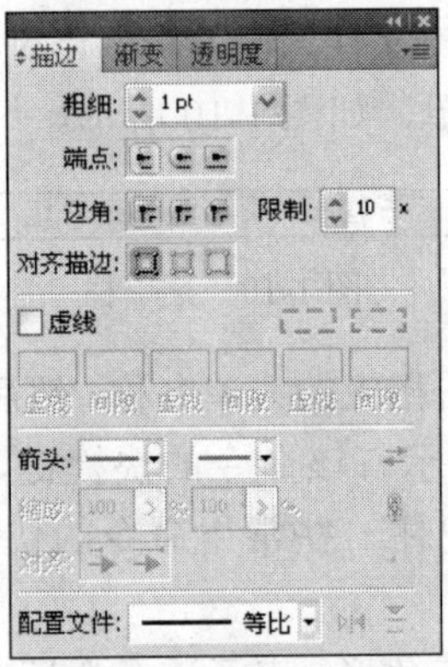

图 1-14 调板组

绘制图形时，经常需要选择不同的选项和数值，此时，就可以通过调板来直接操作，通过选择“窗口”菜单中的各个命令可以显示或隐藏调板。

选择“窗口”|“控制”命令，显示“控制”调板，可以通过“控制”调板快速访问与所选对象相关的选项。默认情况下，“控制”调板停放在工作区顶部，如图 1-15 所示。

图 1-15 “控制”调板

“控制”调板中显示的选项因所选的对象或工具类型而异。例如，选择路径对象时，“控制”调板除了显示用于更改对象颜色的选项外，还会显示对象间的对齐方式选项。

1.3 个性化界面

在 Illustrator CS5 中，用户可以直接使用默认的工作界面进行设计与创作，也可以根据自身需要选择软件系统中提供的现有的工作区类别，当然，也可以拥有与众不同的个性化界面，也就是自己对工作区进行设置，并且可将设置保存起来，随时使用。

启动 Illustrator CS5，软件界面中的各部分组件都可以单独摆放，并且可以关闭不需要的组件，用户可以根据需要自行设置。下面为编者设置的工作界面，如图 1-16 所示。

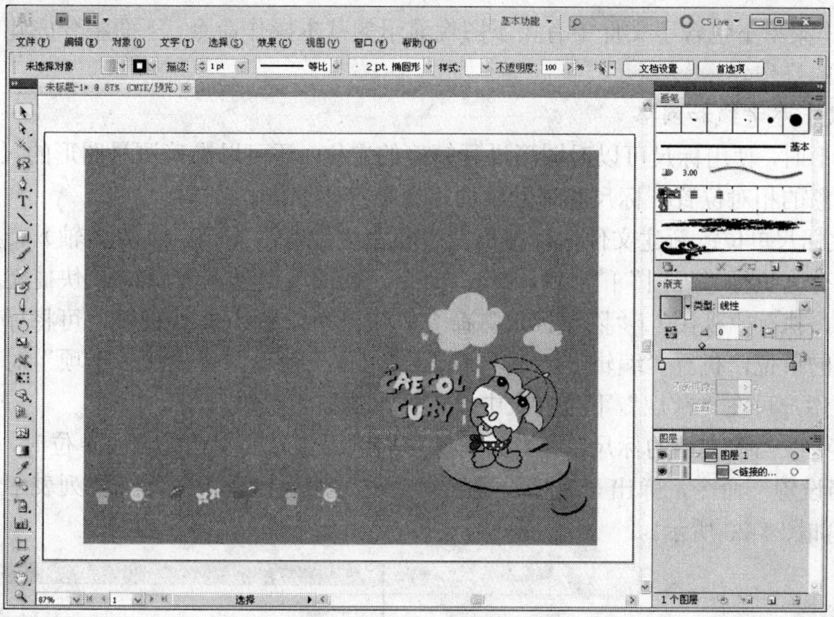

图 1-16　工作界面

执行“窗口”|“工作区”|“存储工作区”命令，弹出“存储工作区”对话框，如图 1-17 所示。名称设置完成后，单击“确定”按钮，完成自定义工作区的创建。

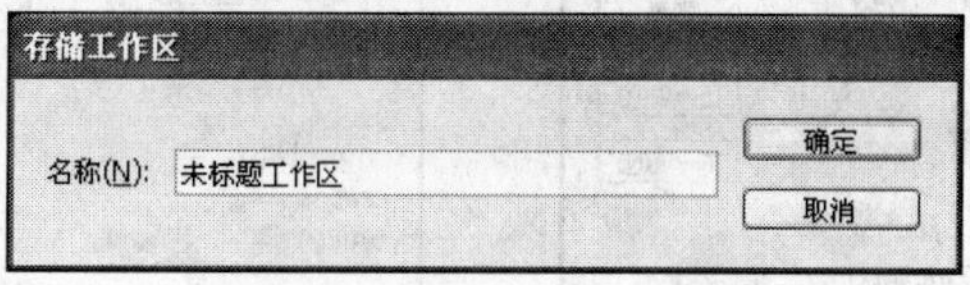

图 1-17　“存储工作区”对话框

提示　保存工作区后，执行“窗口”|“工作区”命令，即可在下一级菜单中观察到保存好的工作区，如图 1-18 所示。

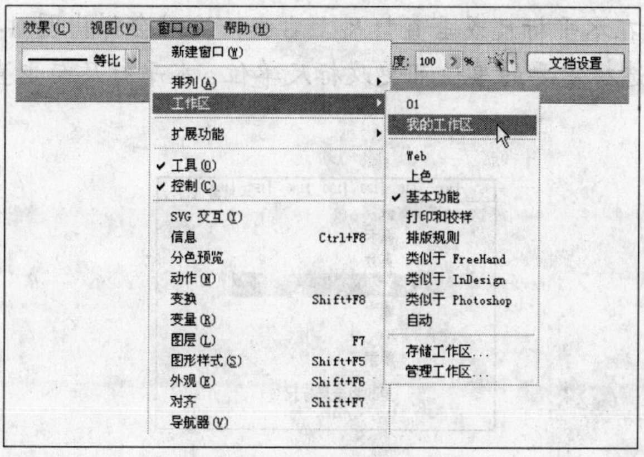

图 1-18　使用自定义工作区

1.4 图像的显示

“视图”菜单下包含了文件中有关于图像显示的基本操作命令，下面将分成几部分来向读者讲解相关的操作。

1. 标尺、参考线和网格

绘制图形时，使用标尺可以对图形进行精确的定位，还可以准确测量图形的尺寸，辅助线可以确定对象的相对位置，标尺和辅助线均不会被打印输出。

● 更改标尺单位：新建文件后，窗口左边和上边会有两条（*X* 轴和 *Y* 轴）带有刻度的标尺，如果没有，执行“视图”|“显示标尺”命令，或按下键盘上的 Ctrl+R 快捷键，即可显示标尺。相反，执行“视图”|“隐藏标尺”命令，或再次按 Ctrl+R 快捷键，可将标尺隐藏。若要设置标尺的单位，执行“编辑”|“首选项”|“单位”命令，弹出“首选项”对话框，如图 1-19 所示，用户可在“常规”下拉列表中设置标尺的显示单位。

当只需更改当前文档的标尺单位，而不想影响以后建立的文档的标尺单位时，可执行“文件”|“文档设置”命令，弹出“文档设置”对话框，然后在“单位”下拉列表中设置标尺的显示单位，如图 1-20 所示。

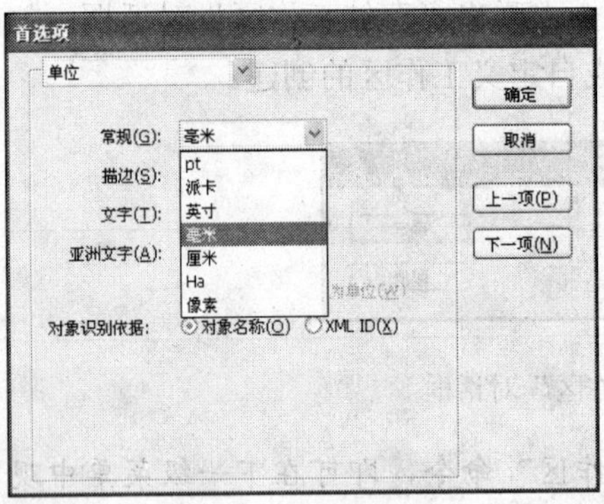

图 1-19 更改标尺单位

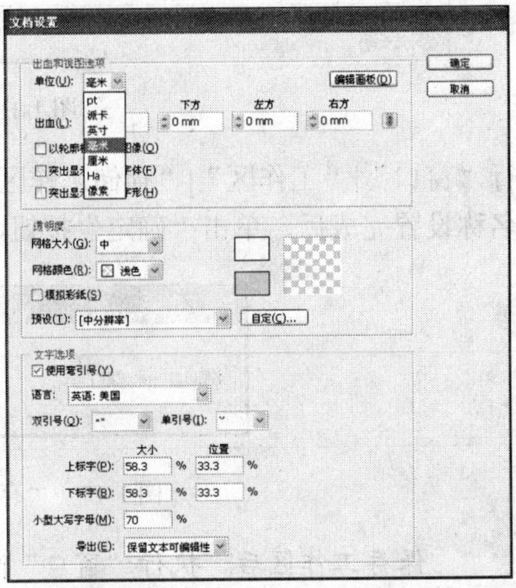

图 1-20 “文档设置”对话框

注意 使用鼠标在水平标尺或垂直标尺上右击，这时会弹出图 1-21 所示的度量单位快捷菜单，直接选择需要的单位可更改标尺单位。水平标尺与垂直标尺不能设置为不同的单位。

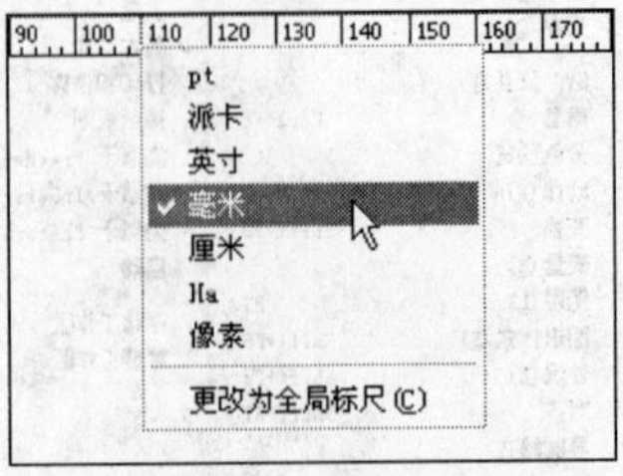

图 1-21 更改标尺单位

● 改变标尺的零点：两个标尺相交的零点位置就是标尺零点，默认情况下，标尺的零点位置在页面的左下角。标尺零点可以根据需要而改变，将鼠标指向标尺零点标记，此时无论你使用的是哪一种工具，鼠标所选的工具都将变成选择工具，选中标尺零点标记并按住鼠标左键进行拖动，会出现两条十字交叉的虚线，调整到目标位置后松开鼠标，新的零点位置就设定好了，如图 1-22 所示。文本和图形图像的当前位置和移动数值是以标尺零点为基准的。

提示　双击标尺零点标记，可将标尺零点恢复到页面左下角的默认位置。

● 参考线：在绘制图形的过程中，参考线有助于将图形进行对齐操作。参考线分为普通参考线和智能参考线，普通参考线又分为水平参考线和垂直参考线。用户可以直接从水平标尺上拖出水平参考线，或者从垂直的标尺上拖出垂直参考线。通过执行“视图”|“参考线”|“隐藏参考线”命令，或按 Ctrl+; 快捷键，可以隐藏参考线；执行“视图”|“参考线”|“锁定参考线”命令可以锁定参考线；执行“视图”|“参考线”|“清除参考线”命令就可以清除所有参考线。根据需要也可以将图形或路径转换为参考线，选中要转换的路径，执行“视图”|“参考线”|“建立参考线”命令，即可将选中的路径转换为参考线，如图 1-23 所示。

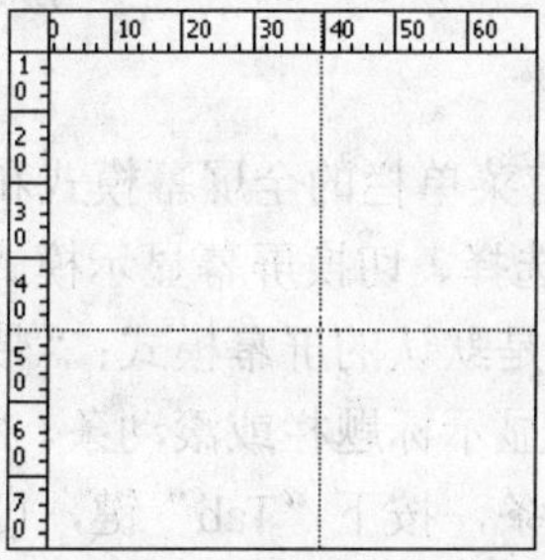

图 1-22　更改标尺零点

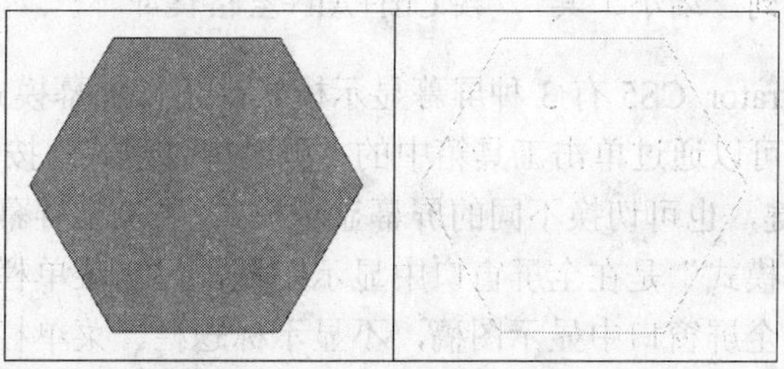
图 1-23　将图形转换为参考线

注意　执行“视图”|“参考线”|“释放参考线”命令，可以将参考线转换成为可以编辑的对象。

智能参考线可以根据当前的操作以及操作的状态显示参考线及相应的提示信息，执行“视图”|“智能参考线”命令，或按下键盘上的 Ctrl+U 快捷键，就可以显示智能参考线。当图形移动或旋转到一定角度时，智能参考线就会高亮显示并给出提示信息，如图 1-24 所示。

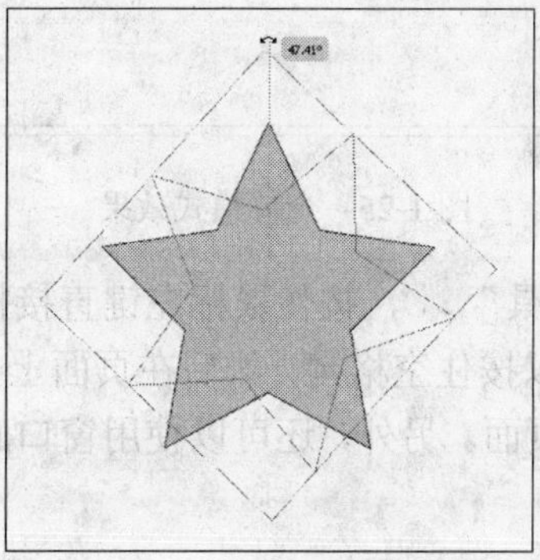
图 1-24　智能参考线

● 网格：网格就是一系列交叉的虚线或点，可以用来精确对齐和定位对象。执行“视图”|“显示网格”命令，就可以显示出网格；执行“视图”|“隐藏网格”命令，可将网格隐藏。

2. 缩放、移动页面

在绘制和编辑图形时，需要不断地放大、缩小、移动页面来查看对象。熟练掌握页面的查看和移动方法，将会使工作更为得心应手。

● 缩放页面：绘制图像时，执行“视图”|“适合窗口大小”命令，或按 Ctrl+0 快捷键，图像就会最大限度地全部显示在工作界面中并保持其完整性。执行“视图”|“实际大小”命令，或按 Ctrl+1 快捷键，可以将图像按 100%的效果显示。执行“视图”|“放大”命令，或按 Ctrl++快捷键，页面内的图像就会被放大。也可以使用“缩放工具”放大显示图像，单击“缩放工具”，指针会变为一个中心带有加号的放大镜，单击鼠标左键，图像就会被放大。也可使用状态栏放大显示图像，在状态栏中的百分比文本框中选择比例值，或者直接输入需要放大的百分比数值，按“Enter”键即可执行放大操作。还可使用“导航器”调板放大显示图像，单击调板左下角较小的双三角图标，可逐级放大图像，拖动三角形滑块可以任意将图像放大。在左下角数值框中直接输入数值，按 Enter 键也可以放大图像。

提示 若当前正在使用其他工具，想切换到“缩放工具”，按 Ctrl+空格键即可；要切换到“缩小工具”，按 Ctrl+Alt+空格键即可。

Illustrator CS5 有 3 种屏幕显示模式：正常屏幕模式、带有菜单栏的全屏幕模式和全屏模式。用户可以通过单击工具箱中的“更改屏幕模式”按钮，来选择、切换屏幕显示模式；反复按“F”键，也可切换不同的屏幕显示模式。“正常屏幕模式”是默认的屏幕模式；“带有菜单栏的全屏模式”是在全屏窗口中显示图稿，显示菜单栏但是不显示标题栏或滚动条。“全屏模式”是在全屏窗口中显示图稿，不显示标题栏、菜单栏或滚动条，按下“Tab”键，可隐藏除图像窗口之外的所有组件，如图 1-25 所示。

图 1-25 全屏模式效果

● 移动页面：单击“抓手工具”，按住鼠标左键直接拖动，即可移动页面。在使用除缩放工具以外的其他工具时，可以按住空格键，然后在页面上按住鼠标左键，此时将切换至抓手工具，然后拖动，也可以移动页面。另外，还可以使用窗口底部或右部的滚动条来控制窗口中显示的内容。

3. 视图模式

Illustrator CS5 中一共包括“轮廓”、“叠印预览”和“像素预览”3 种视图模式，绘制图像时，用户可根据不同的需要选择不同的视图模式。

● 轮廓模式：执行“视图”|“轮廓”命令，或按 Ctrl+Y 快捷键，将切换到轮廓模式。在轮廓模式下，视图将显示为简单的线条状态，因为该模式隐藏了图像的颜色信息，所以显示和刷新的速度比较快。用户在实际操作中，可以根据需要，单独查看轮廓线，以节省运算速度，提高工作效率。轮廓模式的图像显示效果如图 1-26 所示。

● 叠印预览模式：执行“视图”|“叠印预览”命令，将切换到叠印预览模式。叠印预览模式可以显示出四色套印的效果，它接近油墨混合的效果，颜色上比正常模式要暗一些，如图 1-27 所示。

● 像素预览模式：执行“视图”|“像素预览”命令，将切换到像素预览模式。像素预览模式可以将绘制的矢量图像转换为位图显示。这样可以有效控制图像的精确度和尺寸等，转换后的图像在放大时会看见排列在一起的像素点，如图 1-28 所示。

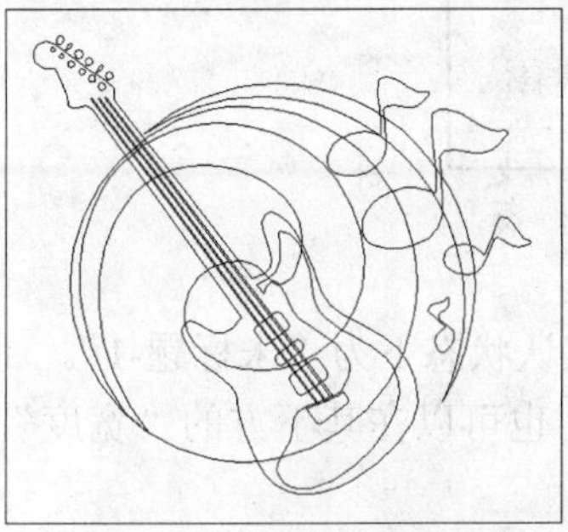

图 1-26　轮廓模式效果

图 1-27　叠印预览模式效果

图 1-28　像素预览模式效果

1.5　文件的基本操作

在学习 Illustrator CS5 的绘制和编辑图形的功能之前，读者应该了解一些基本的文件操作命令，例如打开文件、建立新文件、存储文件以及导入和导出文件等。

1. 新建和打开文件

启动 Illustrator CS5 软件，出现图 1-29 所示的欢迎屏幕，从“新建”列表中选择一个新的文档配置文件。然后在“新建文档”对话框中，键入文档的名称，就可以建立新文件。

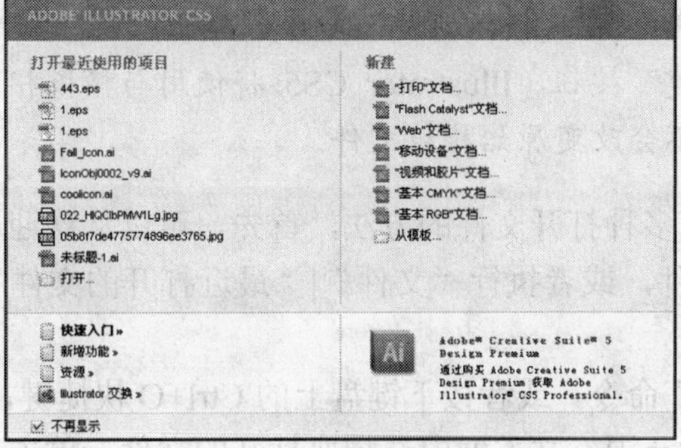

图 1-29　欢迎屏幕

执行“文件”|“新建”命令，或按下键盘上的 Ctrl+N 快捷键，可弹出“新建文档”对话框，如图 1-30 所示。在该对话框中设置相应的选项后，单击“确定”按钮，即可建立一个新的文件。

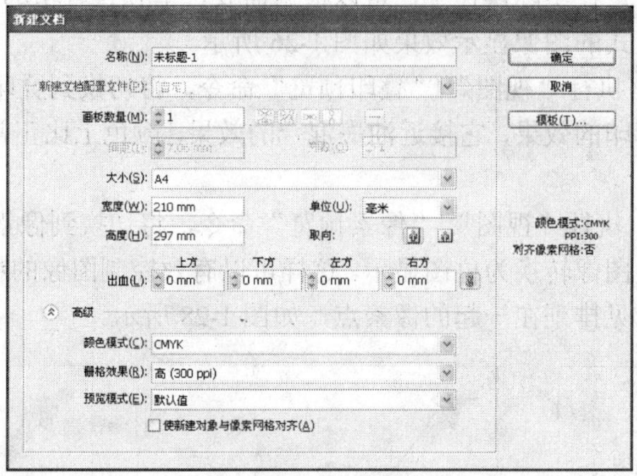

图 1-30 “新建文档”对话框

- 名称：在其对应的文本框中可以输入新建文件的名称，默认状态下为“未标题-1”。
- 大小：可以在其下拉列表中选择软件中预置的页面尺寸，也可以在其下方的“宽度”和“高度”参数栏中自定义文件的尺寸。
- 单位：在其下拉列表中可选择文档的度量单位，默认状态下为“毫米”。
- 取向：用于设置新建页面是竖向还是横向排列。
- 颜色模式：用于设置新建文件的颜色模式。
- 栅格效果：用于为文档中的栅格效果指定分辨率。准备以较高分辨率输出到高端打印机时，应该将此选项设置为“高”。默认情况下，“打印”配置文件将此选项设置为“高”。
- 预览模式：为文档设置默认预览模式，可以使用“视图”菜单更改此选项。默认值模式是在矢量视图中以彩色显示在文档中创建的图稿，放大或缩小时将保持曲线的平滑度；像素模式是显示具有栅格化（像素化）外观的图稿，它实际上不会对内容进行栅格化，而是显示模拟的预览。叠印模式是提供“油墨预览”，它模拟运用混合、透明和叠印在分色输出中的显示效果。

注意 用户可以在 Illustrator CS5 内置的模板基础上新建一个文件，然后在模板上进行编辑。选择“文件”|“从模板新建”命令，弹出“从模板新建”对话框，选择一个模板，单击“新建”按钮，Illustrator CS5 将使用与模板相同的内容和文档设置创建一个新文档，但不会改变原始模板文件。

在 Illustrator CS5 中有多种打开文件的方法，首先，可以从欢迎屏幕的“打开最近使用的项目”列表中选择一个文件，或者执行“文件”|“最近打开的文件”命令，然后从列表中选择一个文件。

执行“文件”|“打开”命令，或者按下键盘上的 Ctrl+O 快捷键，将弹出“打开”对话框，如图 1-31 所示。在“查找范围”文本框中选择要打开的文件，单击“打开”按钮，即可打开选择的文件。

2. 置入和导出文件

执行“文件”|“置入”命令，可弹出“置入”对话框，如图 1-32 所示。在对话框中，选择要置入的文件，然后单击“置入”按钮即可将选取的文件置入到页面中。“置入”命令可以将多种格式的图形、图像文件置入到 Illustrator CS5 中，文件还可以以嵌入或链接的形式被置入，也可以作为模板文件置入。

图 1-31　“打开”对话框

图 1-32　“置入”对话框

● 链接：选择“链接”选项，被置入的图形或图像文件与 Illustrator 文档保持独立，最终形成的文件不会太大，当链接的原文件被修改或编辑时，置入的链接文件也会自动更新。若不选择此选项，置入的文件会嵌入到 Illustrator 软件中，形成一个较大的文件，并且当链接的文件被编辑或修改时，置入的文件不会自动更新。默认状态下“链接”选项处于被选择状态。

● 模板：选择“模板”选项，置入的图形或图像将被创建为一个新的模板图层，并自动使用图形或图像的文件名称为该模板命名。

● 替换：如果在置入图形或图像文件之前，页面中具有被选取的图形或图像，选择“替换”选项，可以用新置入的图形或图像替换被选取的原图形或图像。页面中如没有被选取的图形或图像文件，“替换”选项将呈现灰色，表示目前不能使用。

执行“文件”|“导出”命令，可弹出“导出”对话框，如图 1-33 所示。在对话框中“文件名”选项右侧的文本框中可以重新输入文件的名称，在“保存类型”选项右侧的文件类型选项框中可以设置导出的文件类型，以便在指定的软件系统中打开导出的文件，然后单击“保存”按钮，弹出一个对话框，设置所需要的选项后，单击“确定”按钮，完成导出操作。

“导出”命令可以将在 Illustrator CS5 软件系统中绘制的图形导出为多种格式的文件，以便在其他软件中打开，并进行编辑处理。

3. 保存和关闭文件

当第一次保存文件时，执行“文件”|“存储”命令，或按下键盘上的 Ctrl+S 快捷键，会弹出“存储为”对话框，如图 1-34 所示。在对话框中输入要保存文件的名称，设置保存文件的路径和类型。设置完成后，单击“保存”按钮，即可保存文件。

注意　Illustrator CS5 保存文件的默认格式为.ai。

图 1-33　“导出”对话框

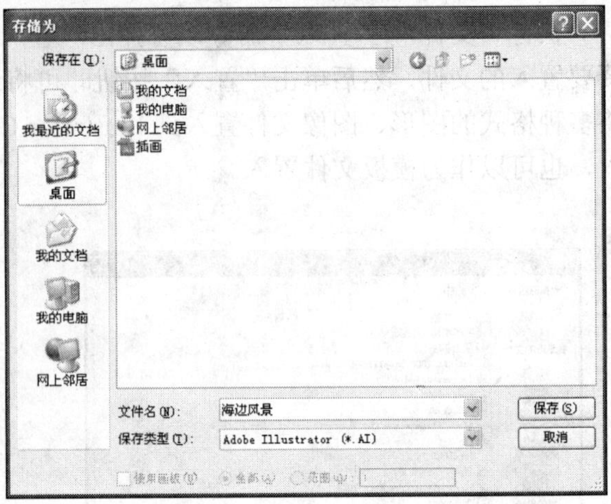

图 1-34　“存储为”对话框

当对图形文件进行了各种编辑操作并保存后，再执行“文件”|“存储”命令时，将不弹出“存储为”对话框，而会直接保存最终确认的结果，并覆盖掉原始文件。

如果既要保留修改过的文件，又不想放弃原文件，可以通过执行“文件”|“存储为”命令，或按下键盘上的 Ctrl+Shift+S 快捷键，在弹出的“存储为”对话框中为修改过的文件重新命名，并设置文件的路径和类型。设置完成后，单击“保存”按钮，原文件依旧保留不变，而修改过的文件将被另存为一个新的文件。

如果用户需要关闭文件，只需执行“文件”|“关闭”命令，或按 Ctrl+W 快捷键，即可将当前文件关闭，需要注意的是，“关闭”命令只有当文件被打开时才呈现为可用状态。

另外，单击绘图窗口右上角的“关闭”按钮也可关闭文件，若当前文件被修改过或是新建的文件，那么在关闭文件的时候就会弹出一个警告对话框，如图 1-35 所示。单击“是”按钮即可先保存对文件的更改再关闭文件，单击“否”按钮即不保存文件的更改而直接关闭文件。

4. 恢复和还原文件

当保存文件后，要再次进行文件编辑时，如果对所做的修改不满意而想回到上一次保存时的状态，除了可以使用常用的 Ctrl+Z 键盘快捷键进行撤销外，还可以使用菜单中的相关命令来解决此问题。

在对文件做出修改后，执行“文件”|“恢复”命令，会弹出一个警告对话框，如图 1-36 所示。单击“恢复”按钮，即可将文件恢复为上一次保存后的状态。

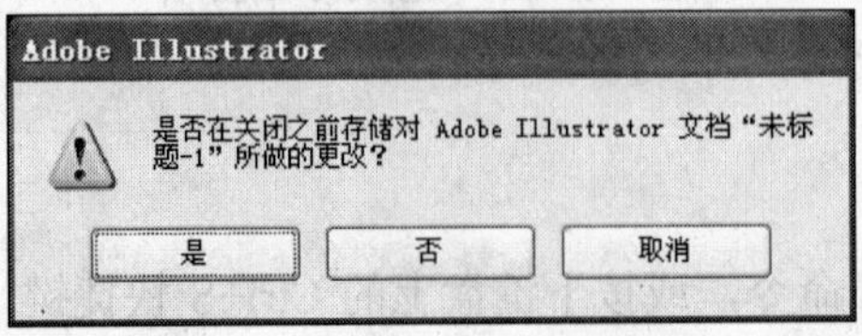

图 1-35　弹出的警告对话框

图 1-36　恢复警告对话框

修改文件后，选择“编辑”菜单，在菜单的最上方会显示与操作相对应的还原命令，执行命令后，可以还原一次操作，如果进行了多次修改，可以反复执行此命令进行还原。

1.6　自定义快捷键

在 Illustrator CS5 软件系统中，除了默认的快捷键外，还可以编辑或创建快捷键。用户运用“编辑”|“键盘快捷键”菜单命令可设置快捷键。

启动 Illustrator CS5，执行“编辑”|“键盘快捷键”命令，打开“键盘快捷键”对话框，如图 1-37 所示，在对话框内的“工具”下拉列表中选择“菜单命令”选项，在快捷键列表中单击“编辑”前面的 ▷ 图标，将“文件”菜单命令展开，如图 1-38 所示。

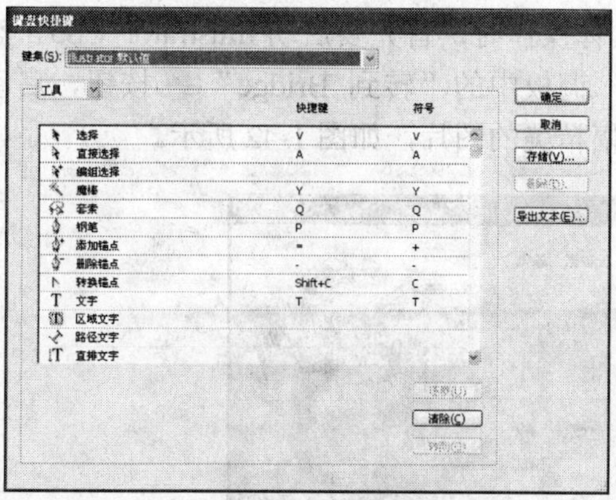

图 1-37　“键盘快捷键”对话框

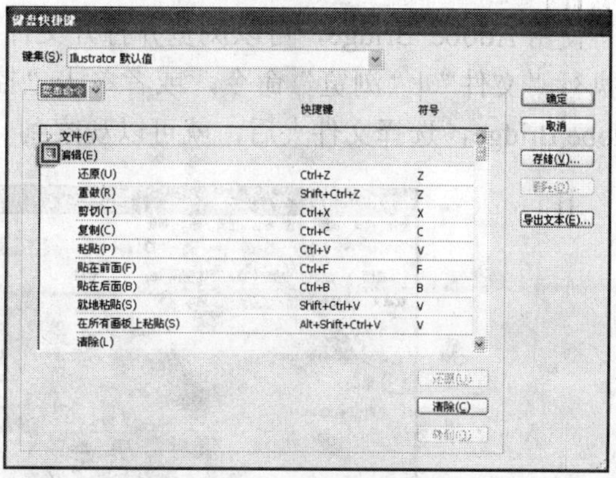

图 1-38　展开的编辑菜单

在此，以“查找和替换”命令为例，在“查找和替换”命令的快捷键栏位置处单击，显示快捷键输入框，如图 1-39 所示，如果要将当前快捷键设置为 Ctrl+Alt+U 组合键，按下 Ctrl+Alt+U 组合键，此时对话框的状态如图 1-40 所示。

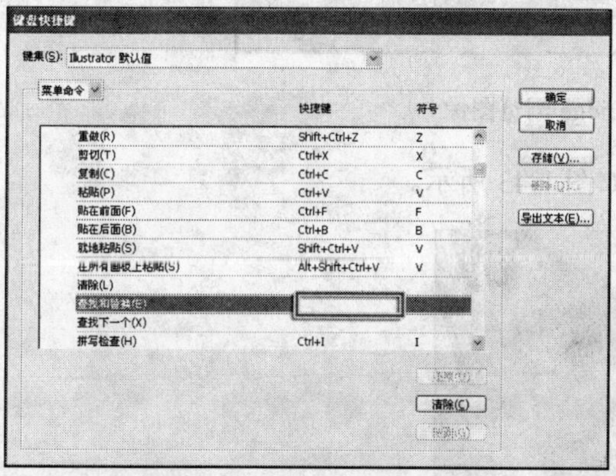

图 1-39　快捷键输入框

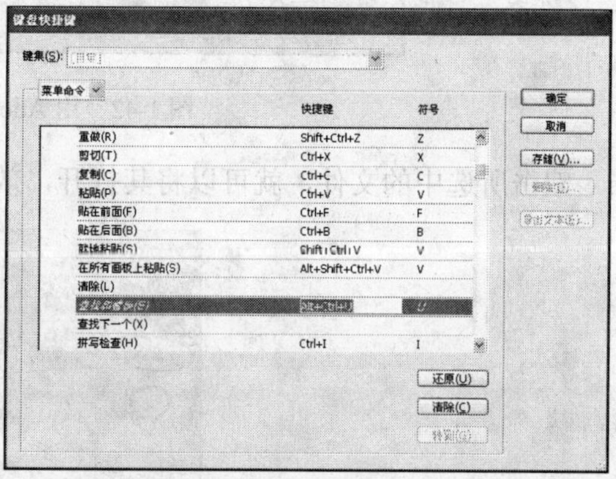

图 1-40　指定快捷键

提示　在设置快捷键时要确定当前的输入法为英文输入法，且设置的菜单快捷键中必须包含 Ctrl 键，当进行快捷键的指定时，如果在设置调板的底部出现提示信息，表示此快捷键已经指定给了其他的工具或命令，需要重新指定。

设置好快捷键后，单击“存储”按钮，弹出“存储键集文件”对话框，如图 1-41 所示。名称设置完成后，单击“确定”按钮，完成快捷键的设置。

图 1-41 “存储键集文件”对话框

1.7 Adobe Bridge 应用

使用 Adobe Bridge，可以浏览并打开文件，具体操作时，首先要启动 Illustrator CS5，然后执行“文件”|“浏览”命令，或者单击“控制”调板中的“转到 Bridge”按钮，启动 Adobe Bridge，选择文件夹后，就可以观察到一幅幅精美的图片，如图 1-42 所示。

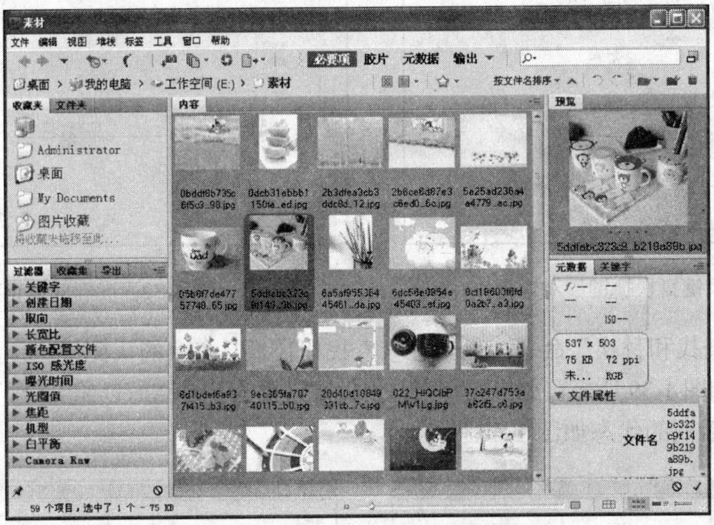

图 1-42 用 Adobe Bridge 浏览图像

双击所选中的文件，就可以将其打开，效果如图 1-43 所示。

图 1-43 打开文件

提示 在文件上右击，从弹出菜单中选择“打开”命令，也可以打开文件。

课后练习

1. 操作题。

创建快捷键。

要求：

在 Illustrator CS5 中为“编辑”|“清除”命令自定义快捷键。

2. 操作题。

创建封面设计新文件。

要求：

（1）文件名为“童话故事书封面”。

（2）文件尺寸为 384mm×226mm。

（3）出血为 3mm。

第 2 课

绘制与编辑图形

本课知识结构

绘制编辑图形在设计创作中是最基本的操作之一，也是构建作品的基本要素，本课中学习 Illustrator CS5 中基础图形的绘制和编辑方法，熟练掌握这些基础工具的绘制编辑方法，是创建复杂图形作品的基础。

就业达标要求

☆ 创建各种几何图形
☆ 创建各种线性图形
☆ 分割路径和图形
☆ 为图形添加各种变形效果
☆ 使路径平滑
☆ 删除路径
☆ 组合各种图形和路径
☆ 设置各种工具的参数

2.1 实例：卡通插画（绘制基本图形）

Illustrator CS5 中提供了多种绘制几何图形的工具。如“矩形工具”、“圆角矩形工具”、“椭圆工具”、“多边形工具”和“星形工具”，使用这些工具可以创建一些常见的基础图形。另外还有一个“光晕工具”，这是 Illustrator 中较有特点的一个工具，它可以制作出模拟镜头光晕的效果。

几何图形工具的使用方法较简单而且基本相同，下面将以卡通插画为例，详细讲解几何图形工具的使用方法。制作完成的卡通插画效果如图 2-1 所示。

1. 绘制矩形图形

（1）启动 Illustrator CS5，执行“文件” | “打开”命令，打开本书配套素材\Chapter-02\“卡通插画背景.ai”文件，如图 2-2 所示。

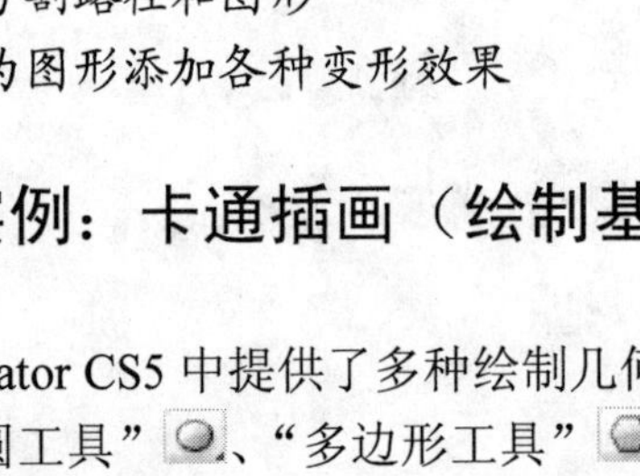

图 2-1 完成效果

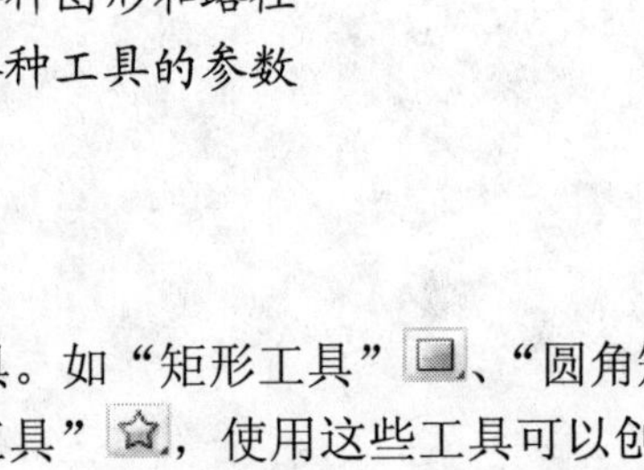

图 2-2 素材文件

（2）选择工具箱中的“矩形工具” ，在页面中心单击并拖动鼠标，如图 2-3 所示。绘制完成后松开鼠标即可完成矩形图形的绘制，效果如图 2-4 所示。

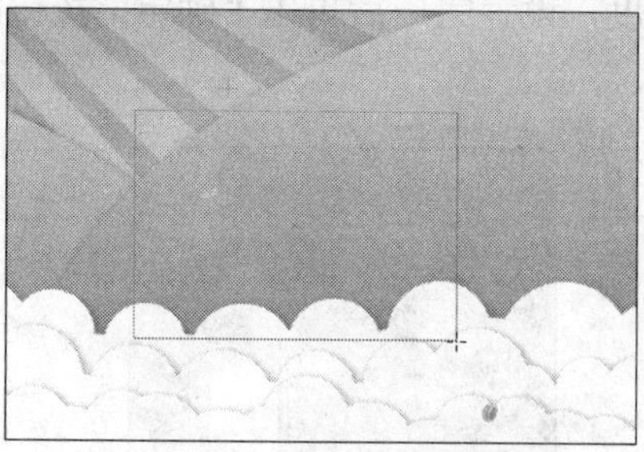

图 2-3　绘制矩形图形

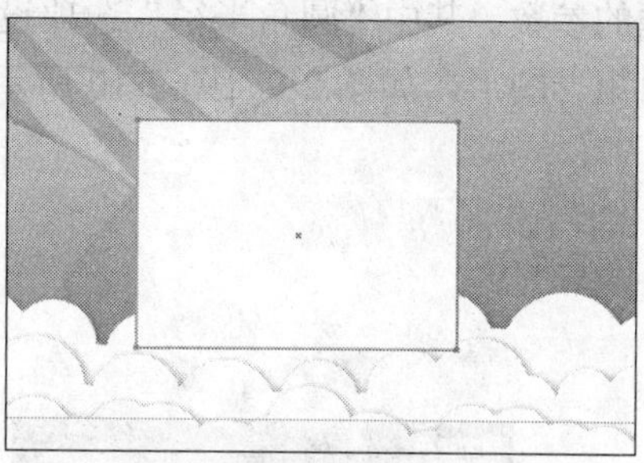

图 2-4　绘制矩形完成

提示

按下 Shift 键的同时，使用“矩形工具”绘制的图形为正方形，如图 2-5 所示。按下 Alt 键时鼠标指针为 ，这时在页面中单击并拖动鼠标，将以中心为起点绘制矩形图形，如图 2-6 所示。

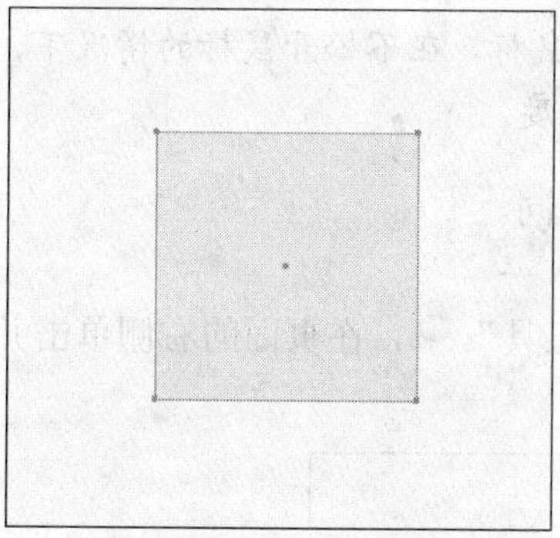

图 2-5　绘制正方形

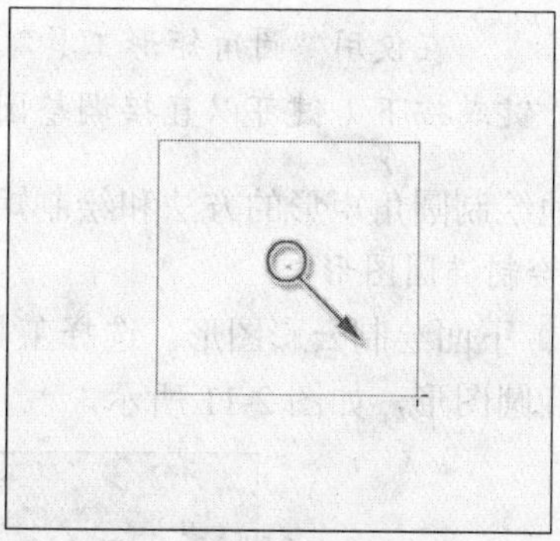

图 2-6　以中心为起点绘制矩形

（3）使用“矩形工具” 在视图中单击，打开“矩形”对话框，设置对话框的参数。“宽度”选项设置矩形图形的宽度；“高度”选项设置矩形图形的高度。设置完毕后，单击“确定”按钮，创建矩形图形，如图 2-7、图 2-8 所示。

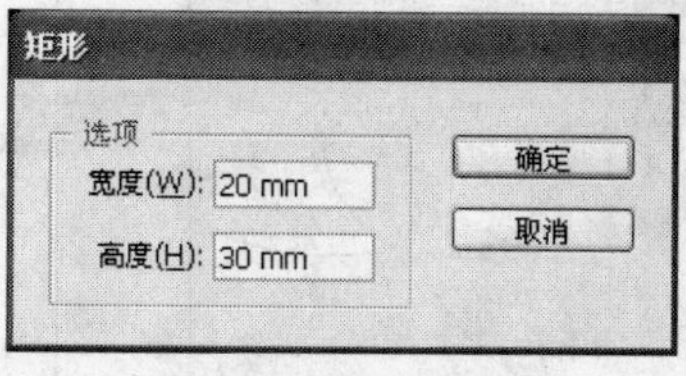

图 2-7　“矩形”对话框

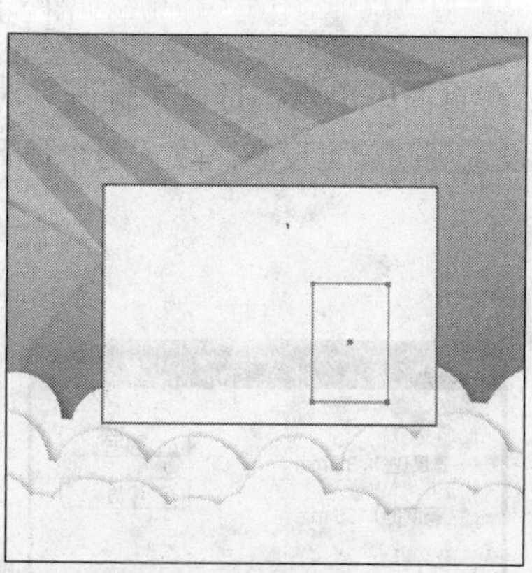

图 2-8　创建矩形图形

2. 绘制圆角矩形图形

选择工具箱中的“圆角矩形工具”，在页面中单击，打开“圆角矩形”对话框，设置对话框的参数。其中“圆角半径”选项设置圆角的弧度，设置完毕后单击“确定”按钮即可创建圆角矩形图形，如图 2-9、图 2-10 所示。

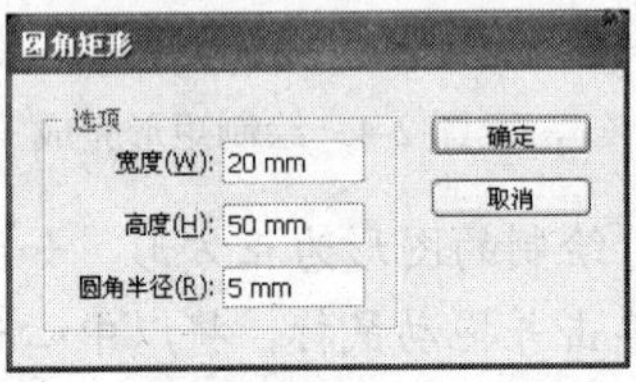

图 2-9 “圆角矩形”对话框

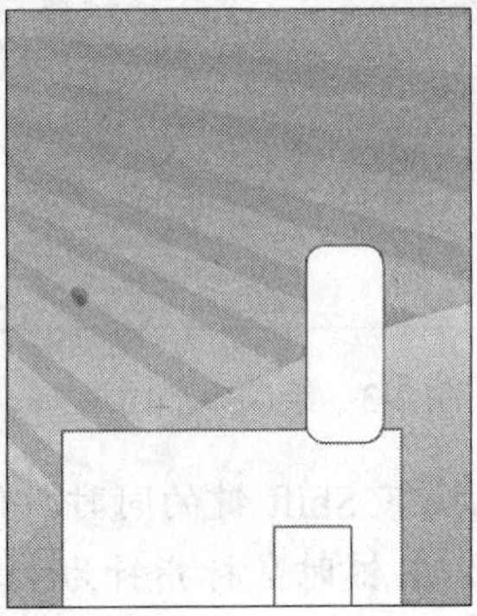

图 2-10 创建圆角矩形图形

技巧 在使用“圆角矩形工具”时，单击并拖动鼠标，在不松开鼠标的情况下，按下↑键或按下↓键可以直接调整圆角矩形圆角的弧度。

其他绘制圆角矩形的方法和绘制矩形图形的方法相同。

3. 绘制椭圆图形

（1）下面绘制云彩图形。选择工具箱中的“椭圆工具”，在页面的右侧单击并拖动鼠标绘制椭圆图形，如图 2-11 所示。

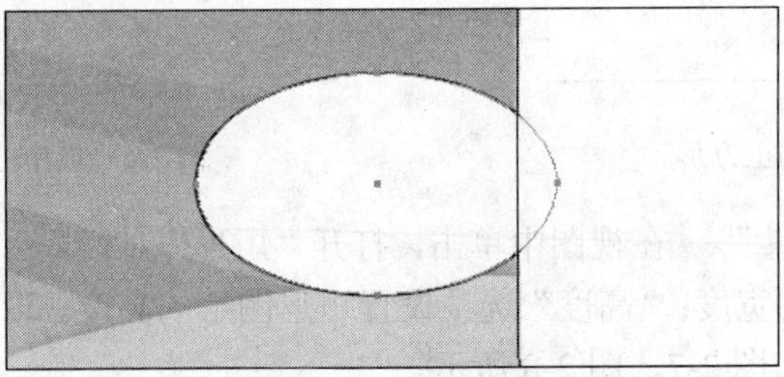

图 2-11 绘制椭圆图形

（2）在页面中单击，打开“椭圆”对话框，设置对话框的参数。其中“宽度”和“高度”选项分别设置椭圆的宽度和高度，两个参数相同时绘制的图形为圆形，如图 2-12、图 2-13 所示。

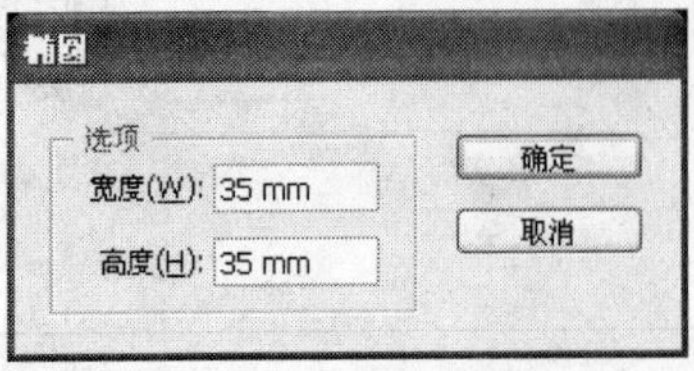

图 2-12 “椭圆”对话框

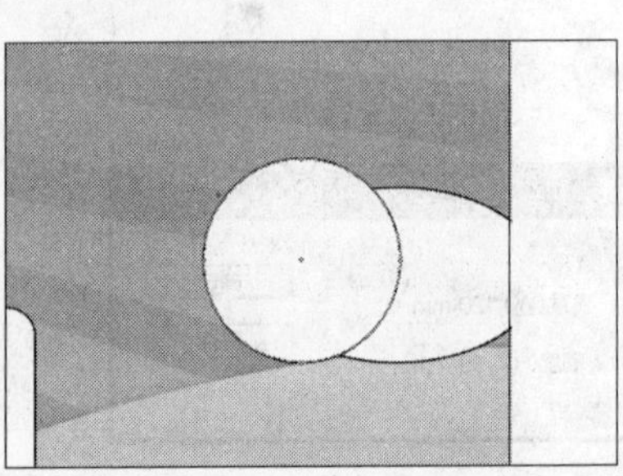

图 2-13 创建圆形图形

技巧

按下 Shift 键的同时，使用“椭圆工具”绘制图形，绘制的图形同样为圆形。

（3）参照图 2-14 所示继续绘制多个椭圆形。

（4）使用同样的方法绘制另一朵云彩，如图 2-15 所示。

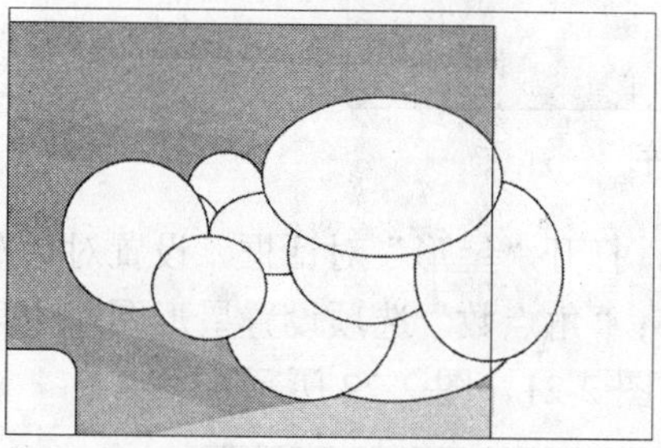

图 2-14　继续绘制椭圆形

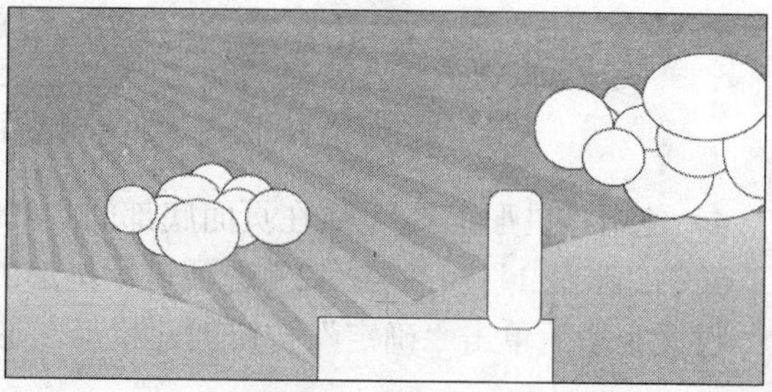

图 2-15　绘制云彩

4. 绘制多边形和星形图形

（1）使用“多边形工具”在页面的下方单击并拖动鼠标绘制多边形图形。绘制完成后松开鼠标即可，如图 2-16、图 2-17 所示。

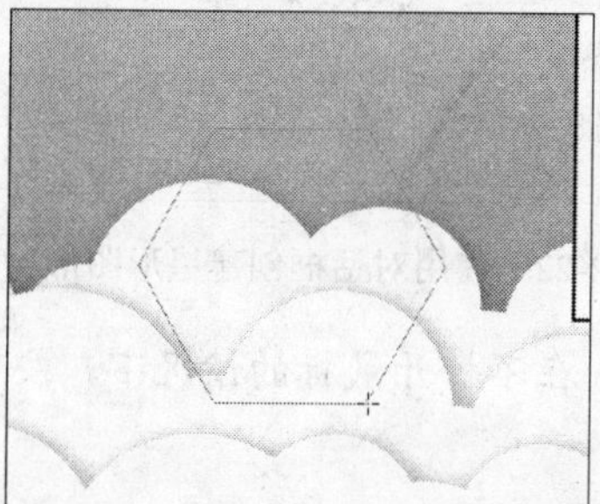

图 2-16　绘制图形

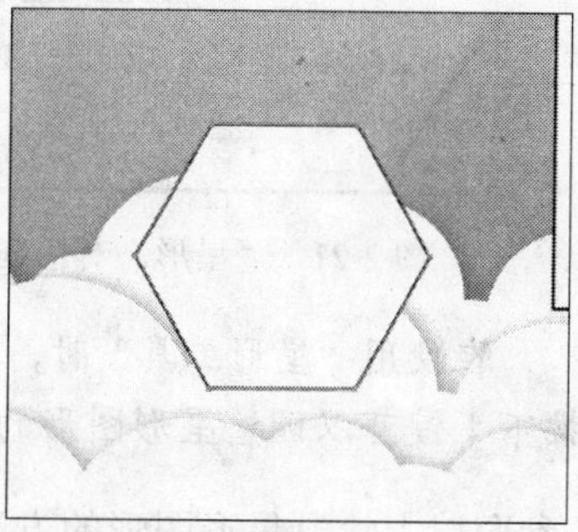

图 2-17　绘制完的多边形

技巧

在使用“多边形工具”时，单击并拖动鼠标，在不松开鼠标的情况下，按下↑键或按下↓键可以调整多边形的边数。

（2）使用“多边形工具”在视图中单击，打开“多边形”对话框，设置对话框的参数。其中“半径”选项和“边数”选项分别设置多边形的大小和边的数量。设置完毕后单击“确定”按钮即可，例如可创建三角形，如图 2-18、图 2-19 所示。

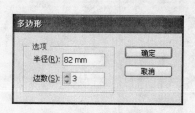

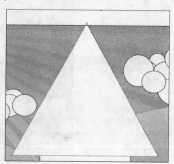

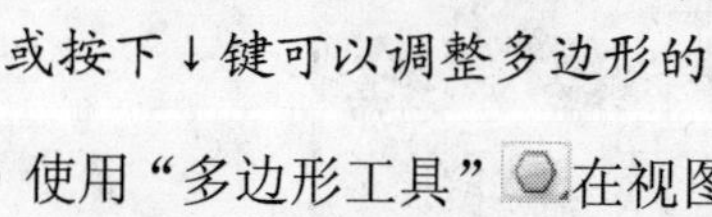

图 2-18　“多边形”对话框

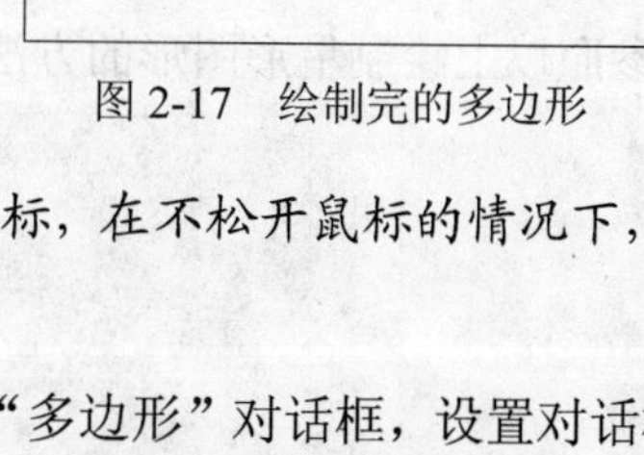

图 2-19　创建三角形

（3）使用“选择工具”调整图形的高度，如图 2-20 所示。

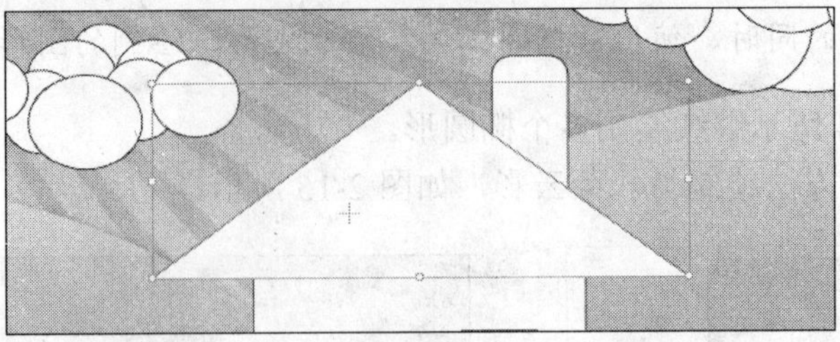

图 2-20　调整图层顺序

（4）使用“星形工具”在页面底部的右侧单击，打开“星形”对话框，设置对话框的参数。其中“半径 1”和“半径 2”选项设置星形的大小；“角点数”选项设置星形图形边角的数量。设置完毕后单击“确定”按钮创建星形图形，如图 2-21、图 2-22 所示。

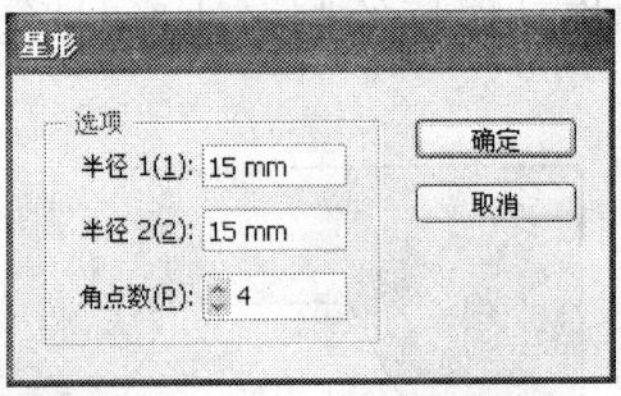

图 2-21　“星形”对话框

图 2-22　使用对话框创建星形图形

技巧　在使用“星形工具”时，单击并拖动鼠标，在不松开鼠标的情况下，按下↑键或按下↓键可以调整星形图形的边角数。

（5）参照以上绘制星形图形的方法，绘制其他星形图形，如图 2-23 所示。

图 2-23　绘制星形图形

（6）参照图 2-24 所示设置相应图形的颜色，并将云彩图形和房顶的部分进行群组。

图 2-24　群组图形

（7）在“图形样式”调板中为绘制的图形添加阴影效果，然后分别设置图形的颜色，如图 2-25 所示。

（8）参照图 2-26 所示调整图形的图层顺序。

图 2-25　添加阴影效果

图 2-26　设置图形的图层顺序

5. 绘制光晕图形

（1）使用“光晕工具” 在页面中单击并拖动鼠标，绘制光晕图形的射线部分，然后再次单击，绘制光晕的环形部分，完成光晕图形的绘制，如图 2-27、图 2-28 所示。

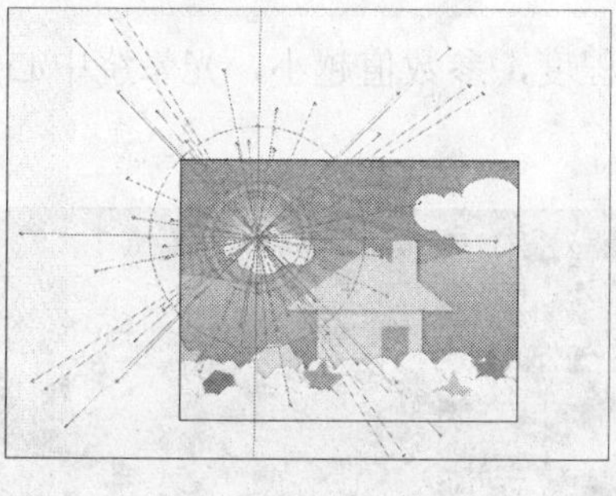

图 2-27　绘制射线图形

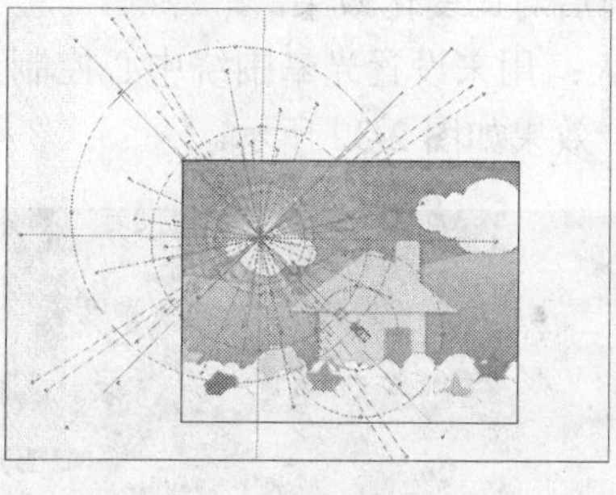

图 2-28　绘制光晕图形

（2）至此该实例制作完成，效果如图 2-29 所示。

图 2-29　完成效果

提示　使用“光晕工具”在页面中单击，同样可以打开“光晕”工具选项对话框，用户可以在该对话框中进行更为具体的设置，如图 2-30 所示。

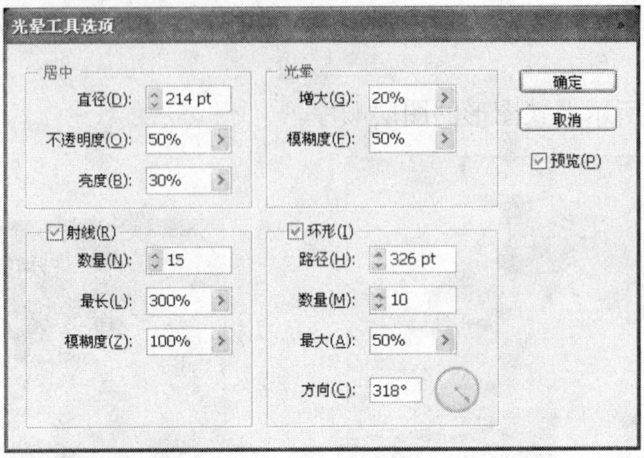

图 2-30 “光晕工具选项”对话框

● 直径：用于设置中心控制点直径的大小，可根据需要在该文本框中输入 0～1000 的参数值。

● 不透明度和亮度：分别控制中心点的不透明度和亮度。取值范围均为 0～100 之间。可以直接在文本框内输入参数值。也可以单击文本框后的按钮，在弹出的下拉式滑杆上拖动三角滑块进行调节。文本框中的数值也将随之发生相应的变化。图 2-31 所示为改变不透明度而亮度不变的前后对比变化效果。

● 增大：用来设置光晕围绕中心控制点的辐射程度，参数值越小，光晕绕中心控制点的程度越深，效果如图 2-32 所示。

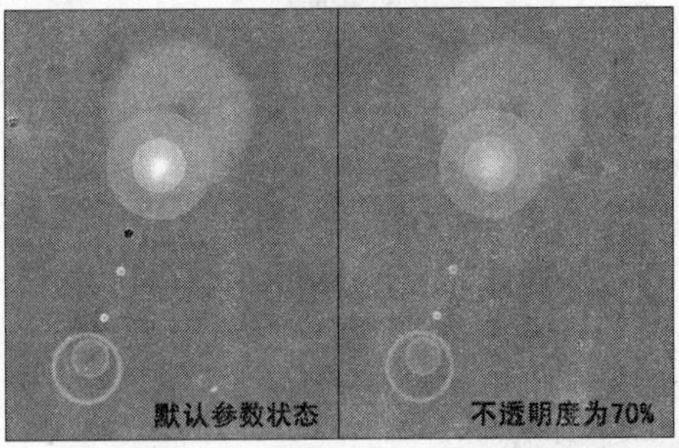

图 2-31 更改光晕图形的不透明度

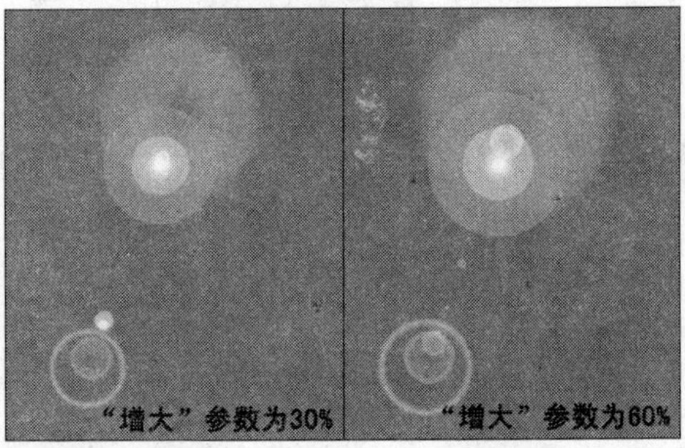

图 2-32 不同“增大”参数的光晕图形对比

● 模糊度：可以设置光晕在图形中的模糊程度，该选项的取值范围为 0～100 之间。

● 数量：可以控制光晕中光线的数量。在文本框中可以输入 0～50 的参数值。

● 最长：控制光线的长度。允许输入 0～100 的数值。

● 模糊度：设置光线在光晕图形中的模糊程度，其参数值的取值范围在 0～100 之间。

● 路径：设置光环所在路径的长度，其长度在 0～1000 之间。

● 数量：控制光环在光晕中的数量，图 2-33 所示为不同数量光晕的对比。

● 最大：设置光环的大小比例，取值范围在 0～250 之间。

● 方向：设置环形在光晕中的旋转角度。也可以通过它右面的角度控制按钮调整光环的角度。

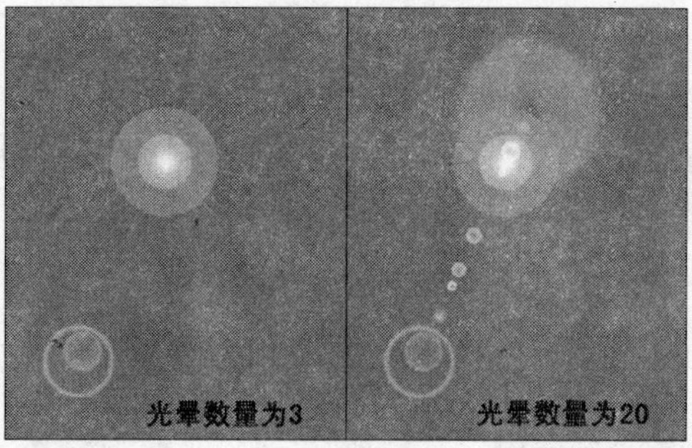

图 2-33　不同数量光晕图形对比

2.2　实例：平面构成（线性工具组的应用）

Illustrator CS5 中的线性工具组包括“直线段工具”、“弧形工具”、“螺旋线工具”、“矩形网格工具”、“极坐标网格工具”。这些工具可以绘制直线、弧线、弧形、矩形网格和极坐标网格图形。

这些工具的使用方法非常简单，是绘制基础图形必不可少的工具。下面将以平面构成为例，详细讲解线性工具组中各个工具的使用方法。图 2-34 是制作完成的平面构成效果。

1. 绘制直线图形

（1）启动 Illustrator CS5，新建一个文档，使用工具箱中的“矩形工具”绘制一个矩形图形，并设置图形的颜色，如图 2-35 所示。

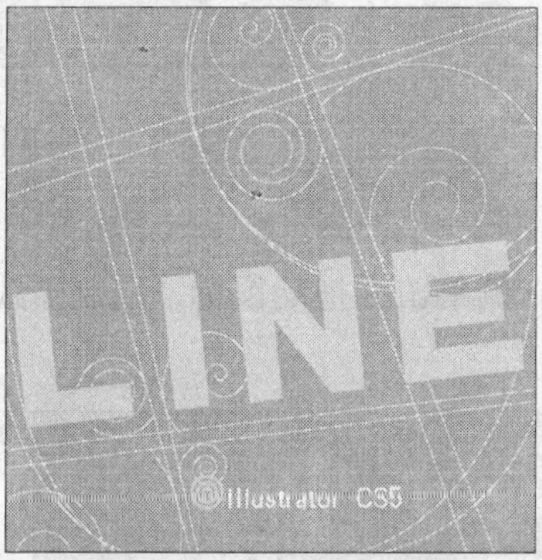

图 2-34　完成效果

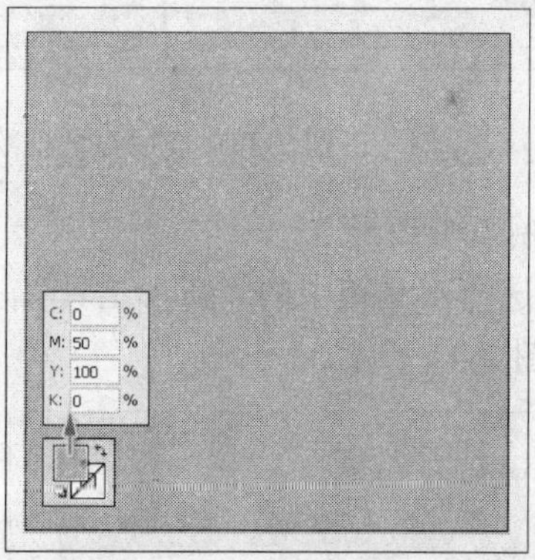

图 2-35　绘制矩形图形

（2）设置描边色为白色。使用工具箱中的“直线段工具”在页面的顶部单击并拖动鼠标，绘制直线图形，效果如图 2-36、图 2-37 所示。

技巧

按下 Shift 键的同时使用“直线段工具”，可以使绘制的直线倾斜角度为 45 度的倍数。

（3）使用工具箱中的“直线段工具”在页面中单击，打开“直线段工具选项”对话框，设置对话框的参数。其中“长度”选项就是将要绘制的直线长度，“角度”选项用于定义直线的旋转角度。设置完毕后单击“确定”按钮，即可创建直线段，如图 2-38 所示。

图 2-36 绘制直线

图 2-37 完成直线绘制

（4）参照以上绘制直线的方法，绘制其他直线图形，如图 2-39 所示。

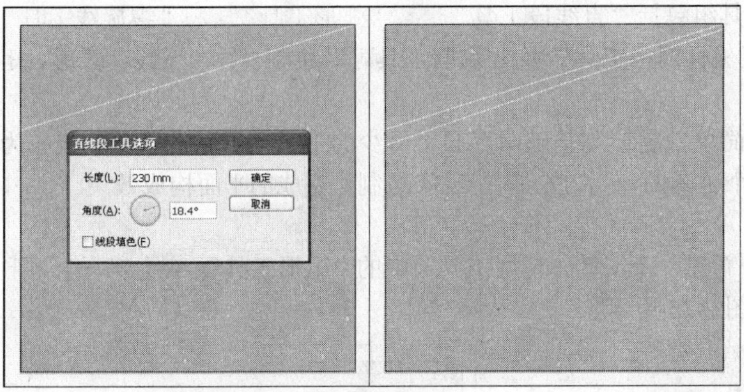

图 2-38 使用对话框绘制直线

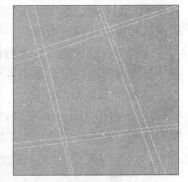

图 2-39 绘制其他直线

2. 绘制弧形图形

（1）选择工具箱中的“弧形工具”，在页面右侧单击并拖动鼠标，绘制弧线图形，如图 2-40、图 2-41 所示。

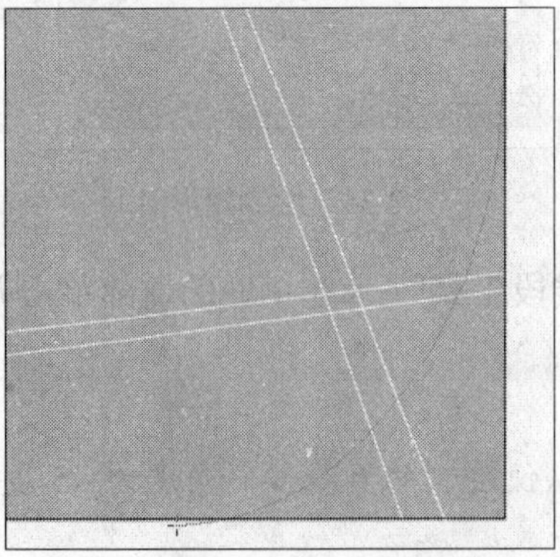

图 2-40 绘制弧线

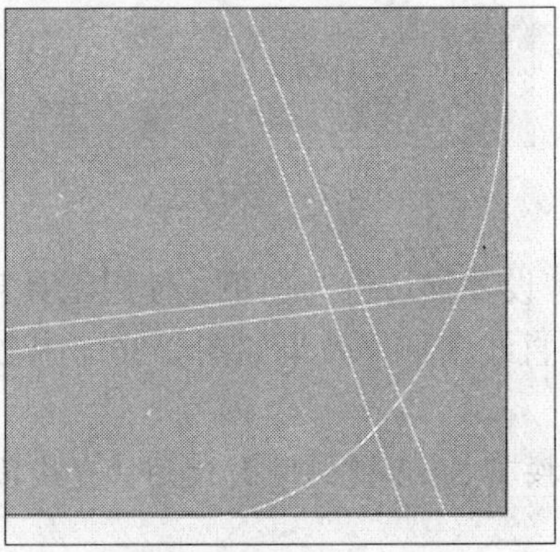

图 2-41 完成绘制弧线

技巧

使用“弧线工具”单击并拖动鼠标时，在不松开鼠标的状态下按下键盘上的↑键或↓键，可以调整弧线的弧度。

（2）使用相同的方法继续创建其他弧线，如图 2-42 所示。

提示　使用“弧形工具”在页面中单击，可打开“弧线段工具选项”对话框，利用该对话框可精确设置弧线图形，如图 2-43 所示。

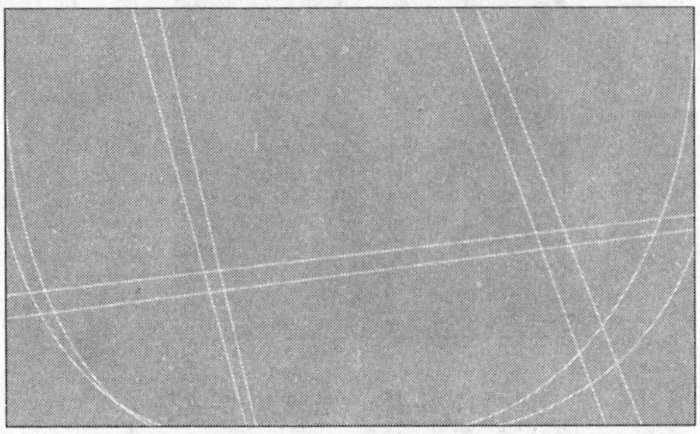

图 2-42　绘制其他弧线

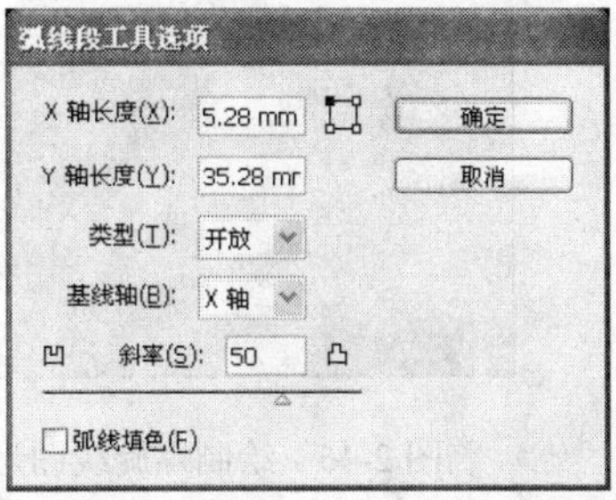

图 2-43　“弧线段工具选项”对话框

“弧线段工具选项”对话框中各个选项的含义如下。

- *X* 轴程度：设置弧线在 *X* 轴上的长度。
- *Y* 轴程度：设置弧线在 *Y* 轴上的长度。
- 类型：该选项的下拉列表中有“开放”和“闭合”两个选项。选择“开放”选项绘制的图形为弧线，选择“闭合”绘制的图形为弧形，效果如图 2-46、图 2-47 所示。
- 基线轴：该选项设置弧线弧度的方向。
- 斜率：该选项控制弧线的弧度。

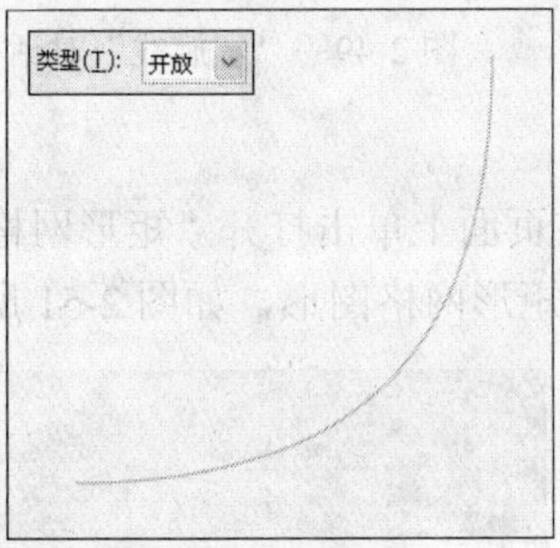

图 2-44　开放弧线

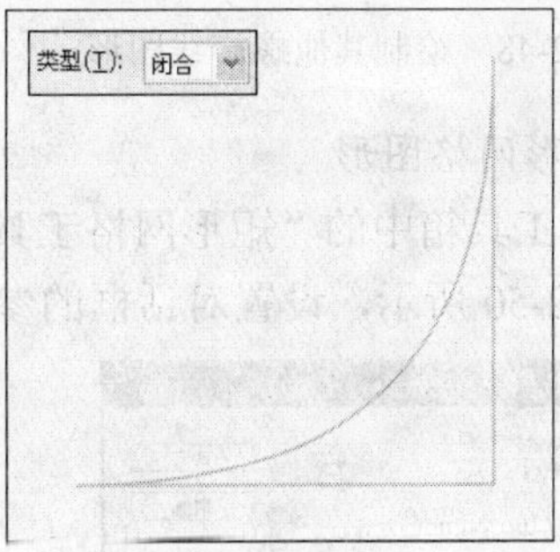

图 2-45　闭合弧形

3. 绘制螺旋线图形

（1）使用“螺旋线工具”在页面相应的位置单击并拖动鼠标，可绘制螺旋线图形，如图 2-46、图 2-47 所示。

（2）使用同样的方法绘制其他螺旋线图形，如图 2-48 所示。使用“螺旋线工具”单击并拖动鼠标，在不松开鼠标的状态下，当按下“↑”键和“↓”键，可以调整螺旋线的圈数；按下 Ctrl 键并移动鼠标，可调整螺旋线的密度。

提示　使用“螺旋线工具”在页面中单击可打开“螺旋线”对话框，如图 2-49 所示。其中“半径”可设置螺旋线的半径；“衰减”可设置螺旋线的疏密程度；“段数”可设置螺旋线的圈数；“样式”选项组包括两个单选项，用来指定螺旋线的旋转方向，选择上面的选项，绘制出的螺旋线将按逆时针方向旋转；选择下面的选项，螺旋线将按顺时针方向旋转。

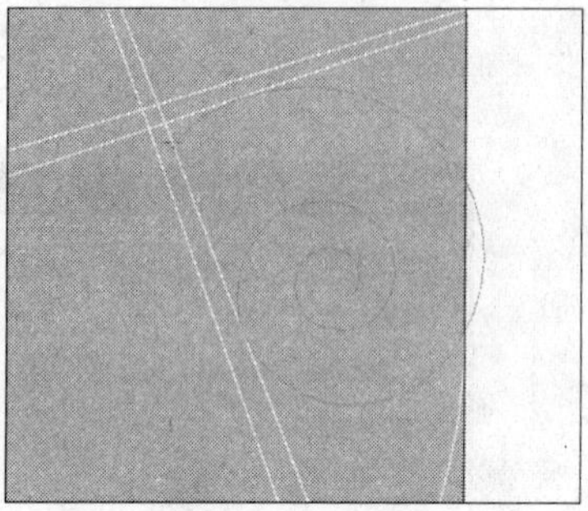

图 2-46 绘制螺旋线图形

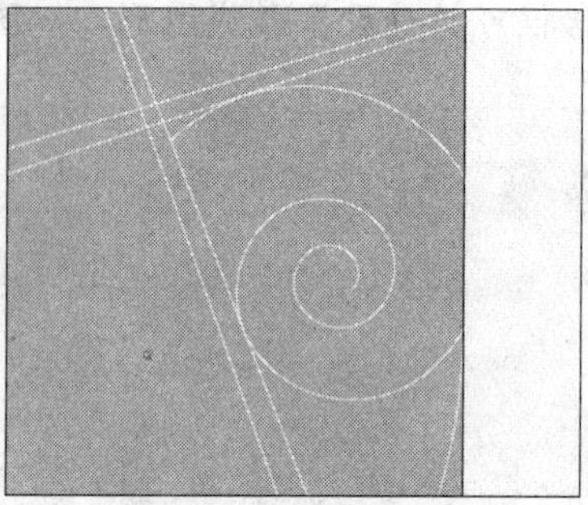

图 2-47 完成图形绘制

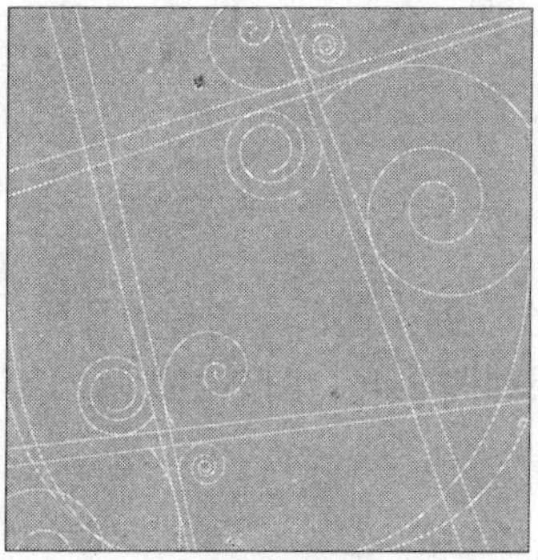

图 2-48 绘制其他螺旋线图形

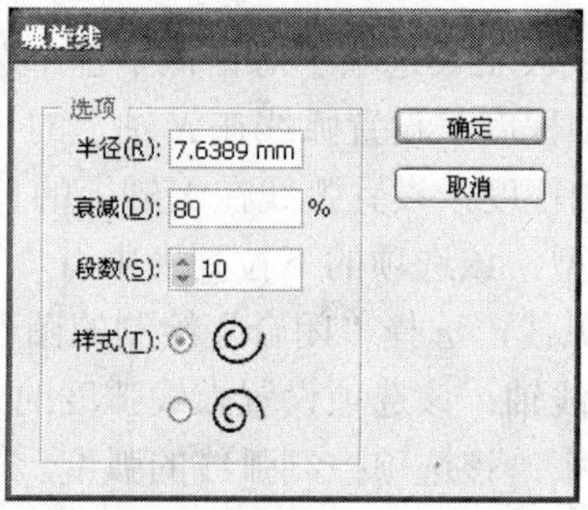

图 2-49 “螺旋线”对话框

4. 绘制矩形网格图形

（1）选择工具箱中的“矩形网格工具”，在页面上单击打开“矩形网格工具选项”对话框，参照图 2-50 所示，设置对话框的参数，创建矩形网格图形，如图 2-51 所示。

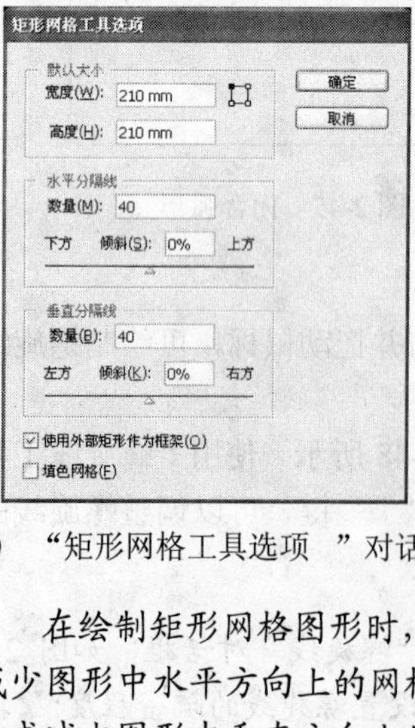

图 2-50 “矩形网格工具选项 ”对话框

图 2-51 绘制矩形网格图形

技巧 在绘制矩形网格图形时，如果按下键盘上的“↑”键或“↓”键，可分别增加或减少图形中水平方向上的网格线；如果按下键盘上的“←”键或“→”键，分别可增加或减少图形中垂直方向上的网格线。

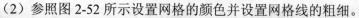

（2）参照图 2-52 所示设置网格的颜色并设置网格线的粗细。

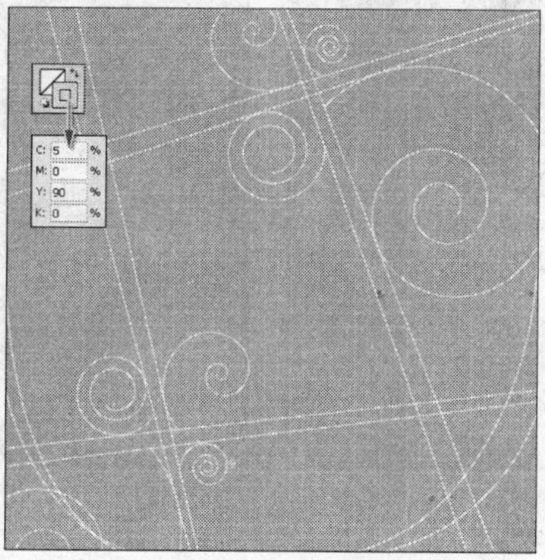

图 2-52　编辑图形中的网格

5. 绘制极坐标网格图形

（1）设置前景色为黄色，描边色为无，使用“极坐标网格工具”在页面相应的位置单击，打开“极坐标网格工具选项”对话框，设置对话框的参数，创建极坐标网格图形，如图 2-53、图 2-54 所示。

（2）参照图 2-55 所示添加其他图形和文字信息，完成本实例的制作。

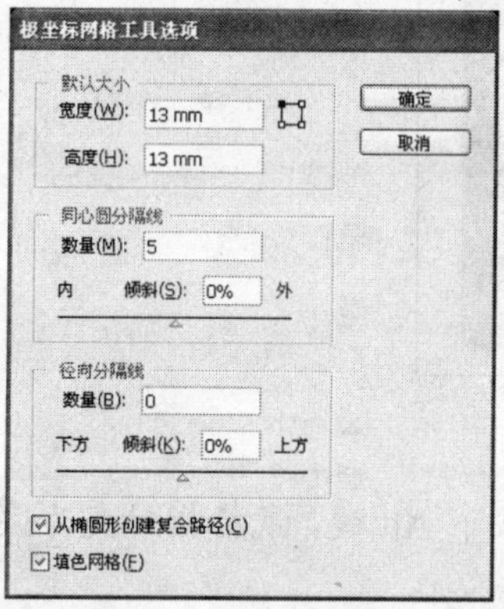

图 2-53　设置对话框参数

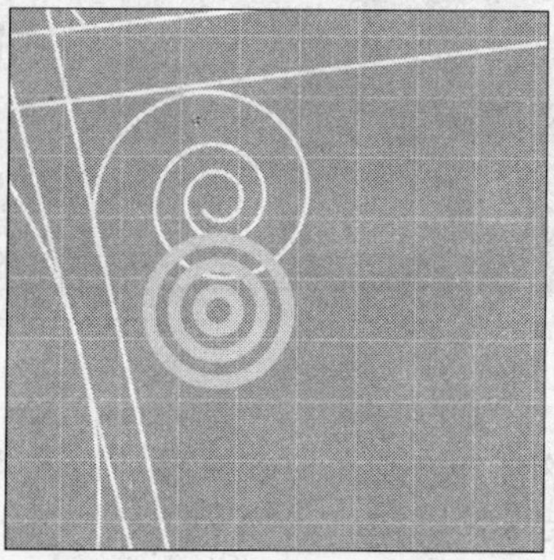

图 2-54　绘制极坐标网格图形

图 2-55　完成效果

2.3　实例：节日贺卡（手绘图形）

本节为读者介绍“铅笔工具”、“平滑工具”和“路径橡皮擦工具”的使用方法。“铅笔工具”可以绘制开放或者闭合的路径，它的使用方法非常简单，就像在画纸上绘制图像一样；“平滑工具”可以在尽可能地保持原形状的基础上，修整路径的平滑度；“橡皮擦工具”可以将部分路径删除。

下面将以节日贺卡为例，详细讲解各个手绘图形工具的使用方法。制作完成的节日贺卡效果如图 2-56 所示。

1. 使用“铅笔工具”绘制图形

（1）在 Illustrator CS5 中，执行“文件”|“打开”命令，打开配套素材\Chapter-02\“圣诞卡背景.ai”文件，如图 2-57 所示。

图 2-56 完成效果

图 2-57 素材文件

（2）使用工具箱中的“铅笔工具”，在视图中单击并拖动鼠标绘制图形，效果如图2-58 所示。

图 2-58 使用“铅笔工具”绘制图形

提示 如果需要绘制闭合路径，可以在绘制路径的过程中按下 Alt 键，鼠标指针变为时，松开鼠标即可，如图 2-59 所示。

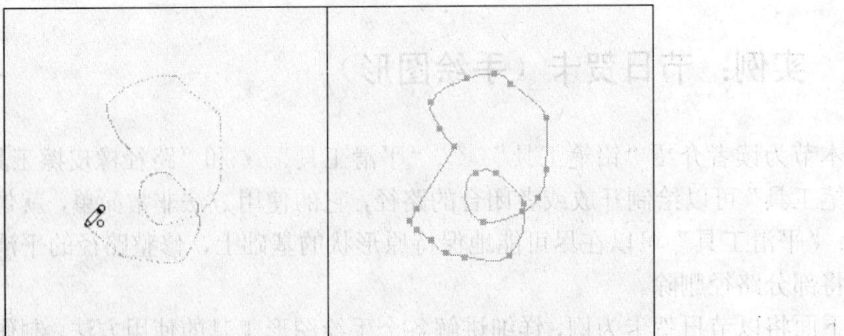

图 2-59 绘制闭合路径

（3）使用同样的方法继续绘制其他图形，如图 2-60 所示。

提示　双击工具箱中的“铅笔工具”，打开“铅笔工具选项”对话框，如图 2-61 所示，可对“铅笔工具”的相关设置进行调整。

图 2-60　继续绘制图形

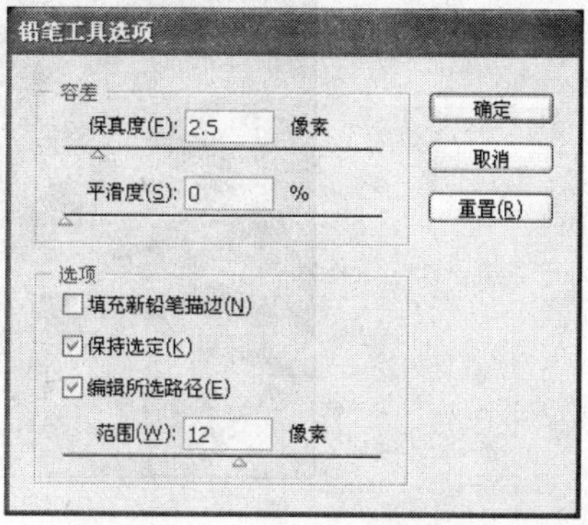

图 2-61　“铅笔工具选项”对话框

● 保真度：该选项用来设置路径和鼠标移动轨迹的相同程度。该选项参数值越大，绘制的路径和鼠标移动的轨迹越接近，锚点越多；该选项的参数值越小，绘制的路径锚点越少，路径越平滑。

● 平滑度：该选项用来控制所绘路径的平滑程度，当其数值越小时，所产生的曲线越粗糙；数值越大时，则绘制的曲线越平滑。

● 填充新铅笔描边：选择该选项的复选框，绘制的路径将填充颜色。取消该选项的选择状态，绘制的路径不填充颜色。

● 保持选定：当该选项为选择状态时，绘制完成后的路径为选择状态。

● 编辑所选路径：当该选项为选择状态时，可以在路径上继续绘制图形。

● 范围：该选项设置鼠标指针与已有路径需要达到多近距离，才可继续绘制路径。此选项仅在“编辑所选路径”选项为选择状态时可用。

2. 使用“平滑工具”编辑图形

（1）选择工具箱中的“平滑工具”，选择需要平滑的路径，在路径上单击并拖动鼠标，得到平滑效果，如图 2-62 所示。

图 2-62　使用“平滑工具”平滑图形

（2）使用相同的方法，对原图形中右侧的图形进行平滑处理，如图 2-63 所示。

图 2-63 调整图形

3. 使用“路径橡皮擦工具”编辑图形

（1）参照图 2-64 所示选择曲线图形，使用工具箱中的“路径橡皮擦工具”沿路径拖动鼠标，鼠标经过的路径将被擦除掉。

图 2-64 使用“路径橡皮擦工具”擦除图形

（2）选择绘制的所有路径，参照图 2-65 所示在“画笔”调板中，为路径添加画笔描边效果，效果如图 2-66 所示。

图 2-65 “画笔”调板

图 2-66 为图形添加描边效果

（3）最后使用同样的方法继续绘制其他图形，效果如图 2-67 所示。

图 2-67　完成效果

2.4　实例：书签（编辑图形）

用户对绘制的图形可能并不是每次都满意，有时需要继续对其中一些进行编辑。Illustrator CS5 提供了一些针对路径的编辑工具和功能，如“剪刀工具”、“橡皮擦工具”、“美工刀工具”和“路径查找器”调板。其中“剪刀工具”可以将路径剪切；“橡皮擦工具”用于擦除图形；“美工刀工具”不但可以剪切路径还可以剪切填充的内容；“路径查找器”调板将路径组合为新的图形。

下面通过实例书签的制作，为读者具体介绍这些工具用于编辑路径的方法。该实例的制作完成效果如图 2-68 所示。

1. 使用“路径查找器”调板编辑图形

（1）在 Illustrator CS5 中，执行“文件”|“打开”命令，打开配套素材\Chapter-02\“书签背景.ai”文件，如图 2-69 所示。

图 2-68　完成效果

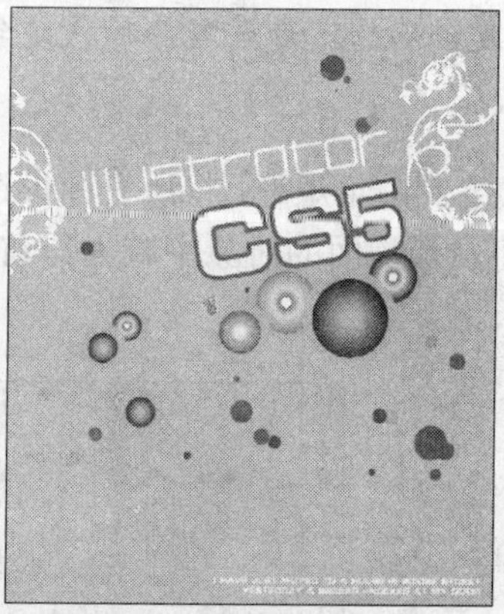

图 2-69　素材文件

（2）参照图 2-70 所示效果，分别使用“椭圆工具”和“圆角矩形工具”绘制基本图形。为方便接下来的绘制，在“图层”调板中单击“图层 2”的眼睛图标，将该图层隐藏。

（3）执行“窗口”|“路径查找器”命令，打开“路径查找器”调板，如图 2-71 所示。

图 2-70 绘制基本图形

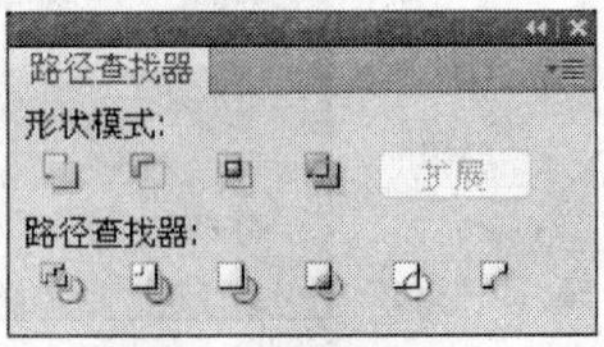

图 2-71 “路径查找器”调板

（4）选择以上绘制的所有图形，在“路径查找器”调板中单击“联集”按钮，将图形组合在一起，并参照图 2-72 所示为图形设置颜色。

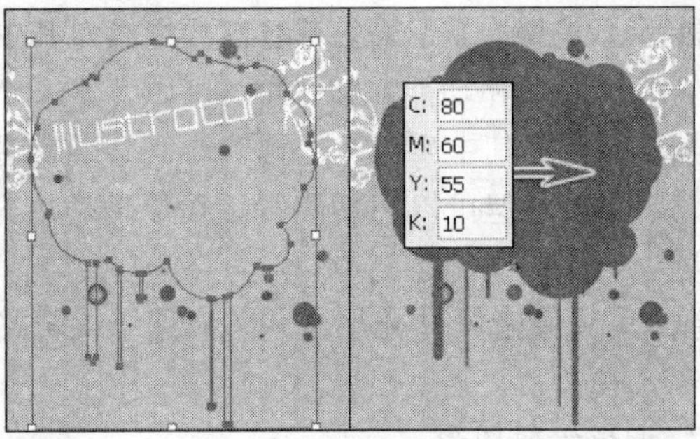

图 2-72 设置颜色

提示

按下 Alt 键的同时单击“路径查找器”调板中的“形状模式”组中的按钮，可以创建复合路径。如果需要释放复合路径，可以执行“对象”|“复合路径”|“释放”命令。

（5）继续绘制圆角矩形，将所有图形选中，单击“路径查找器”调板中的“减去顶层”按钮，该按钮将从最后面的对象中减去与前面的各对象相交的部分，而前面的对象也将被删除，如图 2-73 所示。

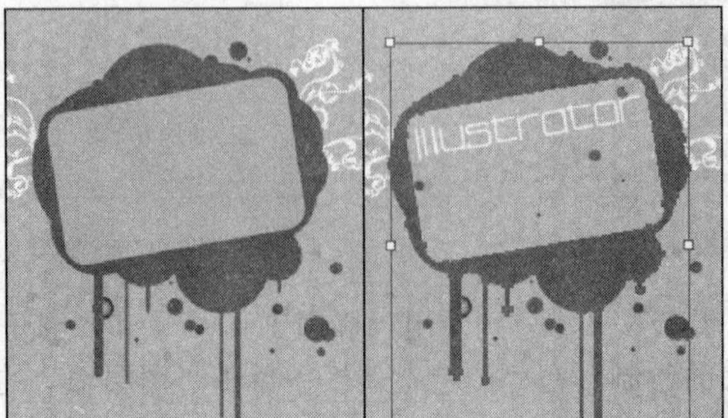

图 2-73 修剪图形

2. 使用“剪刀工具”编辑图形

（1）使用“椭圆工具”绘制圆形图形。选择“剪刀工具”，在路径上单击两次，将路径分割，效果如图 2-74 所示。

（2）参照图 2-75 所示分别调整图形位置，并设置其中一个图形的颜色。

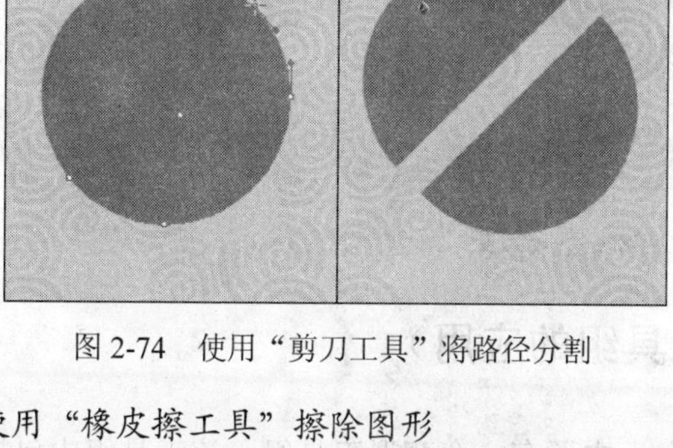

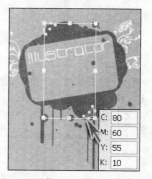

图 2-74　使用“剪刀工具”将路径分割

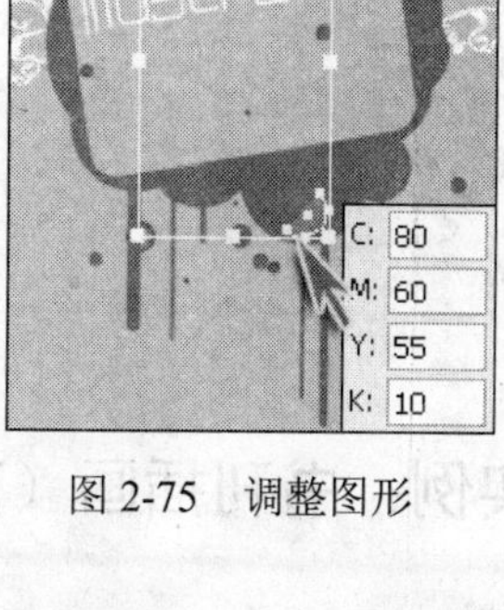

图 2-75　调整图形

3. 使用“橡皮擦工具”擦除图形

选择需要擦除的图形，使用“橡皮擦工具”在该图形上单击，将部分图形擦除，效果如图 2-76 所示。

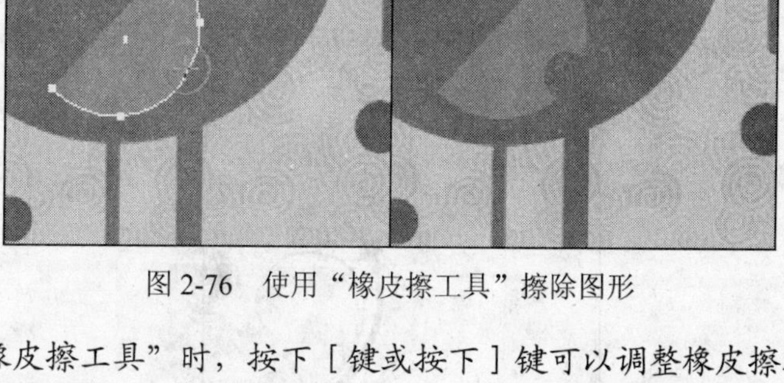

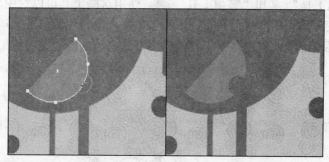

图 2-76　使用“橡皮擦工具”擦除图形

技巧　在使用“橡皮擦工具”时，按下 [键或按下] 键可以调整橡皮擦笔刷的大小。

4. 使用“美工刀工具”分割图形

（1）选择复合路径图形，使用“美工刀工具”在图形上单击并拖动鼠标分割图形，将多余的图形删除，得到图 2-77 所示效果。

图 2-77　使用“美工刀工具”分割图形

（2）最后参照图 2-78 所示调整图层顺序，完成本实例的制作。

图 2-78　完成效果

2.5　实例：书刊插画（变形工具组的应用）

除了上面讲述的编辑工具外，Illustrator 中还有一个变形工具组。该工具组中包括“宽度工具”、“变形工具”、“旋转扭曲工具”、“缩拢工具”、“膨胀工具”、“扇贝工具”、“晶格化工具”和“皱褶工具”。使用这些工具可以对图形进行各种变形操作，如使图形旋转变形、使图形收缩变形、使图形扩张变形、使图形产生褶皱效果等。

下面将以书刊插画为例，讲述这些工具的使用方法，该实例的完成效果如图 2-79 所示。

图 2-79　完成效果

1. 使用“旋转扭曲工具”对图形进行变形操作

（1）执行“文件”|“打开”命令，打开配套素材\Chapter-02\“书刊插图背景.ai”文件，如图 2-80 所示。

（2）使用“星形工具”绘制星形图形，参照图 2-81 所示设置图形轮廓色为无，并设置填充色为绿色。

（3）双击工具箱中的“旋转扭曲工具”，打开“旋转扭曲工具选项”对话框，参照图 2-82 所示设置参数，单击“确定”按钮完成设置。

（4）选择星形，使用“旋转扭曲工具”在星形图形上按下鼠标键数秒后松开鼠标，对图形进行旋转扭曲变形，如图 2-83 所示。

图 2-80　素材文件

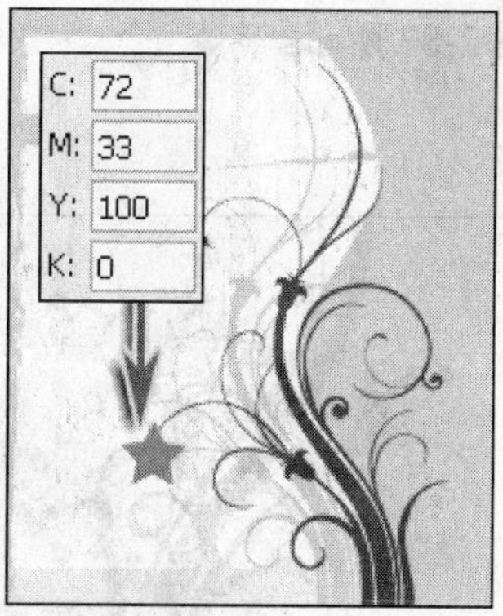

图 2-81　绘制星形

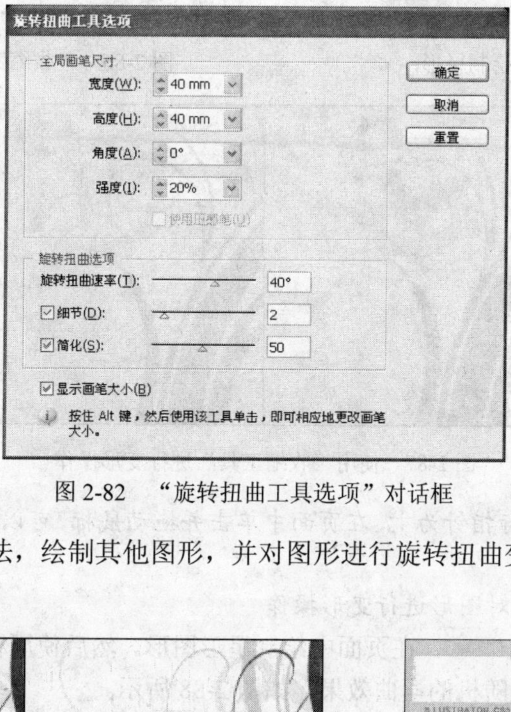

图 2-82　“旋转扭曲工具选项”对话框

（5）使用同样的方法，绘制其他图形，并对图形进行旋转扭曲变形操作，效果如图 2-84 所示。

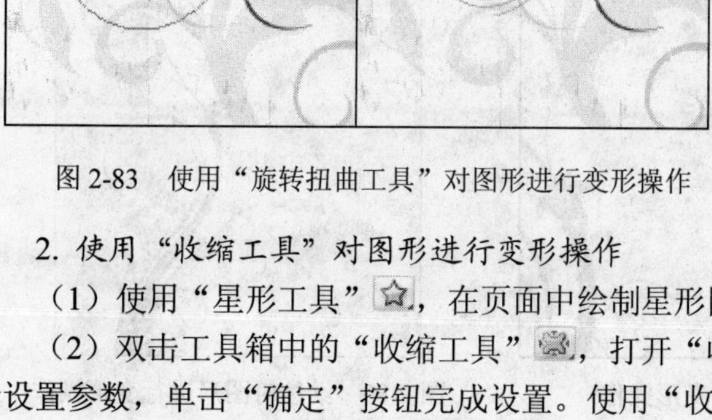

图 2-83　使用“旋转扭曲工具”对图形进行变形操作

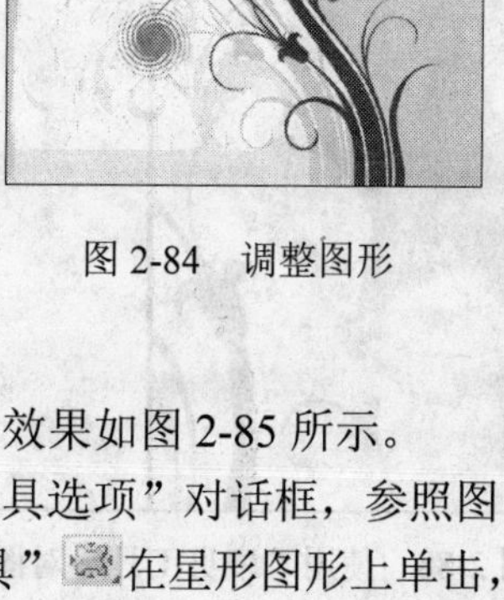

图 2-84　调整图形

2. 使用“收缩工具”对图形进行变形操作

（1）使用“星形工具”，在页面中绘制星形图形，效果如图 2-85 所示。

（2）双击工具箱中的“收缩工具”，打开“收缩工具选项”对话框，参照图 2-86 所示设置参数，单击“确定”按钮完成设置。使用“收缩工具”在星形图形上单击，使图形收缩，效果如图 2-87 所示。

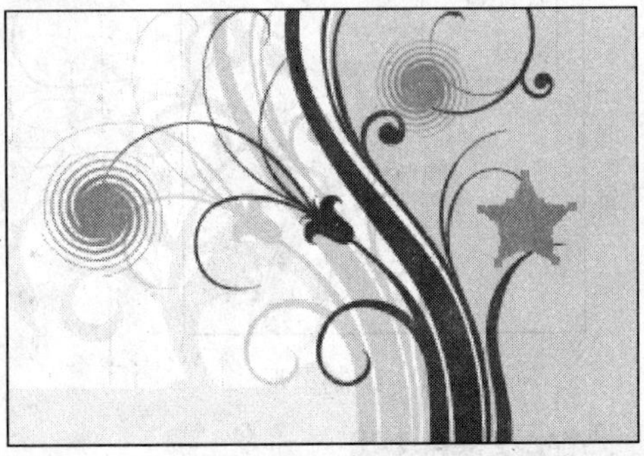

图 2-85　绘制星形

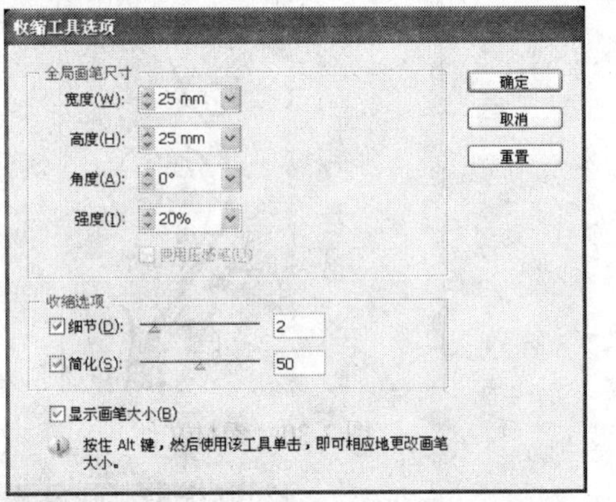

图 2-86　“收缩工具选项”对话框

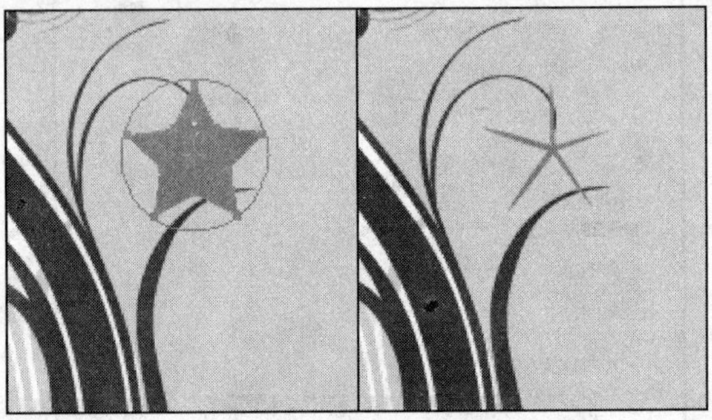

图 2-87　使用“收缩工具”进行变形操作

提示　按下 Alt 键时鼠标指针为┼，在页面中单击并拖动鼠标，可以调整画笔的宽度和高度。

3. 使用“扇贝工具”对图形进行变形操作

（1）选择“星形工具”，在页面中绘制星形图形。然后使用相同的方法，使用“扇贝工具”对图形边缘添加随机的弯曲效果，如图 2-88 所示。

（2）继续绘制其他图形，并使用“扇贝工具”对这些图形进行变形操作，如图 2-89 所示。

图 2-88　使用“扇贝工具”对图形进行变形操作

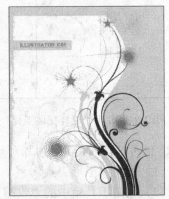

图 2-89　继续对图形进行变形操作

4. 使用“晶格化工具”对图形进行变形操作

继续绘制星形图形，使用“晶格化工具”单击星形图形，为路径添加变形效果，如图 2-90 所示。

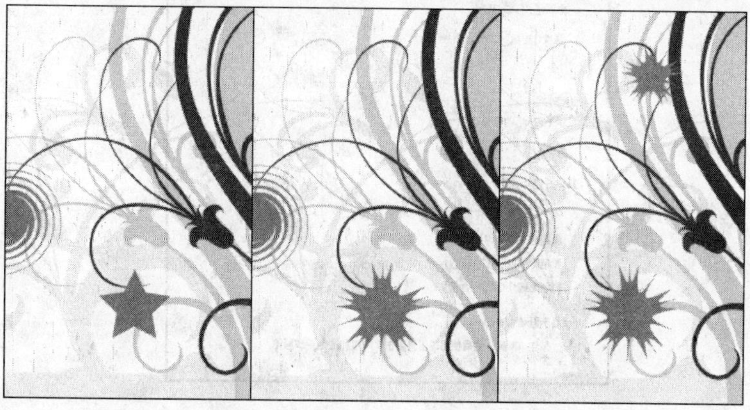

图 2-90　使用“晶格化工具”对图形进行变形操作

5. 使用“皱褶工具”对图形进行变形操作

（1）选择页面上方的矩形，使用“皱褶工具”在图形上单击并移动鼠标，使路径产生褶皱的效果，如图 2-91 所示。

（2）用相同的方法，使用“皱褶工具”对页面底部的矩形进行变形操作，得到图 2-92 所示效果，完成本实例的制作。

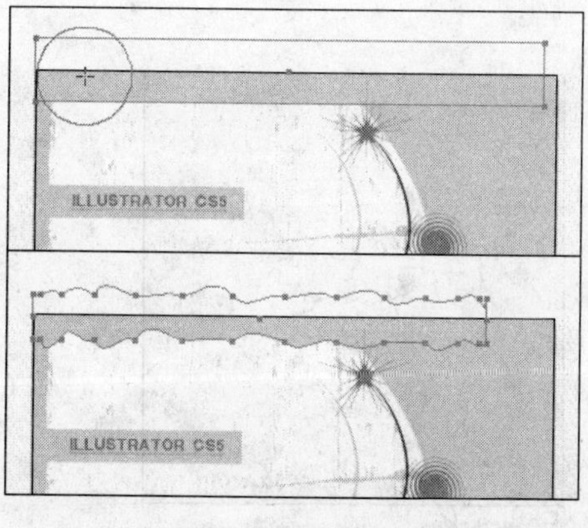

图 2-91　对图形进行变形

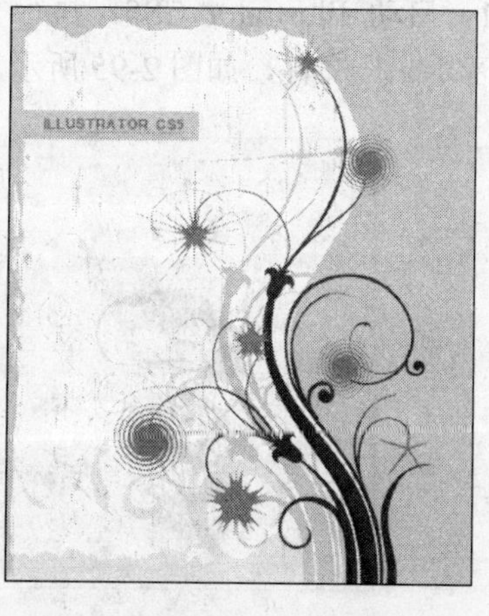

图 2-92　调整图形后的效果

提示

双击工具箱中的“皱褶工具”，打开“皱褶工具选项”对话框，如图 2-93 所示。该对话框和“旋转工具选项”对话框中的选项大致相同，用户可以在其中进行更为具体的设置。“水平”选项可设置对水平路径变形的效果，参数值越大，变形的效果越明显；“垂直”选项可设置对垂直路径变形的效果，参数值越大，变形的效果越明显；“复杂性”选项设置效果的密度，参数值越大，每个褶皱效果之间的距离越小，该选项和“细节”选项有关。

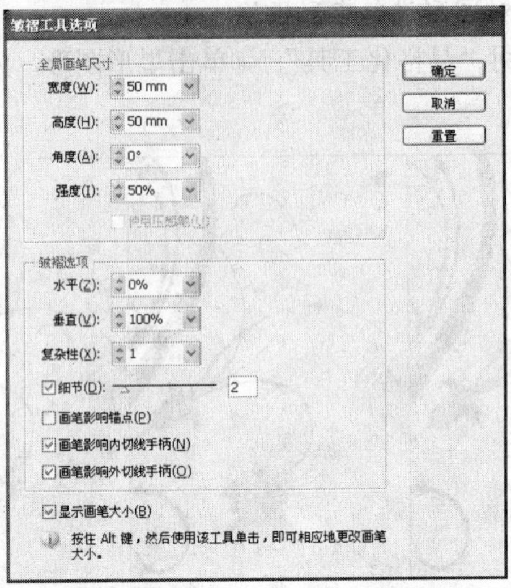

图 2-93 “皱褶工具选项”对话框

2.6 实例：时尚美眉（形状生成器工具）

几何工具的使用方法简单而且基本相同，下面将以制作时尚美眉插画图集为例，详细讲解几何图形工具的使用方法。制作完成的卡通插画效果如图 2-94 所示。

1. 填充图形

（1）启动 Illustrator CS5，执行“文件”|“打开”命令，打开本书配套素材\Chapter-02\“酷爱音乐.ai”文件，如图 2-95 所示。

图 2-94 完成效果

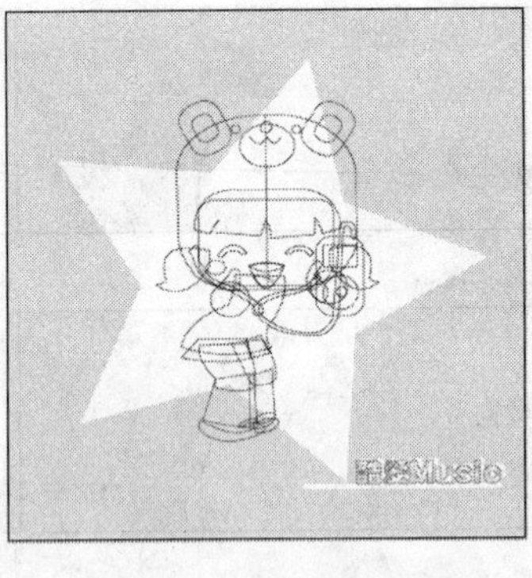

图 2-95 素材文件

（2）选择页面中的熊耳朵图形，为图形填充颜色，如图 2-96、图 2-97 所示。

（3）参照图 2-98 所示为人物的头发和短裤图形填充颜色。

2. 使用形状生成器工具

（1）在页面中选择图形，然后选择工具箱中的“形状生成器工具”，对选择的图形进行生成，如图 2-99、图 2-100 所示。

（2）在页面中选择手部图形，然后选择工具箱中的“形状生成器工具”，对选择的图形进行生成，如图 2-101、图 2-102 所示。

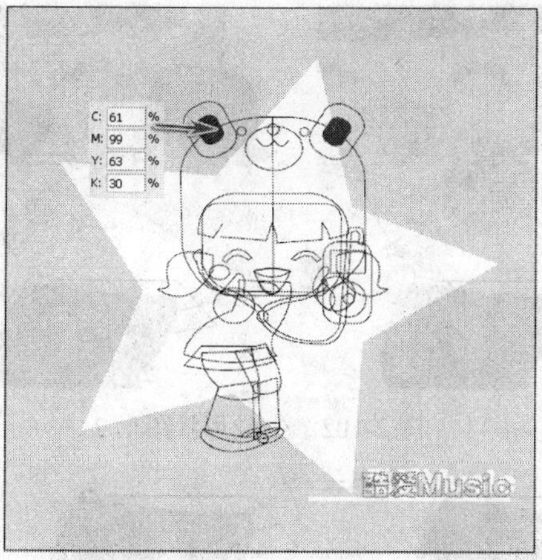

图 2-96　填充颜色 1

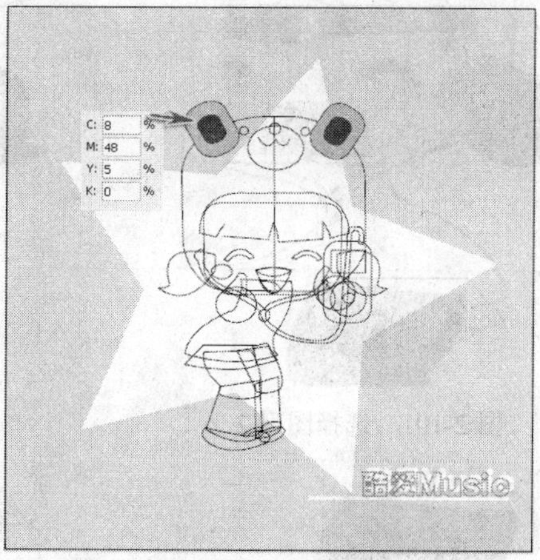

图 2-97　填充颜色 2

图 2-98　填充颜色 3

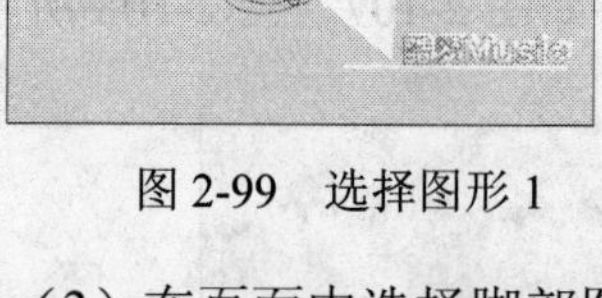

图 2-99　选择图形 1

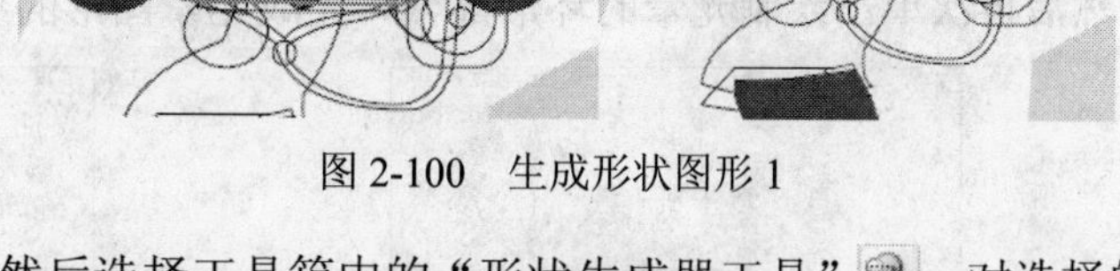

图 2-100　生成形状图形 1

（3）在页面中选择脚部图形，然后选择工具箱中的“形状生成器工具”，对选择的图形进行生成，如图 2-103、图 2-104 所示。

3. 完成颜色填充

在页面中选择图形，然后分别设置图形的颜色，如图 2-105 所示。

4. 绘制星形图形

使用“星形工具”在页面中单击并拖动鼠标，绘制星形图形，然后调整图形的大小和位置，如图 2-106 所示。

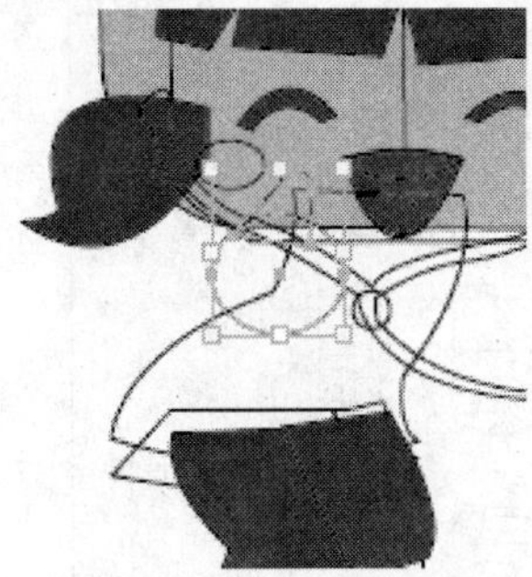

图 2-101 选择图形 2

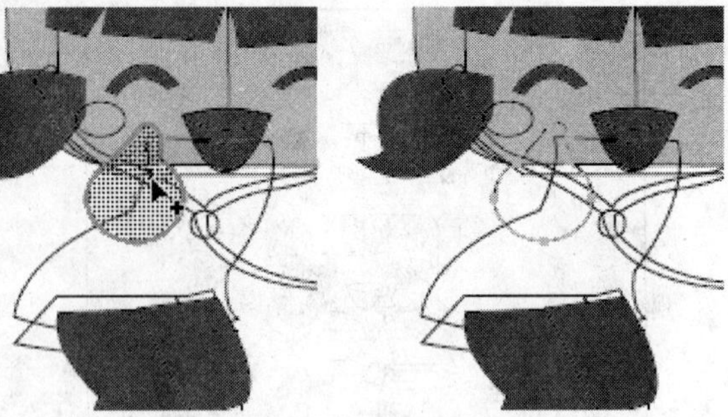

图 2-102 生成形状图形 2

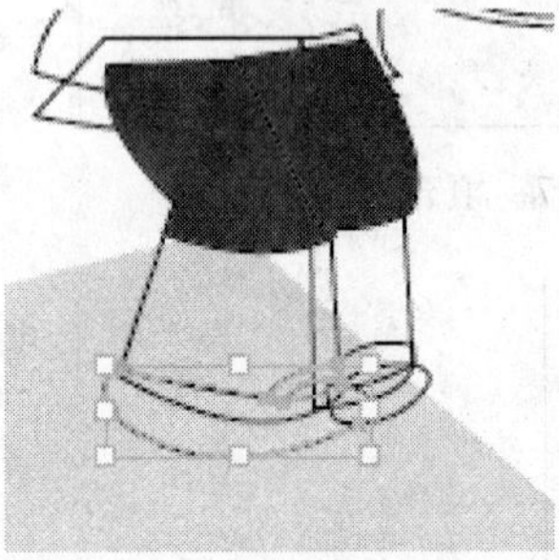

图 2-103 选择图形 3

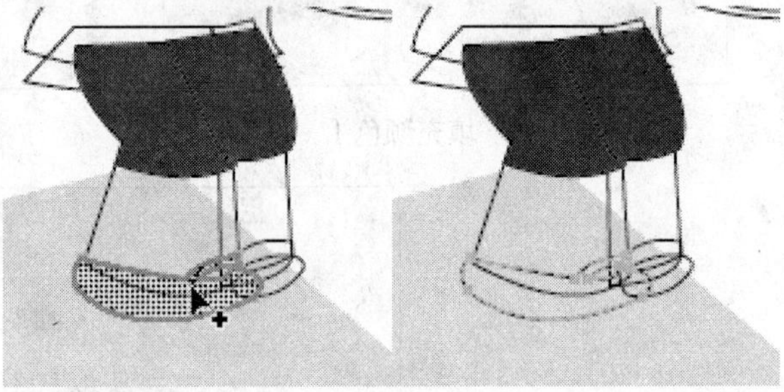

图 2-104 生成形状图形 3

图 2-105 填充颜色

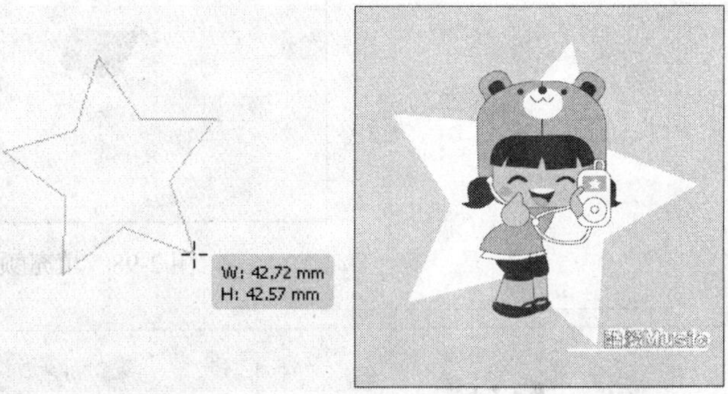

图 2-106 绘制星形

5. 绘制光晕图形

使用“光晕工具”在页面中单击并拖动鼠标，在星形的基础上绘制光晕图形的射线部分，然后再次单击绘制光晕的环形部分，完成光晕图形的绘制，如图 2-107、图 2-108 所示。

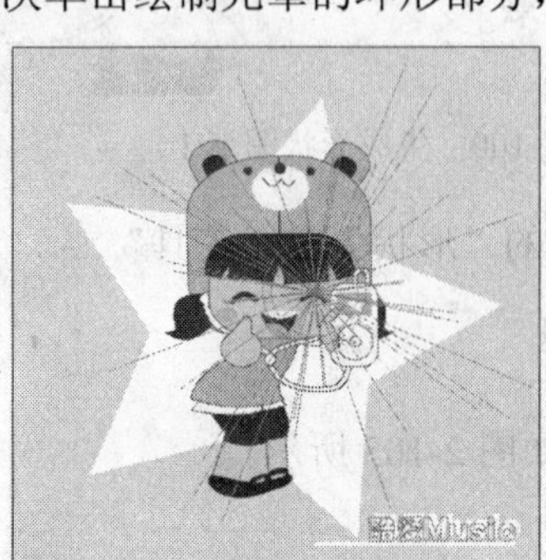

图 2-107 绘制图形

图 2-108 绘制光晕图形

2.7　实例：房屋透视图（透视绘图）

透视绘图是 Illustrator CS5 的新增功能之一，利用工具箱中的“透视网格工具”可以启用网格功能，它支持在真实的透视图面上直接绘图。

下面通过实例房屋透视图的制作，为读者具体介绍如何进行透视绘图。该实例的制作完成效果如图 2-109 所示。

1. 添加透视网格

（1）启动 Illustrator CS5，执行“文件”|“打开”命令，打开本书配套素材\Chapter-02\“绘制立体房子.ai”文件，如图 2-110 所示。

（2）使用“透视网格工具”，在素材文件上添加透视网格，如图 2-111 所示。

图 2-109　完成效果

图 2-110　素材文件

图 2-111　透视网格

2. 在透视网格上绘制图形

（1）使用工具箱中的“钢笔工具”在页面中单击，沿着透视网格在左侧网格上绘制图形，如图 2-112 所示。

（2）继续使用“钢笔工具”在页面中单击，沿着透视网格在右侧网格上绘制图形，如图 2-113 所示。

图 2-112　绘制左侧图形

图 2-113　绘制右侧图形

（3）参照以上绘制图形的方法，绘制其他直线图形，如图 2-114 所示。

（4）参照以上绘制图形的方法，继续在网格上绘制玻璃窗户图形，如图 2-115 所示。

3. 填充颜色

（1）参照图 2-116 所示对房子图形进行颜色填充。

（2）使用“渐变工具”对选择的图形进行渐变填充，如图 2-117、图 2-118 所示。

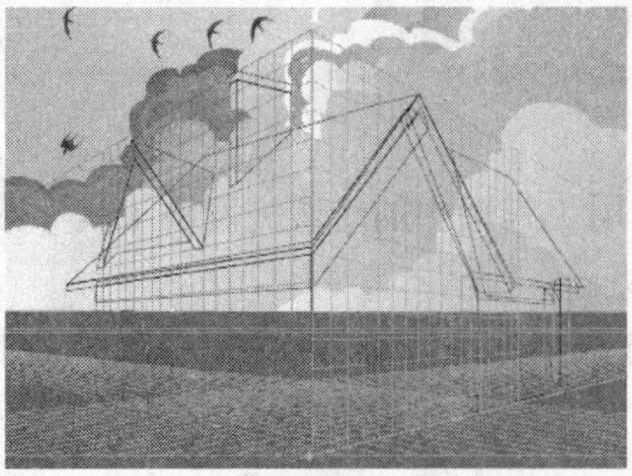

图 2-114 绘制其他直线图形

图 2-115 绘制窗户图形

图 2-116 颜色填充

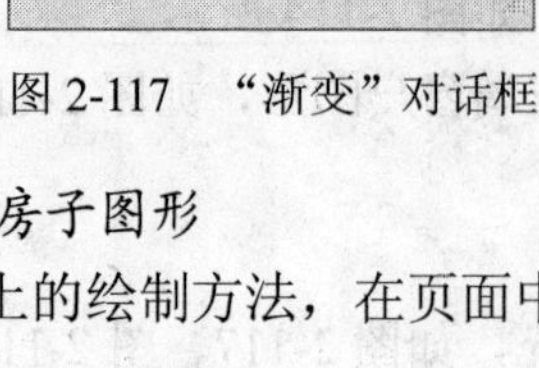

图 2-117 “渐变”对话框

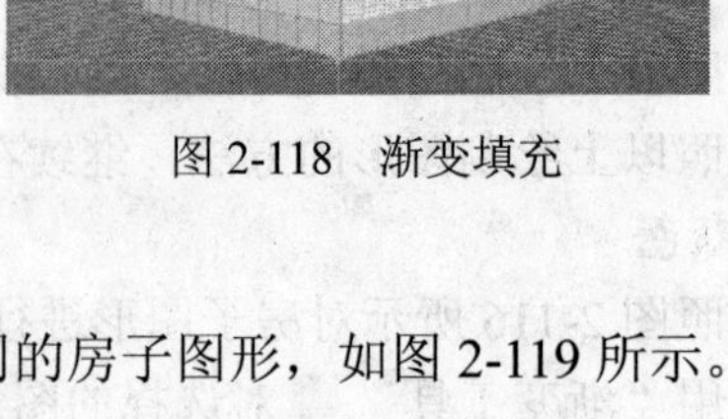

图 2-118 渐变填充

4. 绘制房子图形

根据以上的绘制方法，在页面中继续绘制不同的房子图形，如图 2-119 所示。

图 2-119　绘制房子图形

课后练习

1．设计制作宣传海报，效果如图 2-120 所示。

要求：

（1）创建各种几何图形。

（2）创建线性图形。

（3）分割路径。

2．设计制作装饰底纹，效果如图 2-121 所示。

要求：

（1）绘制图形。

（2）将多个图形组合为新图形。

（3）为图形添加变形效果。

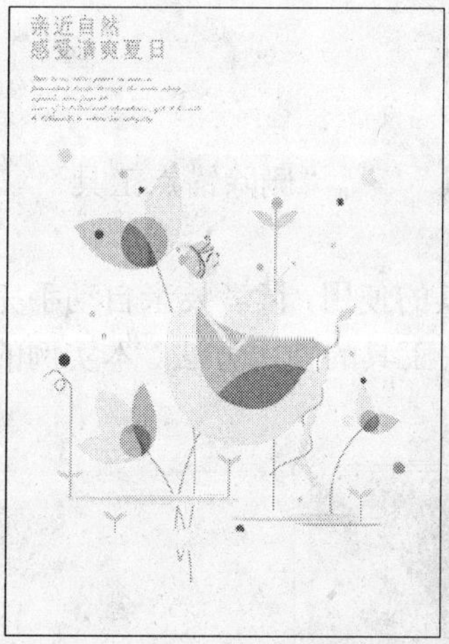

图 2-120　海报设计效果图

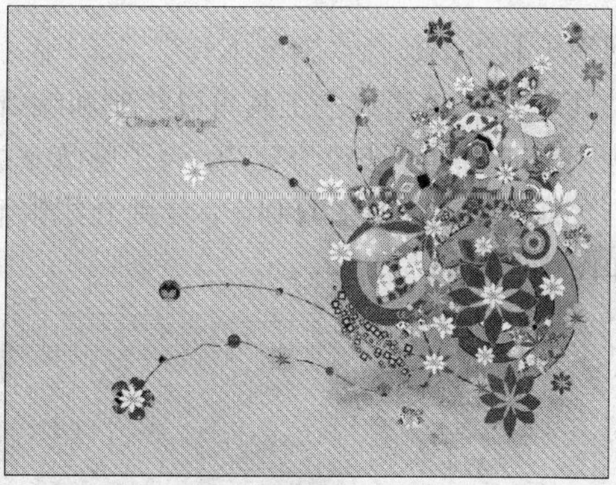

图 2-121　装饰底纹

第 3 课

绘制与编辑路径

本课知识结构

Illustrator CS5 具有强大的绘图功能，软件本身为用户提供了种类繁多的绘图工具，配合使用这些工具，几乎可以绘制出任意形状的图形。Illustrator CS5 还具有完善的编辑路径的功能，不仅能够变换路径的状态、位置、角度，还能够对路径进行剪切或切割等方面的处理。路径具有较强的灵活性和编辑修改性。本课将以实例为载体引导读者学习 Illustrator CS5 绘制、编辑路径方面的基本操作及常见技巧。

就业达标要求

☆ 使用钢笔工具绘制图形
☆ 添加、删除锚点
☆ 转换锚点的属性
☆ 链接开放性路径
☆ 将路径的外观扩展
☆ 使用画笔工具
☆ 创建新画笔
☆ 管理画笔

3.1 实例：城堡（钢笔工具组）

在钢笔工具组中包括“钢笔工具”、“添加锚点工具”、“删除锚点工具”和“转换锚点工具”。使用这些工具可以绘制和编辑路径。

这些工具的使用方法较为复杂，为了熟练掌握这些工具的使用，读者要亲自动手完成本课的实例。下面通过实例城堡的制作，详细介绍钢笔工具组中工具的使用方法。本实例的制作完成效果如图 3-1 所示。

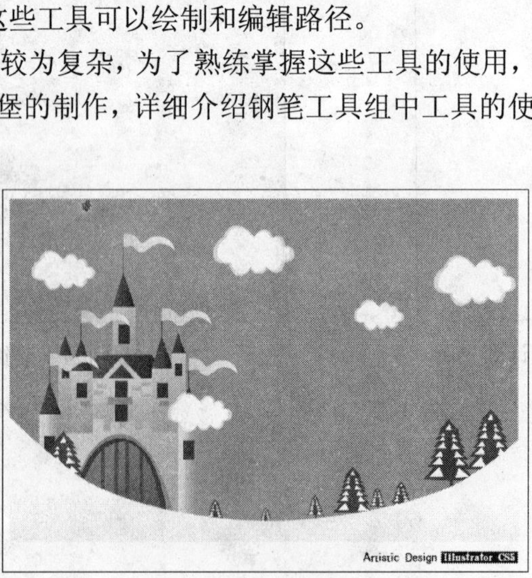

图 3-1　完成效果

1. 钢笔工具

（1）在 Illustrator CS5 中，执行“文件”|“打开”命令，打开本书配套素材\Chapter-03\“城堡背景.ai”文件，如图 3-2 所示。

（2）选择工具箱中的“钢笔工具”，在页面中移动鼠标，当指针为时单击，确定第 1 个锚点，如图 3-3 所示。

图 3-2　背景素材

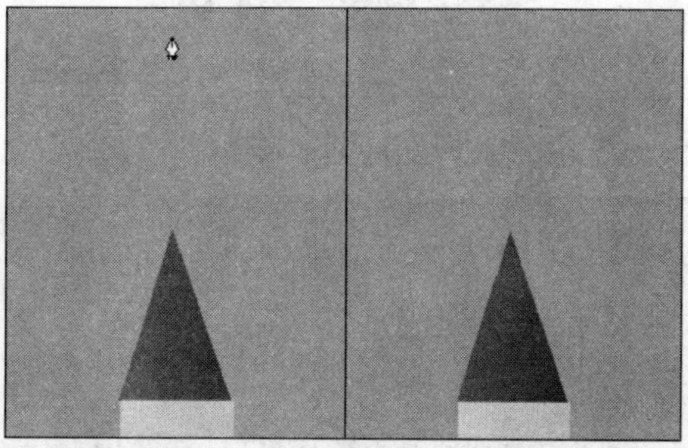

图 3-3　确定第 1 个锚点

（3）按下键盘上 Shift 键的同时再次单击页面，绘制第 2 个锚点，创建一条直线，如图 3-4 所示。

（4）按下键盘上 Ctrl 键的同时在页面空白处单击，完成直线的绘制，如图 3-5 所示。

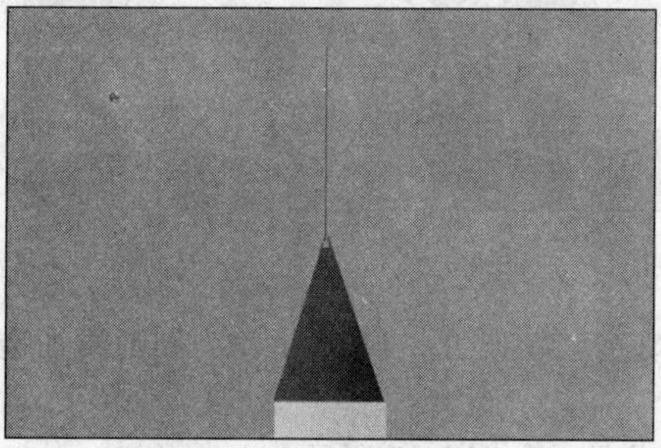

图 3-4　创建一条直线

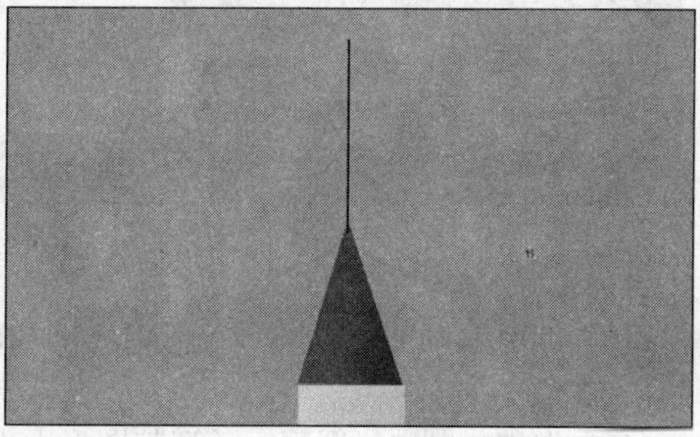

图 3-5　取消选择

（5）使用以上相同的方法，继续绘制其他直线图形。然后参照图 3-6 所示，为直线设置颜色与粗细。

（6）选择“钢笔工具”，在页面中单击创建第 1 个锚点，再次单击并拖动鼠标，将会出现两个锚点，这时两个锚点之间创建的路径为曲线，如图 3-7 所示。

（7）继续绘制路径，在页面中单击并拖动鼠标，然后在不松开鼠标的状态下按住键盘上的 Alt 键，再次拖动鼠标，即可调整控制柄的方向及调整曲线，如图 3-8 所示。

（8）继续绘制路径，当需要闭合路径时，将鼠标指针移动到第 1 个锚点位置，这时鼠标指针变为状态时，单击锚点，即可闭合路径，如图 3-9 所示。

（9）使用“比例缩放工具”配合 Alt+Shift 组合键拖动控制柄，等比例缩放并复制图形，执行“对象”|“排列”|“后移一层”命令，将当前图形向下移动一个图层，如图 3-10 所示。

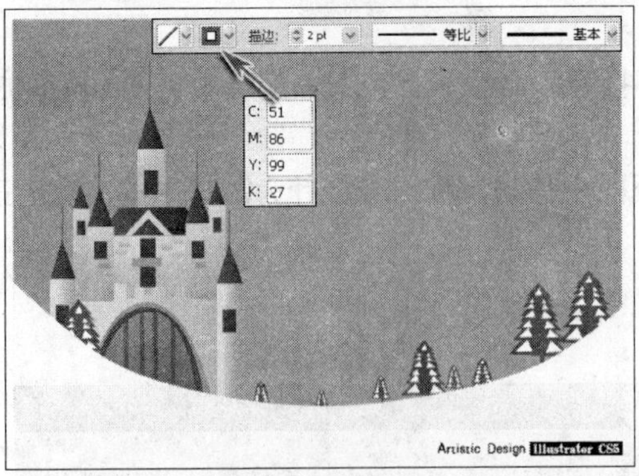

图 3-6 设置直线

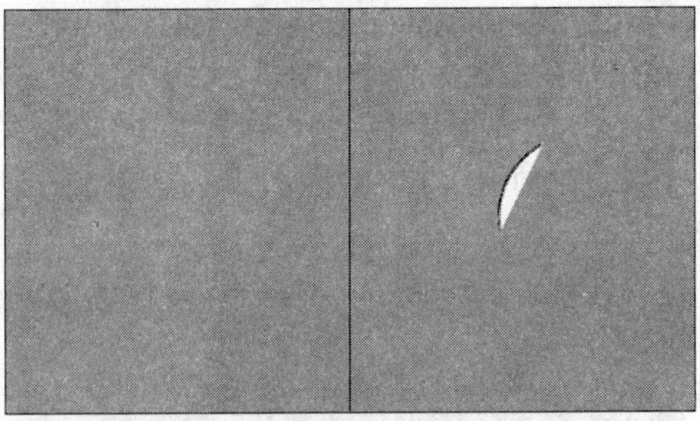

图 3-7 创建的锚点及曲线

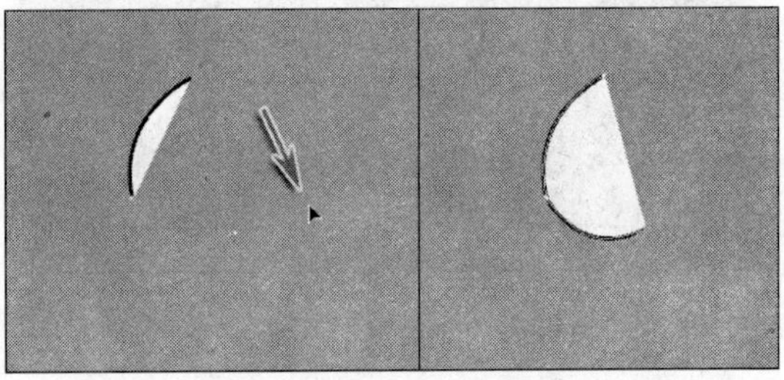

图 3-8 调整曲线

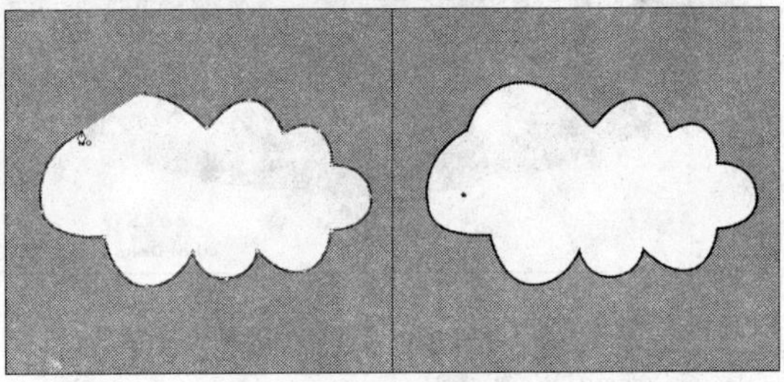

图 3-9 闭合路径

图 3-10 复制图形

（10）选取绘制的白云图形，取消轮廓线的填充，参照图 3-11 所示，为图形添加透明效果。

（11）继续复制白云图形，并调整图形大小与位置，如图 3-12 所示。

图 3-11 为图形添加透明效果

图 3-12 复制图形

技巧　在绘制路径的过程中，也可以配合快捷键灵活编辑路径。使用“钢笔工具”时，按下 Ctrl 键，如果之前使用的是“直接选择工具”，则切换到“直接选择工具”，此时可对锚点和控制柄进行调整；如果之前使用的是“选择工具”，则切换到“选择工具”，此时可移动绘制的路径图形。

2. 添加、删除和转换锚点的工具

（1）使用“矩形工具”在页面中绘制矩形，如图 3-13 所示。

（2）选择“添加锚点工具”，在路径上单击，即可添加锚点。多次在路径上单击添加多个锚点，如图 3-14 所示。

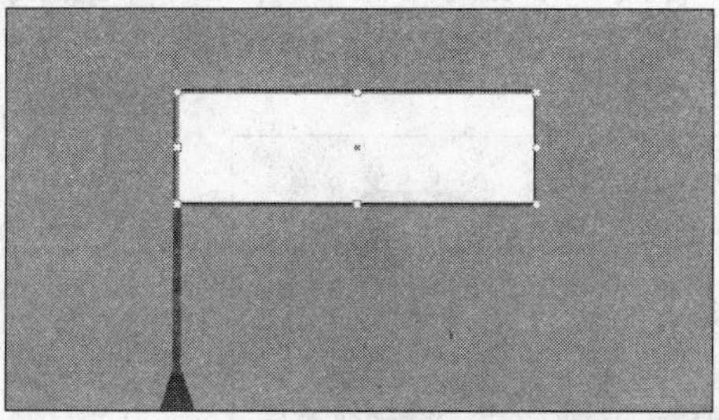

图 3-13　绘制矩形

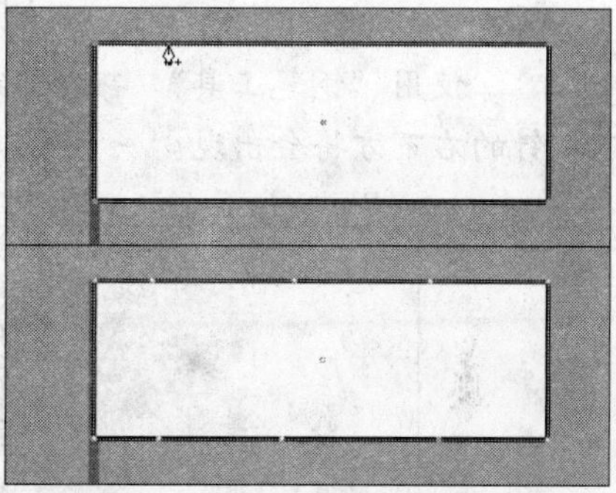

图 3-14　添加锚点

技巧　使用“钢笔工具”绘制完成路径后，将鼠标移动到锚点之间的路径上，此时鼠标指针的右下方将会出现“+”号，单击可添加锚点，效果如图 3-15 所示。

（3）选择“转换锚点工具”，在锚点位置单击并拖动鼠标，即可拖出控制柄，将锚点转换为平滑锚点，如图 3-16 所示。

（4）使用同样的方法调整其他锚点的属性。

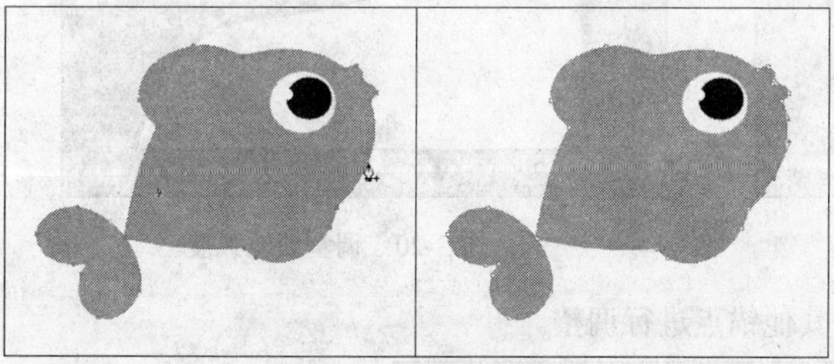

图 3-15　添加锚点

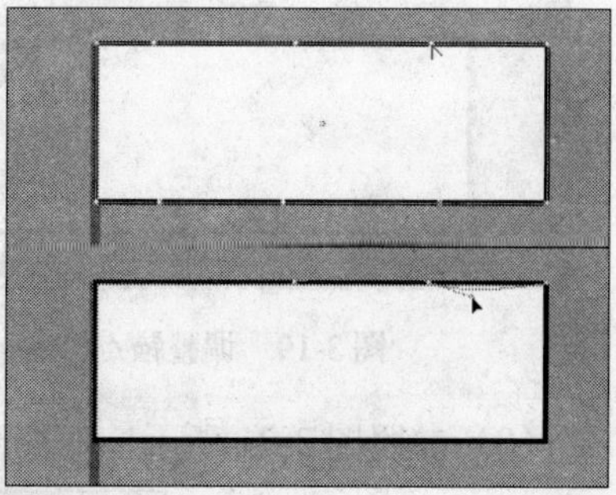

图 3-16　转换锚点

提示　使用“钢笔工具”编辑路径时，按下键盘上的 Alt 键，可切换到“转换锚点工具”，此时单击圆滑锚点，可将圆滑锚点转换为不带控制柄的锚点；若单击并拖动圆滑锚点一侧的控制柄，可将该锚点转换为尖角锚点；若是单击并拖动已有锚点，该锚点可转换为圆滑锚点。

（5）使用“删除锚点工具”单击锚点，即可将锚点删除，如图 3-17 所示。

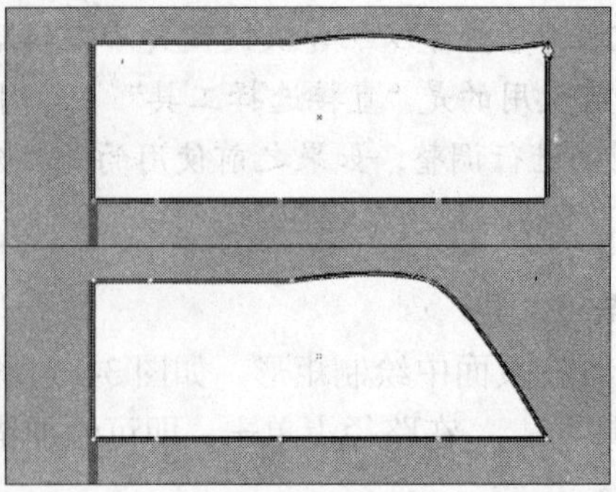

图 3-17 删除锚点

技巧 使用“钢笔工具” 绘制完路径后，将鼠标移动到路径的锚点上，此时鼠标指针的右下方将会出现“-”号，单击可删除锚点，效果如图 3-18 所示。

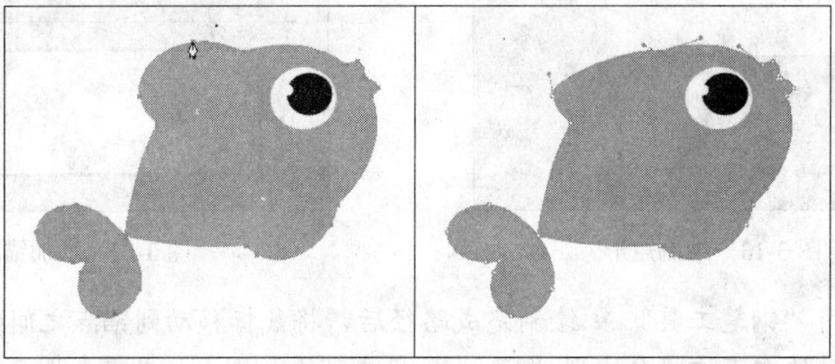

图 3-18 删除锚点

（6）使用“直接选择工具” 单击并拖动锚点，可调整锚点的位置，如图 3-19 所示。

（7）使用“直接选择工具” 拖动方向点，可以调整曲线的弧度，如图 3-20 所示。

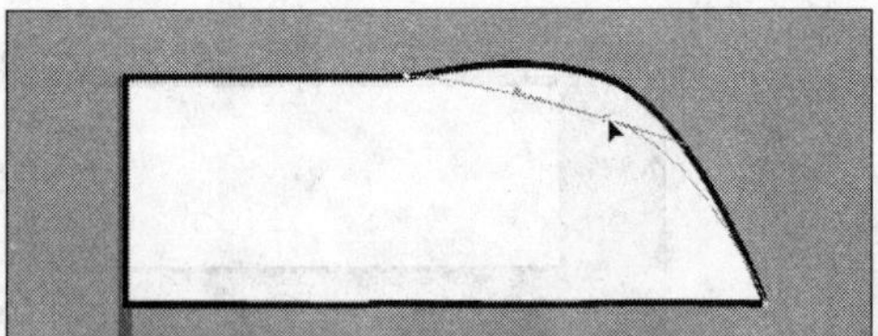

图 3-19 调整锚点位置

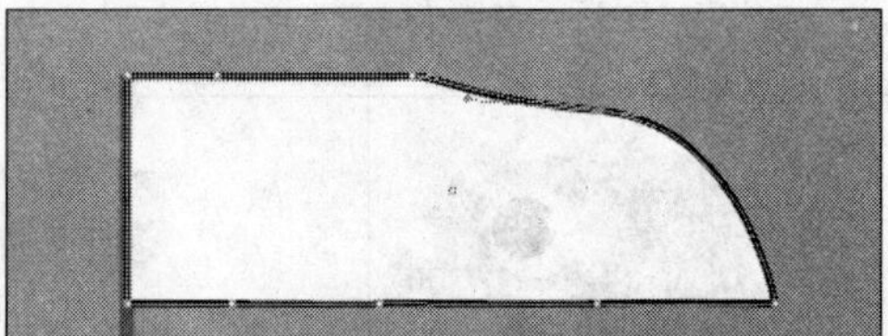

图 3-20 调整曲线弧度

（8）参照图 3-21 所示，对图形的其他锚点进行调整。

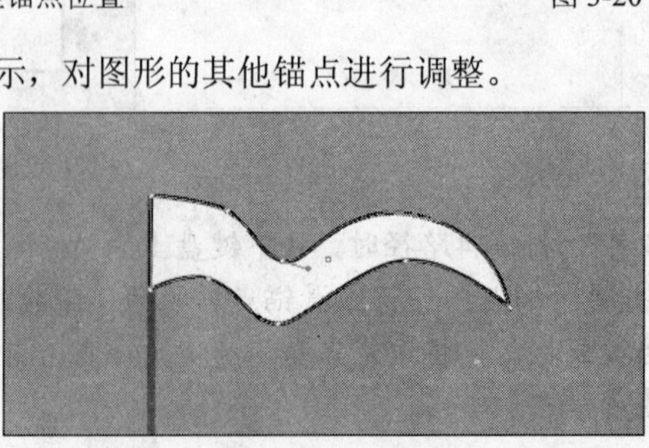

图 3-21 调整图形

（9）使用相同的方法，继续绘制曲线图形，参照图 3-22 所示，为图形添加渐变填充效果，并取消轮廓线的填充色。

图 3-22　为图形添加渐变填充

在绘制路径的过程中，工作界面中会显示“锚点”属性栏，在“锚点”设置区域内单击“删除所选锚点”按钮，可删除所选描点。

3.2　实例：POP 海报（画笔工具）

“画笔工具”可以绘制多姿多彩的带描边效果的路径。这些描边效果的设置和创建都是在“画笔”调板中完成的，因此“画笔”调板的使用也同样重要。

下面将以 POP 海报为例，详细讲解画笔工具的使用方法。制作完成的 POP 海报效果如图 3-23 所示。

1. 使用“矩形工具”绘制图形

（1）在 Illustrator CS5 中，执行“文件”|“新建”命令，新建文档。

（2）使用工具箱中的“矩形工具”，在视图中绘制与文档同等大小的矩形，效果如图 3-24 所示。

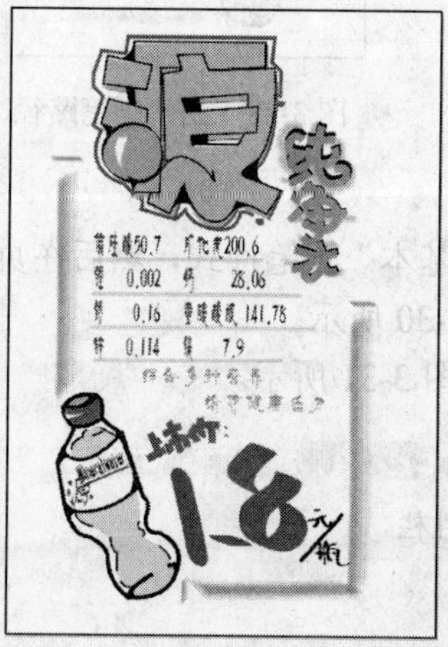

图 3-23　完成效果

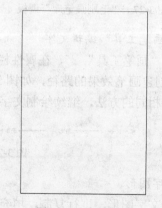

图 3-24　绘制矩形

2. 创建画笔路径

（1）使用工具箱中的“钢笔工具”，在页面中绘制瓶子图形，如图 3-25 所示。

（2）根据设置的参数，为瓶子图形填充颜色，如图 3-26 所示。

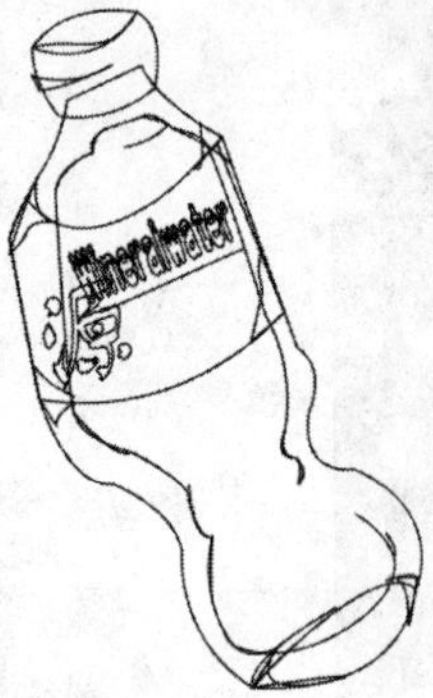

图 3-25 绘制瓶子图形

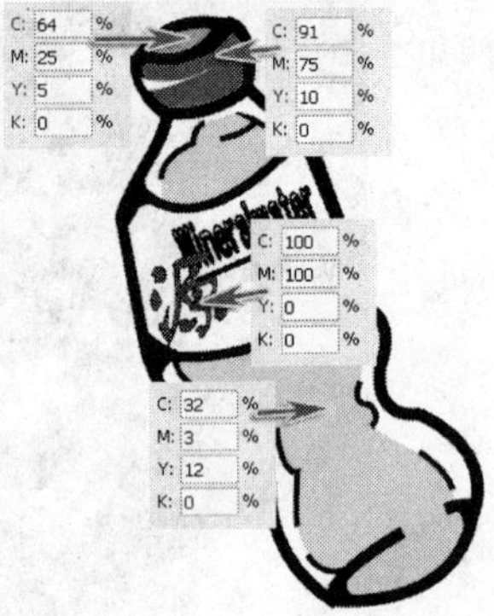

图 3-26 填充颜色的效果

3. 创建画笔路径

（1）执行“窗口”|“画笔库”|“毛刷画笔”|“毛刷画笔库”命令，打开“毛刷画笔库”调板如图 3-27 所示。

（2）选择“画笔工具”，在“毛刷画笔库”调板中选择“探头”画笔样式，然后在页面中单击并拖动鼠标，即可创建画笔效果的路径，如图 3-28 所示。

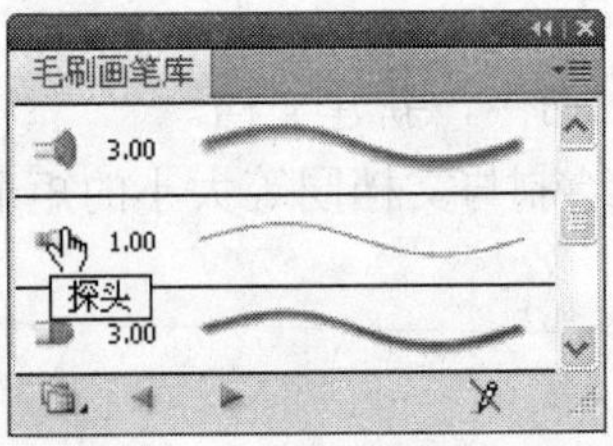

图 3-27 “毛刷画笔库”调板

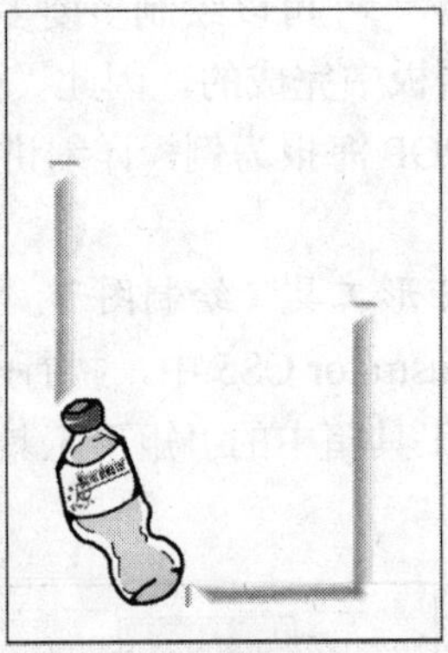

图 3-28 创建画笔路径

4. 使用“画笔工具”编辑文字

（1）执行“画笔工具”，在属性栏中选择“基本”画笔样式，然后在页面中单击并拖动鼠标，即可创建画笔效果的路径，如图 3-29、图 3-30 所示。

（2）使用相同的方法，继续绘制文字图形，如图 3-31 所示。

图 3-29 路径属性栏

5. 复制文字图形

（1）选择文字图形，进行复制，填充颜色并调整位置，如图 3-32 所示。

（2）继续对文字图形进行复制，填充颜色并调整位置，如图 3-33 所示。

（3）选择复制的文字图形，然后选择“画笔工具”，在“毛刷画笔库”调板中选择“圆角”画笔样式。改变文字画笔效果路径，如图 3-34、图 3-35 所示。

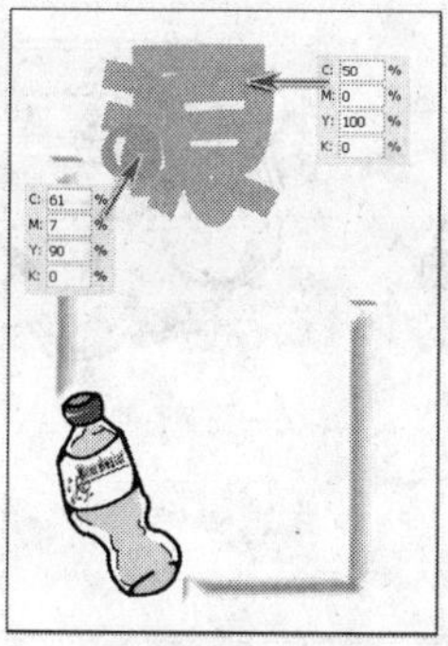

图 3-30　平滑图形

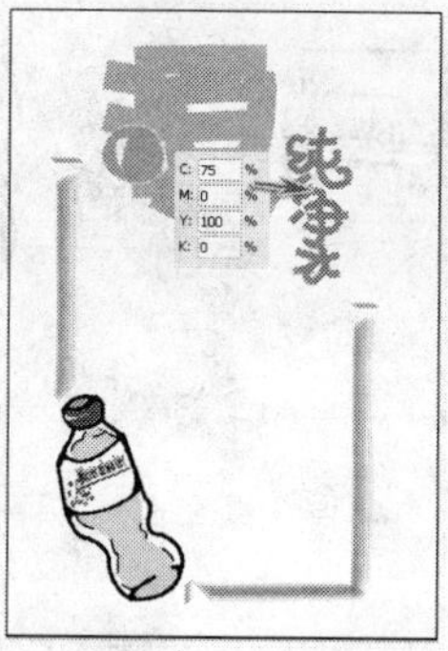

图 3-31　文字图形

图 3-32　填充效果

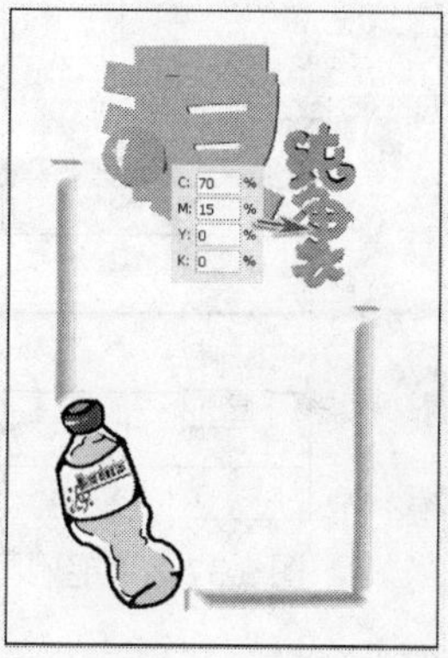

图 3-33　图形复制

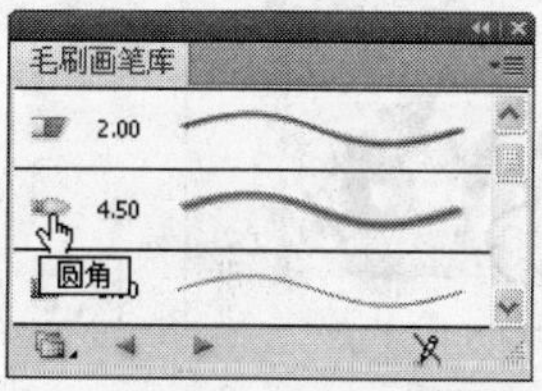

图 3-34　“毛刷画笔库”调板

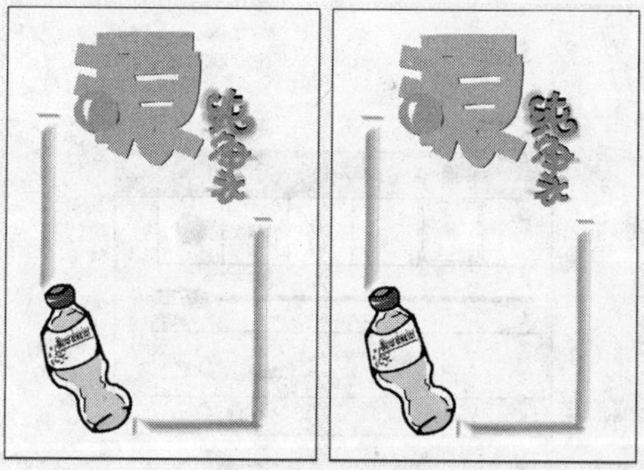

图 3-35　画笔路径效果

6. 绘制轮廓图形

（1）使用工具箱中的“钢笔工具”，参照如图 3-36 所示在文字图形上绘制轮廓。

（2）选择“画笔工具”，在“毛刷画笔库”调板中选择“圆顶”画笔样式。在页面中绘制画笔效果路径，如图 3-37、图 3-38 所示。

7. 继续绘制文字图形

（1）选择“画笔工具”，在“画笔”调板中选择“5pt.椭圆形”画笔样式，改变文字画笔效果路径，如图 3-39、图 3-40 所示。

（2）在“画笔”调板中选择“基本”画笔样式，然后在页面中单击并拖动鼠标，即可创建画笔效果的路径，如图 3-41、图 3-42 所示。

（3）使用“文字工具”参照如图 3-43 所示在页面中输入文本，完成该实例的制作。

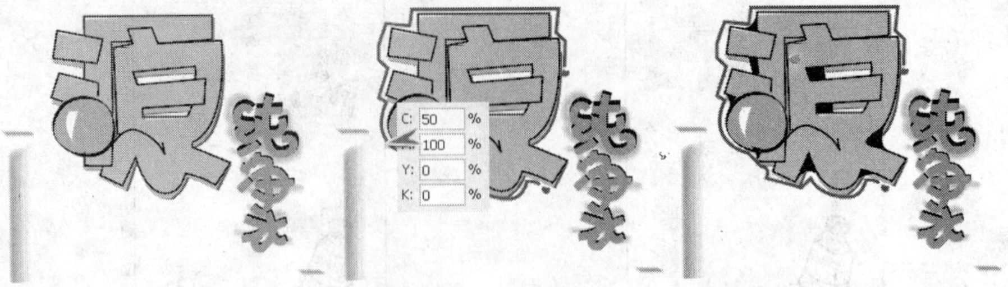

图 3-36 轮廓效果

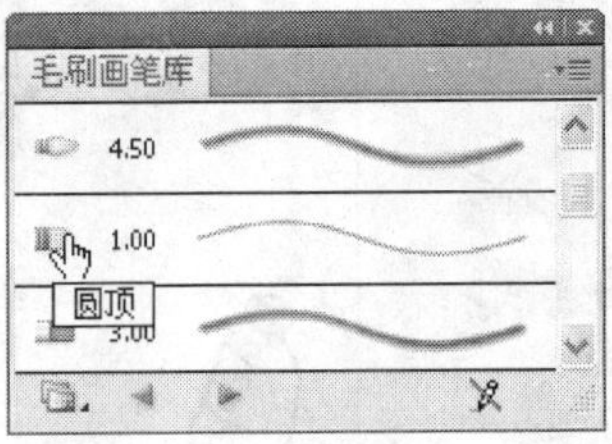

图 3-37 “毛刷画笔库”调板

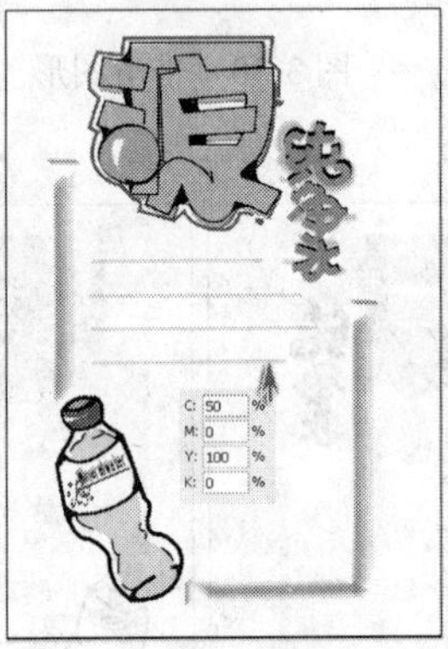

图 3-38 路径效果 1

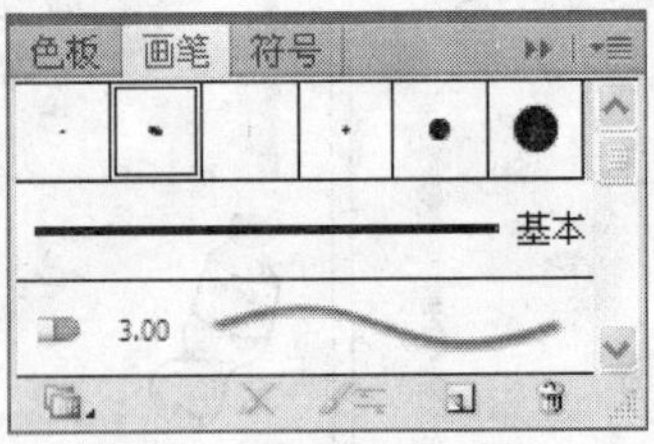

图 3-39 “画笔”调板 1

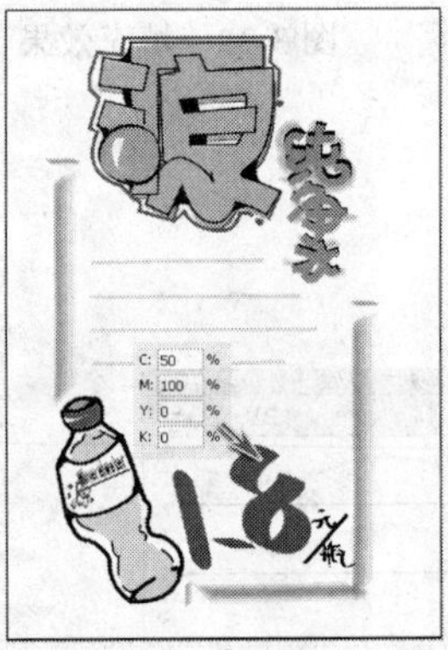

图 3-40 路径效果 2

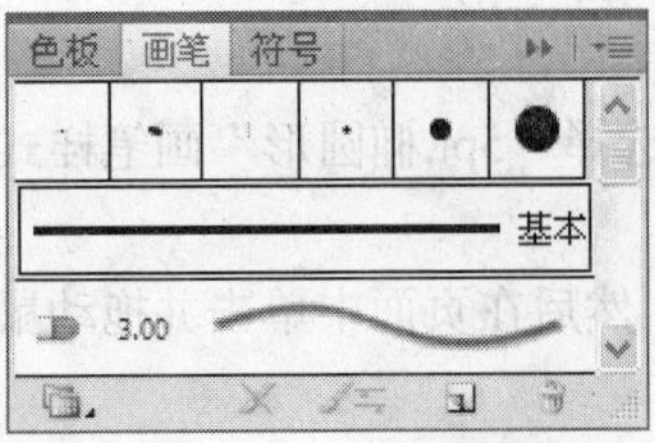

图 3-41 “画笔”调板 2

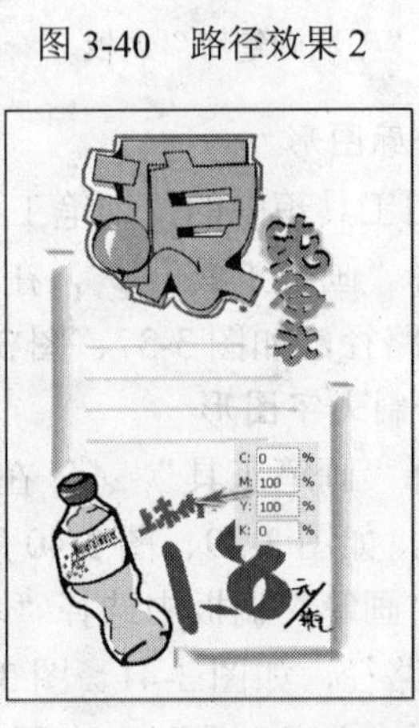

图 3-42 路径效果 3

图 3-43　完成效果

3.3　实例：四叶草（“路径”菜单命令）

除了各种编辑路径的工具外，在“对象”|“路径”菜单中还提供了各种各样的命令，这些命令可以将路径中部分的锚点删除，还可以将各种图形分割为网格的状态。

下面通过实例四叶草的制作，为读者展示“路径”菜单中各个命令的效果。本实例的制作完成效果如图 3-44 所示。

1. 连接命令

（1）执行“文件”|“打开”命令，打开配套素材“背景.ai”文件，如图 3-45 所示。

图 3-44　完成效果

图 3-45　素材文件

（2）选中页面右上角中的路径，执行“对象”|“路径”|“连接”命令，将开放路径末端的锚点连接在一起，如图 3-46 所示。

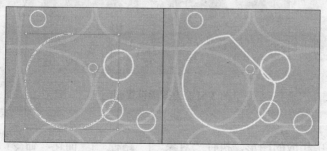

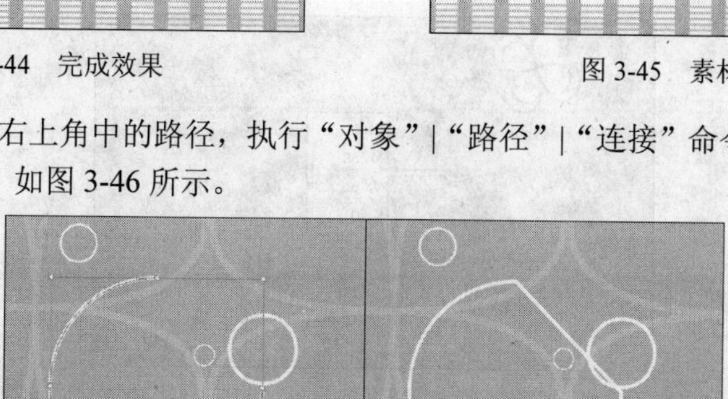

图 3-46　连接锚点

2. 平均命令

参照图 3-47 所示选中页面中的圆形图形，执行“对象”|“路径”|“平均”命令，打开“平均”对话框，如图 3-48 所示，设置对话框参数，单击“确定”按钮完成设置，将所选图形上的锚点水平垂直对齐。

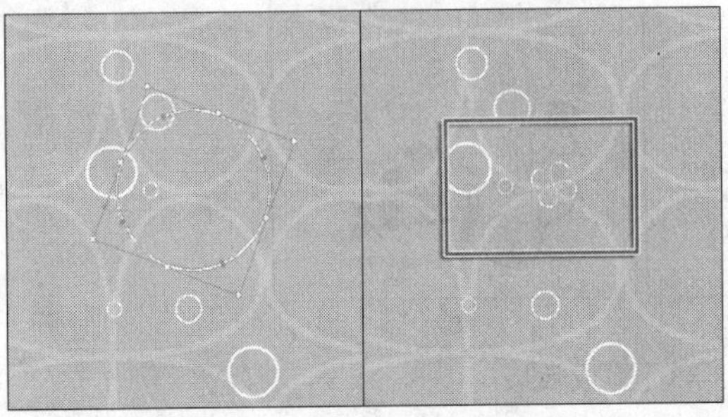

图 3-47　平均路径

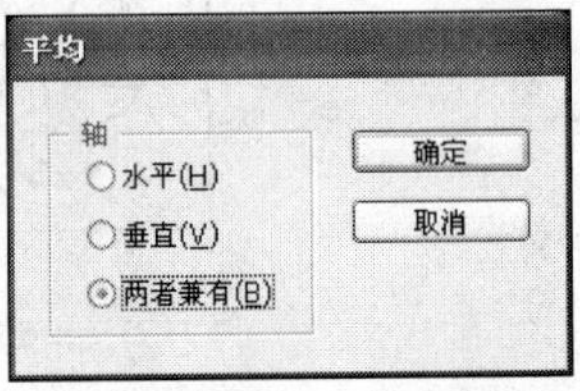

图 3-48　“平均”对话框

3. 偏移路径命令

（1）选中页面中的“L”字样图形，执行“对象”|“路径”|“偏移路径”命令，打开“位移路径”对话框，设置位移参数为 5mm,，单击“确定”按钮，将选择的图形复制并向外扩大路径，如图 3-49、图 3-50 所示。

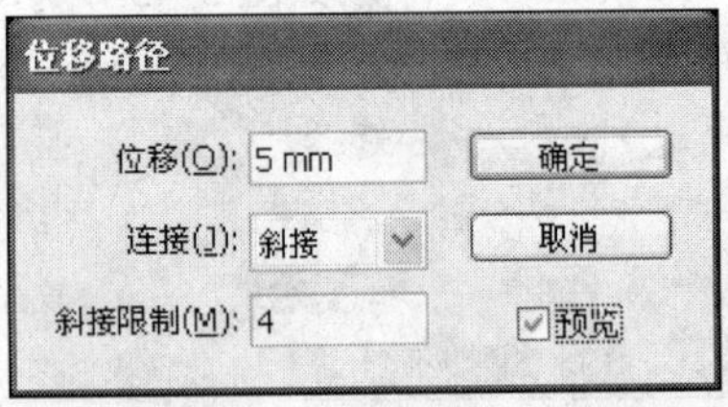

图 3-49　“位移路径”对话框

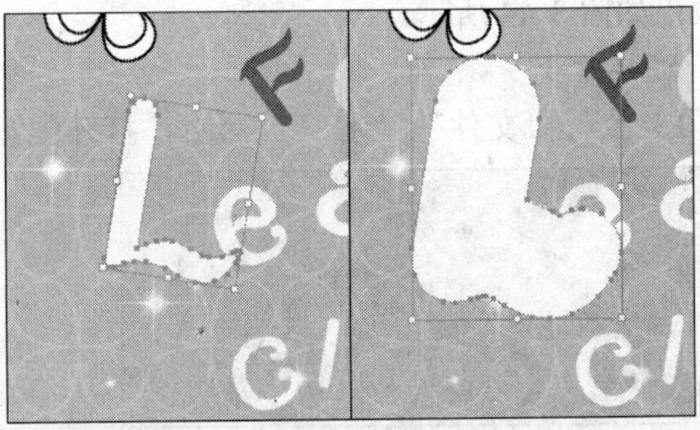

图 3-50　偏移路径

（2）参照图 3-51 所示设置图形颜色为粉色。

图 3-51　为图形设置颜色

4. 简化命令

（1）选中页面中相应的图形，执行“对象”|“路径”|“简化”命令，打开“简化”对话

框，设置对话框参数，单击“确定”按钮，将路径上的一些锚点删除，如图 3-52、图 3-53 所示。

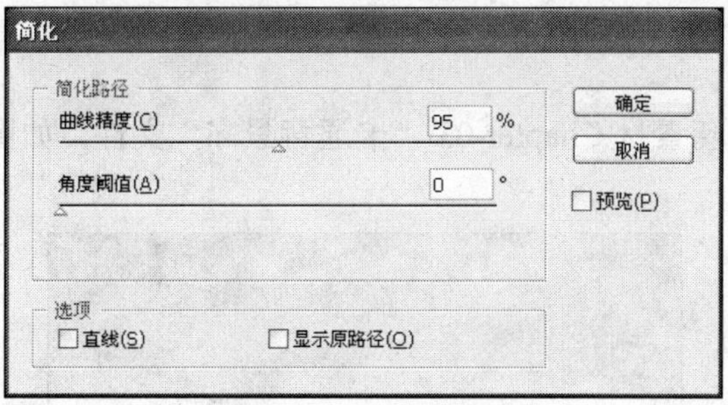

图 3-52　“简化”对话框

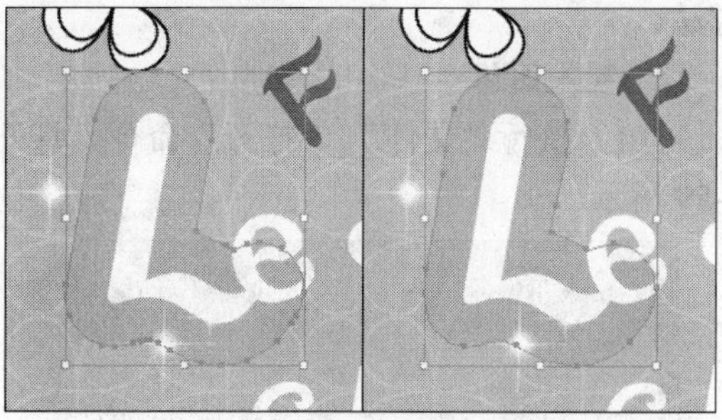

图 3-53　简化路径

（2）使用以上相同的方法，继续绘制其他图形，效果如图 3-54 所示。

5. 分割下方对象命令

（1）参照图 3-55 所示选中图形，执行“对象”|“路径”|“分割下方对象”命令，分割下方对象。

图 3-54　绘制其他图形的效果

图 3-55　分割图形

（2）选中分割后的部分图形，按键盘上的 Delete 键将其删除，如图 3-56 所示，选取剩下的图形，按快捷键 Ctrl+G 将图形编组，并取消轮廓线的填充。

（3）按住键盘上的 Alt 键拖动图形，松开鼠标左键复制该图形，调整副本图形的大小与位置，使用同样的方法将图形复制多个，得到图 3-57 所示效果。

图 3-56　删除图形

图 3-57　复制图形

3.4　实例：日落（置入图像和实时描摹）

在 Illustrator CS5 中，除了可以创建精致、美观的矢量图形外，还可以置入位图并进行编辑，利用它们一样可以制作出矢量图形的效果，而且可以省去不少工序，这要用到本软件中一个特别实用的功能——实时描摹。下面将通过制作图 3-58 所示的图像来向大家具体讲述操作方法。

1. 置入图像

（1）执行“文件”|“打开”命令，打开配套素材\Chapter-03\“卡通背景.ai”文件，如图 3-59 所示。

图 3-58　完成效果

图 3-59　素材文件

（2）执行“文件”|“置入”命令，打开“置入”对话框，选择本书配套素材\Chapter-03\“日落.jpg”文件，然后单击“置入”按钮，关闭对话框，将文件导入文档中，并调整图像大小与位置，如图 3-60 所示。

2. 实时黑白描摹

（1）保持图像的选择状态，执行“对象”|“实时描摹”|“建立”命令，将位图图像转换为描摹对象，如图 3-61 所示。

（2）执行“对象”|“实时描摹”|“描摹选项”命令，打开“描摹选项”对话框，设置“阈值”选项，该选项用于从原始图像生成黑白描摹结果的值，所有比阈值亮的像素转换为白色，而所有比阈值暗的像素转换为黑色，参数与效果分别如图 3-62、图 3-63 所示。

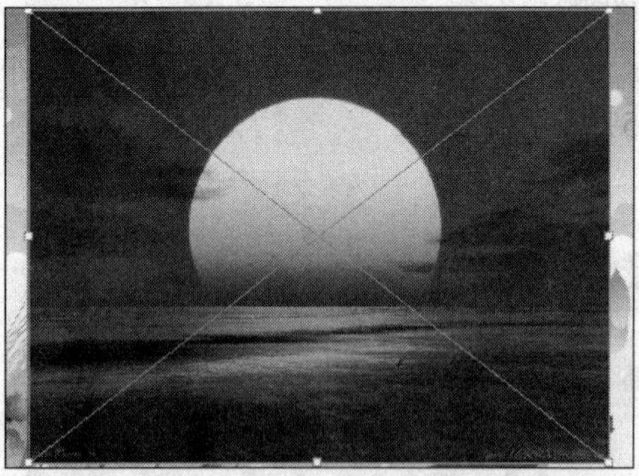

图 3-60　置入文件

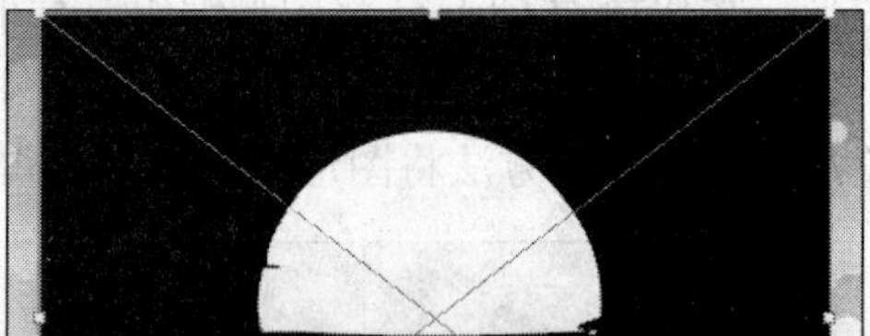

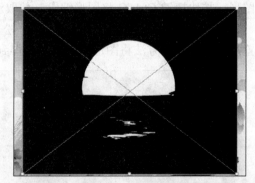

图 3-61　将位图图像转换为描摹对象

（3）设置“模糊”选项，调整描摹图形中细微的不自然感并平滑锯齿边缘，参数与效果分别如图 3-64、图 3-65 所示。

（4）设置“最小区域”选项，设置图像和模拟图形中最小的差异，参数与效果分别如图 3-66、图 3-67 所示。

（5）设置“拐角角度”选项，设置描摹图形拐角处的圆滑程度，参数与效果分别如图 3-68、图 3-69 所示。

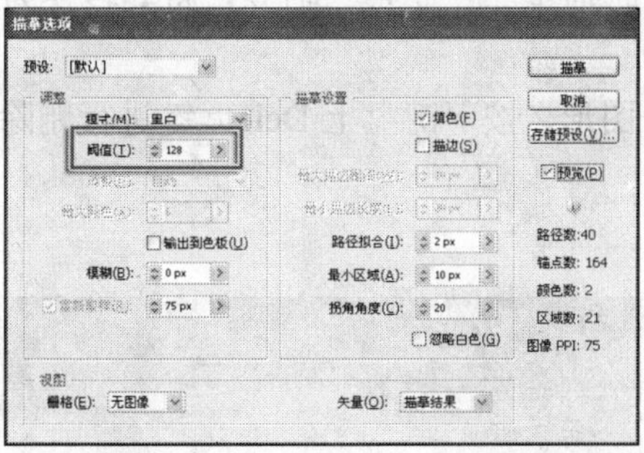

图 3-62　设置“阈值”选项

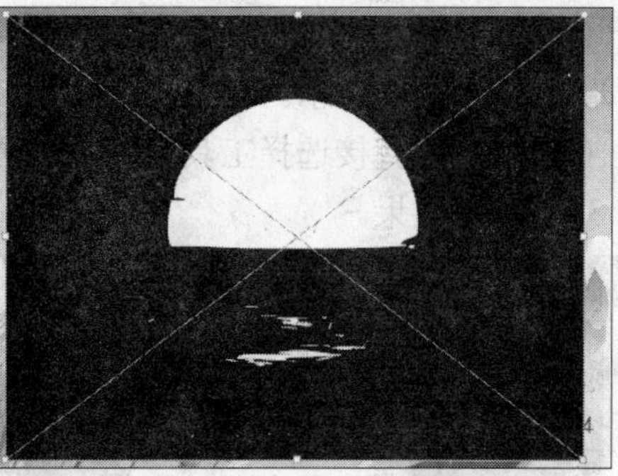

图 3-63　调整描摹的图形 1

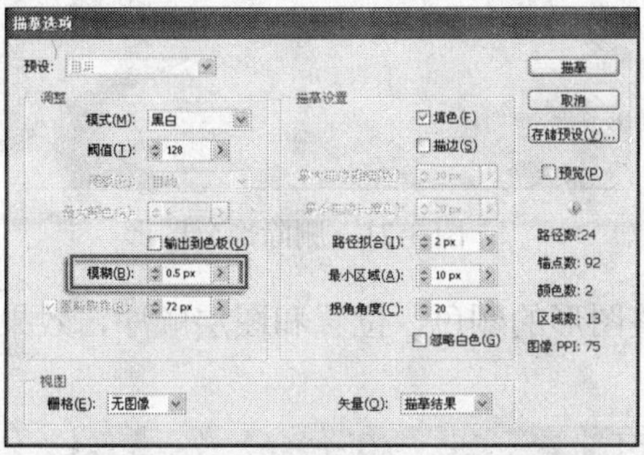

图 3-64　设置“模糊”选项

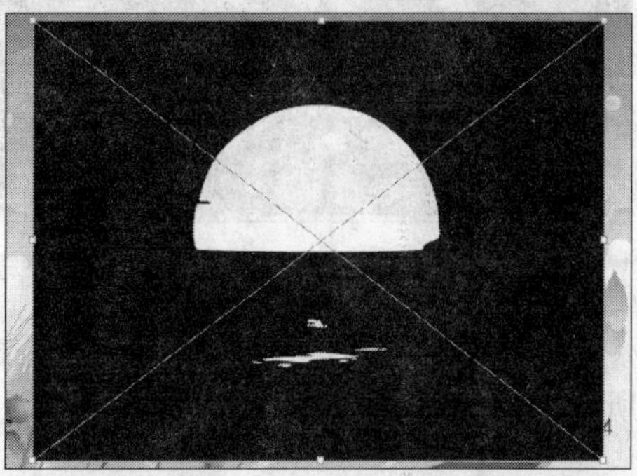

图 3-65　调整描摹的图形 2

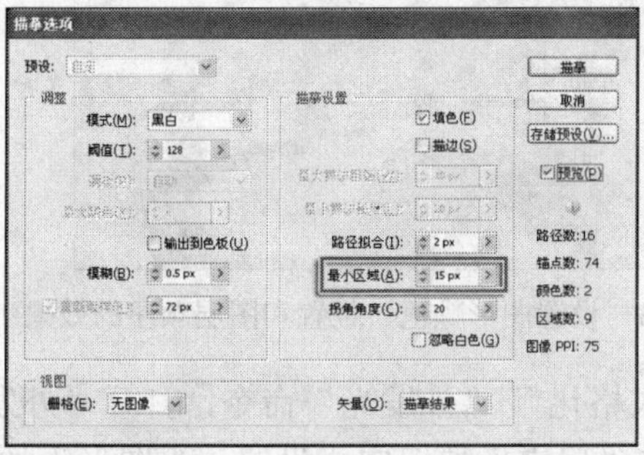

图 3-66　设置“最小区域”选项

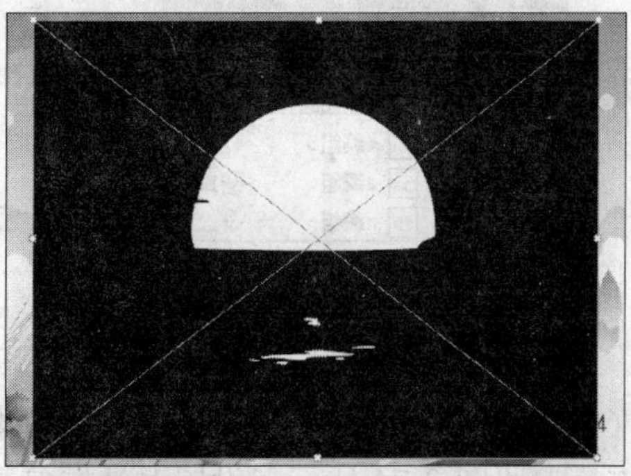

图 3-67　调整描摹的图形 3

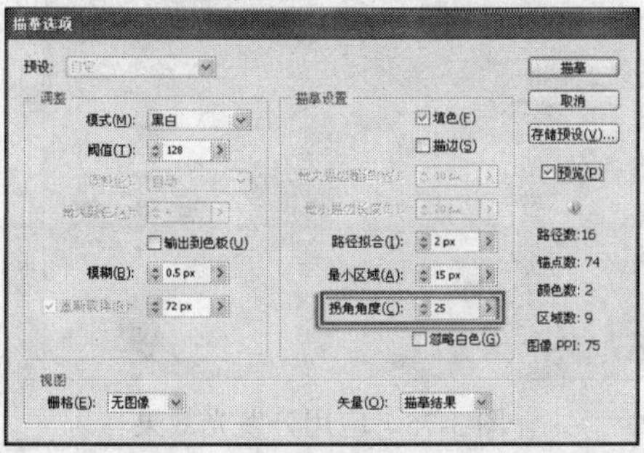

图 3-68　设置“拐角角度”选项

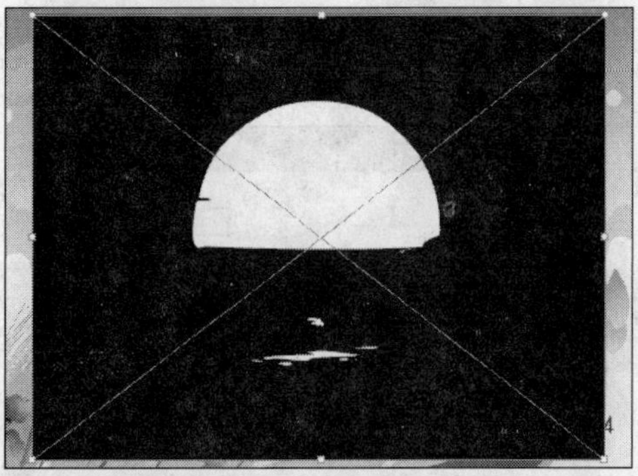

图 3-69　调整描摹的图形 4

（6）保持图形的选择状态，执行“对象”|“实时描摹”|“扩展”命令，将其转换为描摹的图形，如图 3-70 所示。

（7）使用“直接选择工具”选择页面中部分图形，按下键盘上 Delete 键进行删除，得到图 3-71 所示效果。

图 3-70　扩展图形效果

图 3-71　删除部分图形

（8）参照图 3-72 所示，在“图层”调板中调整图形的颜色、位置和图层顺序，效果如图 3-73 所示。

图 3-72　“图层”调板

图 3-73　设置图形颜色、位置和图层顺序的效果

（9）保持图形的选择状态，执行“效果”|“风格化”|“外发光”命令，打开“外发光”对话框，参照图 3-74 所示，设置对话框参数，单击“确定”按钮完成设置，为图形添加外发光效果，效果如图 3-75 所示。

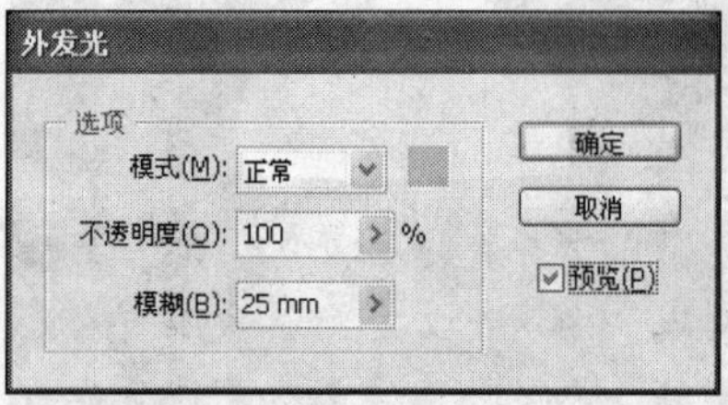

图 3-74　“外发光”对话框

图 3-75　应用外发光效果

3. 实时彩色描摹

（1）执行“文件”|“置入”命令，打开“置入”对话框，将“花.png”文件导入文档中，

如图 3-76 所示。

（2）选择素材图像，单击属性栏中的“实时描摹” 实时描摹 按钮，将位图图像转换为描摹对象，如图 3-77 所示。

图 3-76　置入文件

图 3-77　转换为描摹对象

（3）保持图形的选择状态，单击属性栏中的“描摹选项”按钮，打开“描摹选项”对话框，参照图 3-78 所示，设置对话框参数，单击“描摹”按钮，关闭对话框，得到图 3-79 所示效果。

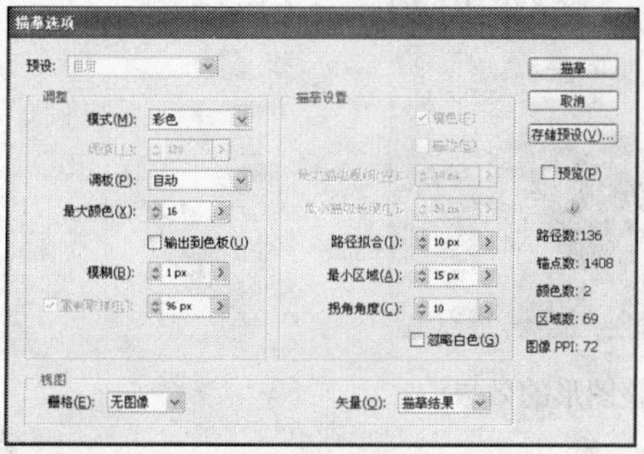

图 3-78　“描摹选项”对话框

图 3-79　设置描摹图形的效果

（4）执行“对象”|“实时描摹”|“扩展”命令，将其转换为描摹的图形，如图 3-80 所示。

（5）使用“直接选择工具”选择页面中部分图形，按下键盘上 Delete 键删除，得到图 3-81 所示效果。

图 3-80　应用扩展效果

图 3-81　删除部分图形

（6）选择页面中的花朵图形，执行“编辑”|“编辑颜色”|“调整色彩平衡”命令，打开“调整颜色”对话框，设置对话框参数，单击“确定”按钮完成设置，参数及调整效果分别如图 3-82、图 3-83 所示。

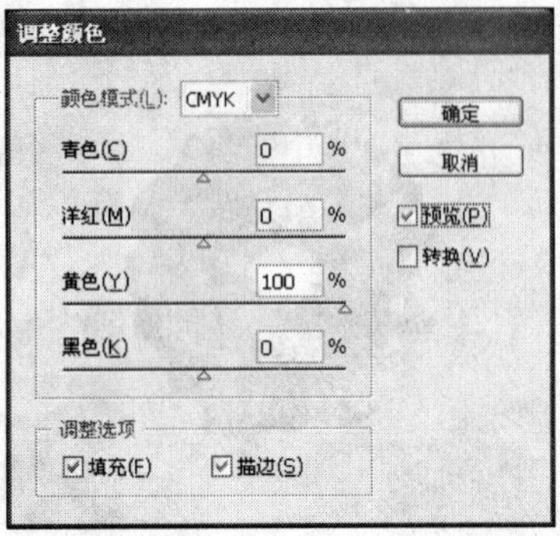

图 3-82 “调整颜色”对话框

图 3-83 调整图形颜色的效果

（7）参照图 3-84 所示，复制花朵图形，并调整图形大小与位置。

图 3-84 复制并调整图形的效果

课后练习

1．制作卡通小丑鱼，效果如图 3-85 所示。

图 3-85 卡通小丑鱼效果

要求：

（1）绘制钢笔路径。

（2）编辑路径。

（3）填充颜色。

2．绘制插画，效果如图 3-86 所示。

图 3-86　插画效果

要求：

（1）绘制路径。

（2）对路径进行编辑。

（3）填充颜色。

第 4 课

对象的操作

本课知识结构

对象的操作主要包括对象的选取、移动、旋转、缩放、分布等，这些操作是多种多样的。Illustrator CS5 中为用户配备了许多关于对象操作的工具，例如用于选取对象的选择工具、直接选择工具、编组选择工具等；用于变换对象的旋转工具、比例缩放工具、自由变换工具等。此外，用户还可以通过相关的对话框和调板来实现对象操作。本课中将为读者详细介绍 Illustrator CS5 对象操作方面的知识和技巧。

就业达标要求

☆ 选取对象	☆ 群组多个对象
☆ 移动对象	☆ 排列对象的顺序
☆ 缩放对象	☆ 隐藏和显示对象
☆ 使对象倾斜	☆ 锁定对象
☆ 对齐对象	☆ 分布对象

4.1 实例：时尚插画（对象的选取）

在对图形进行编辑时，首先要将对象选取。对图形进行选取的工具有"选择工具"、"直接选择工具"、"编组选择工具"、"魔棒工具"和"套索工具"，这些工具可以选取图形、锚点、线段和群组中的对象。除了这些工具，还可以使用"选择"菜单来对图形进行选取操作。

下面将以制作时尚插画为例，详细介绍这些工具和命令的使用方法。制作完成的插画效果如图 4-1 所示。

1. 使用"选择工具"选择对象

（1）在 Illustrator CS5 中，执行"文件"|"打开"命令，打开配套素材\Chapter-04\"素材 01.ai"文件，如图 4-2 所示。

（2）选择"选择工具"，单击需要选择的图形，将图形选中，如图 4-3 所示。

技巧　将图形群组后，也可以单独选中其中的某一个对象，按下键盘上 Ctrl 键的同时，单击群组中的一个对象，即可在群组对象中选中该对象，也可以使用"编组选择工具"进行选取。

图 4-1　完成效果

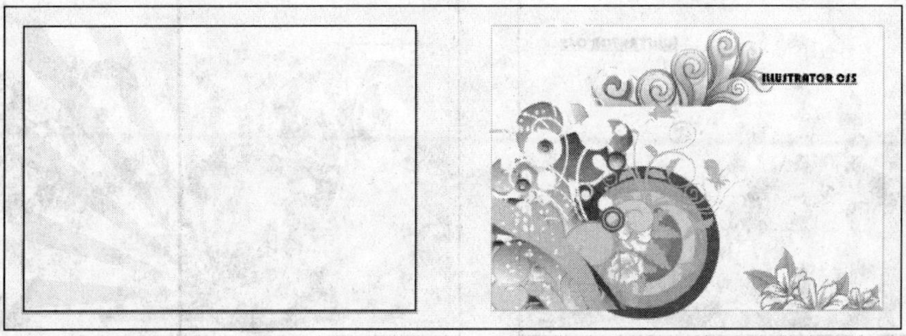

图 4-2　素材文件

（3）继续使用“选择工具”单击并拖动图形，调整图形的位置，如图 4-4 所示。

图 4-3　使用“选择工具”选择图形

图 4-4　调整图形位置

提示　使用“选择工具”时按下 Shift 键，分别在需要选取的图形上单击鼠标，可以连续选择多个对象。也可以在页面中拖动出一个虚线框，虚线框覆盖到的所有对象内容将被全部选中，如图 4-5 所示。

（4）使用“选择工具”选取图形，被选择的图形上会出现定界框，定界框上包括 8 个控制柄，按下键盘上的 Shift 键，并拖动控制柄可以等比例调整图形的大小，如图 4-6 所示。

（5）使用“选择工具”选择相应图形，按下键盘上的 Alt 键，这时鼠标变为，单击并拖动选中的图形，即可将图形复制，如图 4-7 所示。

图 4-5 选取多个对象

图 4-6 调整图形大小

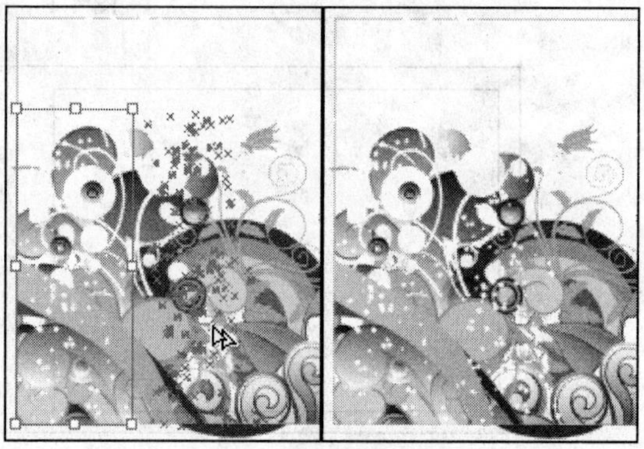

图 4-7 复制图形

2. 使用“直接选择工具”选择对象

（1）使用“直接选择工具”在相应的锚点上单击，将其选中。单击属性栏中“删除所选锚点”按钮删除选择的锚点，如图 4-8 所示。

（2）继续使用“直接选择工具”配合 Shift 键选择多个锚点，如图 4-9 所示。

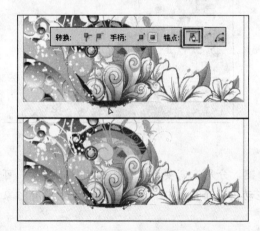

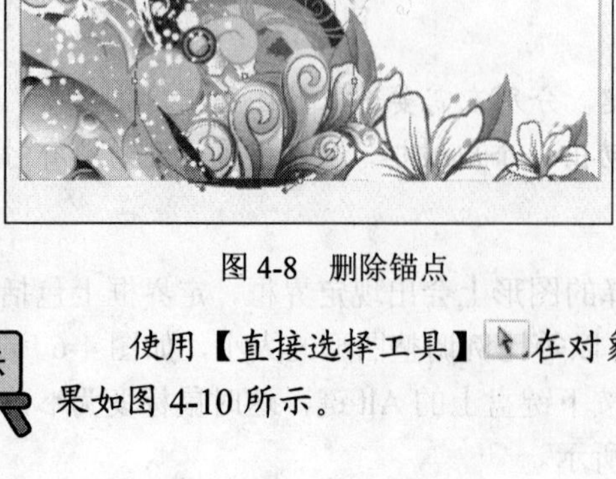

图 4-8 删除锚点

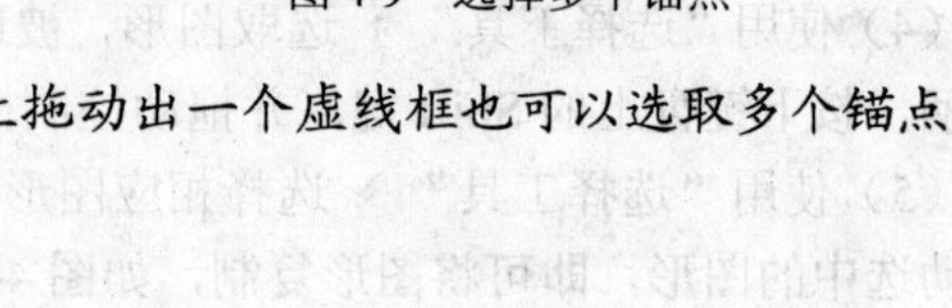

图 4-9 选择多个锚点

提示 使用【直接选择工具】在对象上拖动出一个虚线框也可以选取多个锚点，效果如图 4-10 所示。

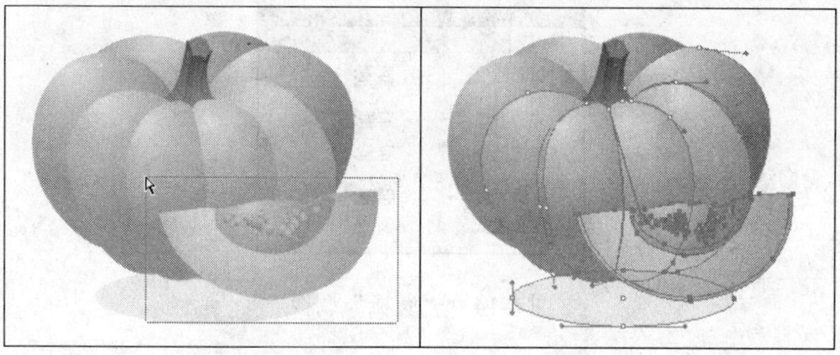

图 4-10　选取多个锚点

（3）单击属性栏中的“将所选锚点转换为尖角”按钮，转换锚点属性，如图 4-11 所示。

图 4-11　转换锚点的属性

提示　使用“将所选锚点转换为平滑”按钮，可以将选择的锚点转换为平滑锚点，使图形线段更加平滑。

3. 使用“魔棒工具”选择对象

（1）选择“魔棒工具”，在页面中单击白色的图形，选取页面中白色的图形，如图 4-12 所示。

（2）使用“选择工具”调整被选取图形的位置，如图 4-13 所示。

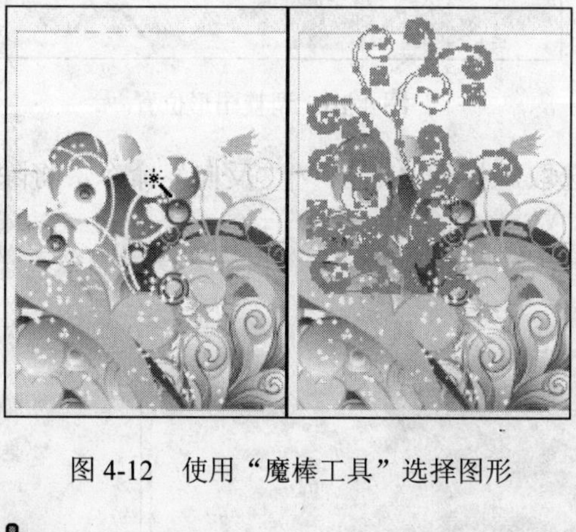

图 4-12　使用“魔棒工具”选择图形

图 4-13　调整图形位置

提示　双击工具箱中的“魔棒工具”，可打开“魔棒”调板，用户可在其中对“魔棒工具”的属性进行具体设置，如图 4-14 所示。

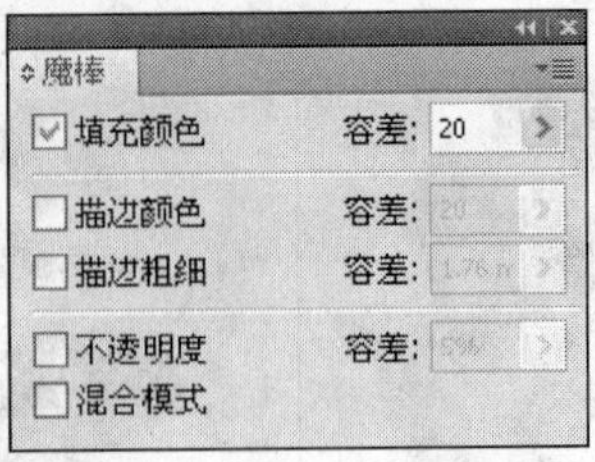

图 4-14　“魔棒”调板

● 填充颜色：该选项为勾选状态时，选取相似填充颜色的对象。“容差”选项设置选取的图形填充颜色的相似点差异。

● 描边颜色：选取填充相似的描边颜色的对象。“容差”选项设置选取的图形描边颜色的相似点差异。

● 描边粗细：选取填充相同描边粗细的对象。“容差”选项设置被选取的图形描边的粗细。

● 不透明度：选取相同透明度的对象。“容差”选项设置被选取的图形透明度。

● 混合模式：选取相同混合模式的对象。

4. 使用“选择”菜单命令选择对象

（1）参照图 4-15 所示将相应的图形选中，执行“选择”|“下方的下一个对象”命令，将该图形下方图层的对象选取。

（2）参照图 4-16 所示调整该图形位置。

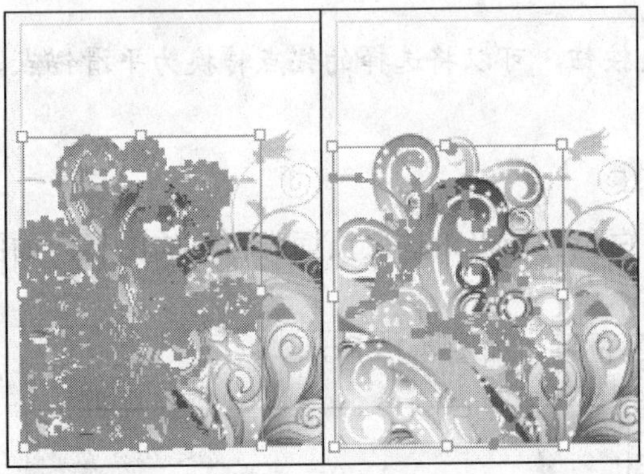

图 4-15　选择图形

图 4-16　调整图形位置

（3）使用“选择工具”将页面中的矩形选取。执行“选择”|“反向”命令，将除矩形以外的图形选中，如图 4-17 所示。

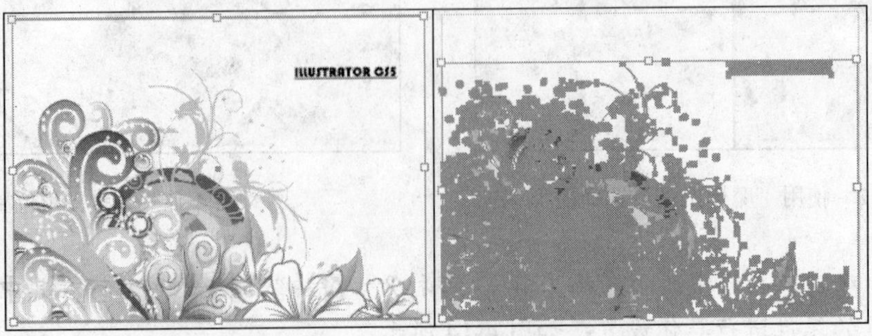

图 4-17　反向选择图形

（4）将选择的图形移动到页面上，效果如图 4-18 所示。

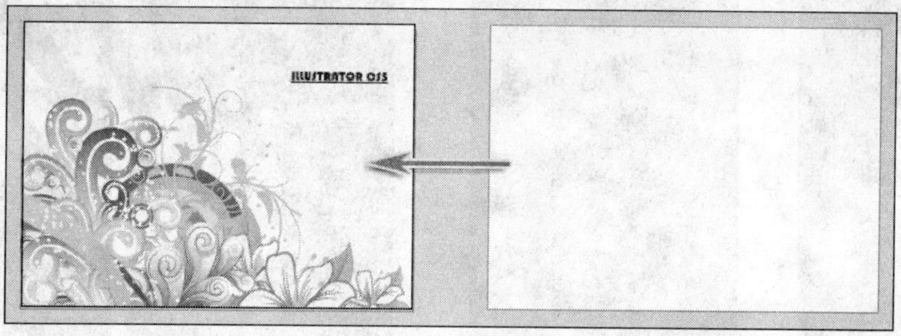

图 4-18　移动图形

提示　执行“编辑”|“首选项”|“选择和锚点显示”命令，可打开“首选项”对话框，如图 4-19 所示，在对话框内的“锚点和手柄显示”设置区域中，可将锚点显示模式设置得大一些，或者将“容差”范围设置得大一些，这样就可以便于选取锚点。

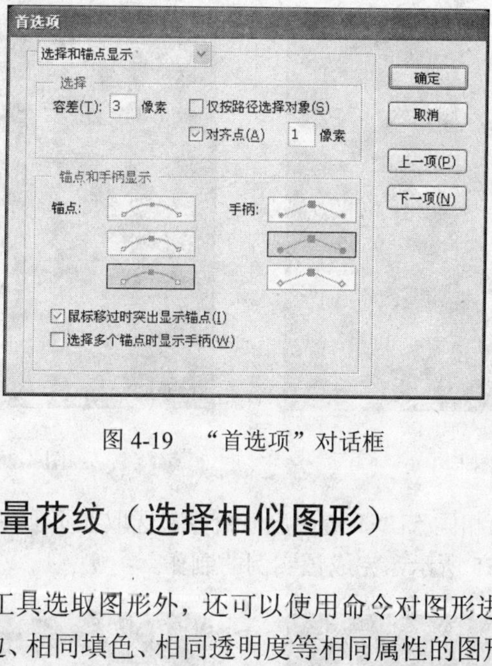

图 4-19　“首选项”对话框

4.2　实例：绚丽矢量花纹（选择相似图形）

除了使用工具箱中的工具选取图形外，还可以使用命令对图形进行选取。使用命令，可以将具有相同外观、相同描边、相同填色、相同透明度等相同属性的图形选取。这些命令都在“相似”命令的子菜单中。

接下来通过绚丽矢量花纹实例的制作，介绍如何对各种相似图形进行选取操作。本实例的制作完成效果如图 4-20 所示。

（1）在 Illustrator CS5 中，执行“文件”|“打开”命令，打开配套素材\Chapter-04\“花纹.ai”文件，如图 4-21 所示。

（2）执行“选择”|“相同”|“填色和描边”命令，选取在页面中具有相同填色和描边的图形，并调整图形的位置，如图 4-22 所示。

（3）执行“选择”|“相同”|“描边颜色”命令，选取在页面中具有相同描边颜色的图形，并调整图形的位置，如图 4-23 所示。

图 4-20 完成效果

图 4-21 素材文件

图 4-22 移动图形 1

（4）执行“选择”|“相同”|“外观”命令，选取在页面中具有相同外观的图形，并调整图形的位置，如图 4-24 所示。

图 4-23 移动图形 2

图 4-24 移动图形 3

（5）执行“选择”|“相同”|“不透明度”命令，选取在页面中不透明度相同的图形，并调整图形的位置，如图 4-25 所示，完成该实例的制作。

图 4-25 移动图形 4

4.3　实例：花蕊插画（对象的变换）

变换操作主要包括：旋转、缩放、镜像、倾斜等。这些操作可以通过使用工具箱中的“旋转工具”、“镜像工具”、“比例缩放工具”、“倾斜工具”等来实现。使用这些工具时，可以通过在打开的相应对话框中设置参数对图形进行调整，也可以通过直接拖动对象的控制柄进行调整。

下面将以绘制花蕊插画为例，介绍这些工具和命令的使用方法。该实例的制作完成效果如图 4-26 所示。

图 4-26　完成效果

1. 缩放对象

（1）执行“文件”|“打开”命令，打开配套素材\Chapter-04\“素材 02.ai”文件，如图 4-27 所示。

（2）使用“选择工具”单击页面中右下角的花蕊图形，单击并拖动定界框调整图形大小，效果如图 4-28 所示。

图 4-27　素材文件

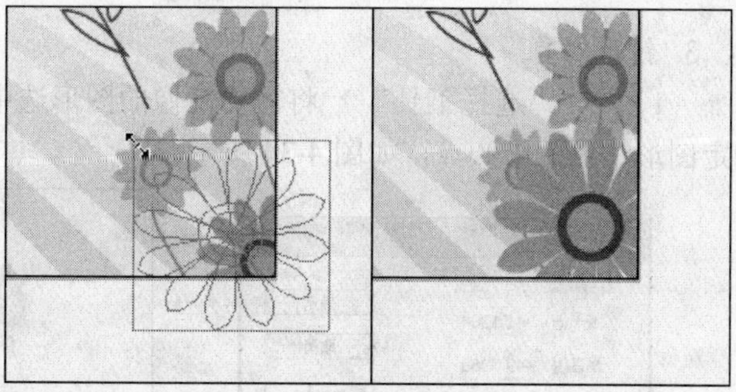

图 4-28　缩放图形

技巧　使用“选择工具”拖动定界框的控制手柄时，按下键盘上的 Shift 键，对象将会成比例缩放；按下键盘上的 Shift+Alt 组合键，对象将会成比例地从对象中心开始缩放。

（3）选择页面中的相应图形，如图 4-29 所示，双击工具箱中“比例缩放工具”，打开“比例缩放”对话框，参照图 4-30 所示设置对话框参数，单击“确定”按钮，使图形缩小。

也可以通过拖动控制柄的方式缩放图形。

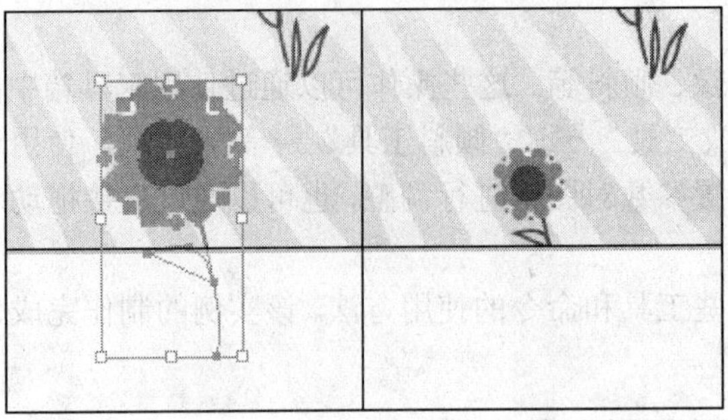

图 4-29 使用“比例缩放”对话框缩放图形

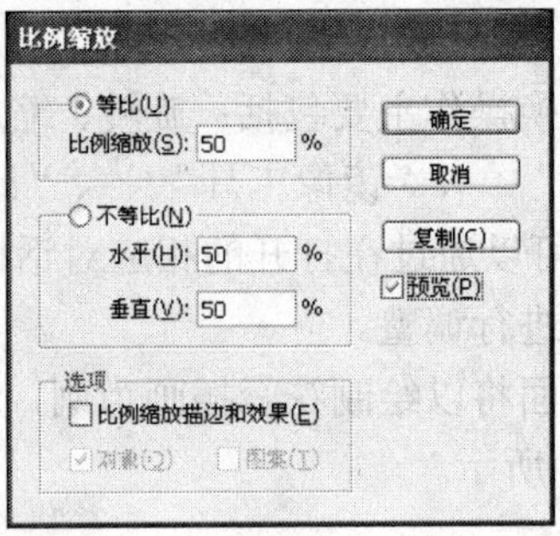

图 4-30 “比例缩放”对话框

2. 移动对象

（1）使用“选择工具”单击并拖动花图形，调整图形位置，如图 4-31 所示。

（2）参照图 4-32 中左边的图所示选择页面中花图形，双击工具箱中的“选择工具”，打开“移动”对话框，设置对话框参数，如图 4-33 所示，单击“确定”按钮调整图形的位置，效果如图 4-32 右图所示。

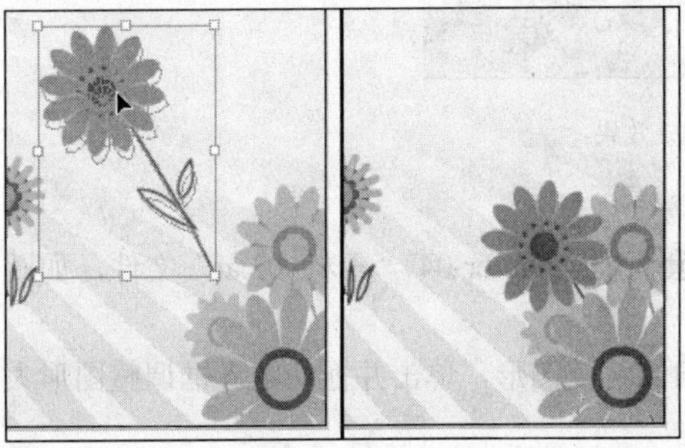

图 4-31 移动图形

图 4-32 精确移动图形

3. 镜像对象

（1）使用“选择工具”将需要镜像的图形选中，选择“镜像工具”，在页面中单击，确定图形镜像的中心点，如图 4-34 所示。

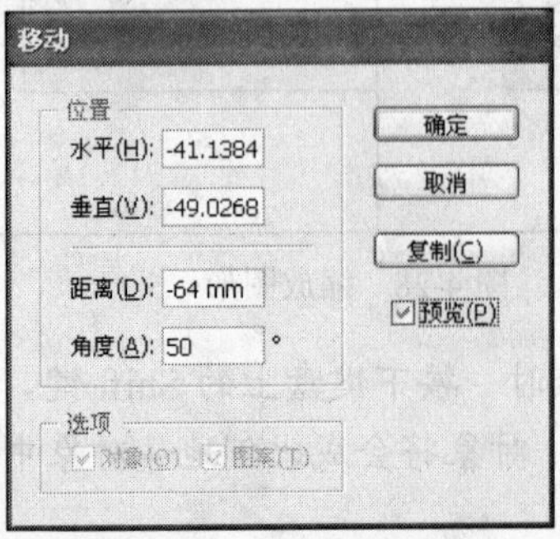

图 4-33 “移动”对话框

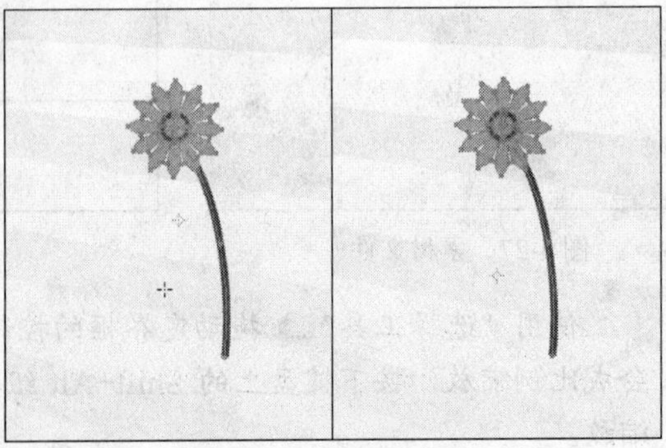

图 4-34 确定中心点

（2）单击并拖动图形，将图形反转并调整图形的角度，效果如图 4-35 所示。

图 4-35　反转图形

技巧　使用“镜像工具” 镜像对象的过程中，按住键盘上 Alt 键即可复制镜像对象。

4. 倾斜对象

将页面中需要倾斜的图形选中，如图 4-36 所示，执行“对象”|“变换”|“倾斜”命令，打开“倾斜”对话框，设置倾斜角度为 20 度，如图 4-37 所示，效果如图 4-36 右图所示。

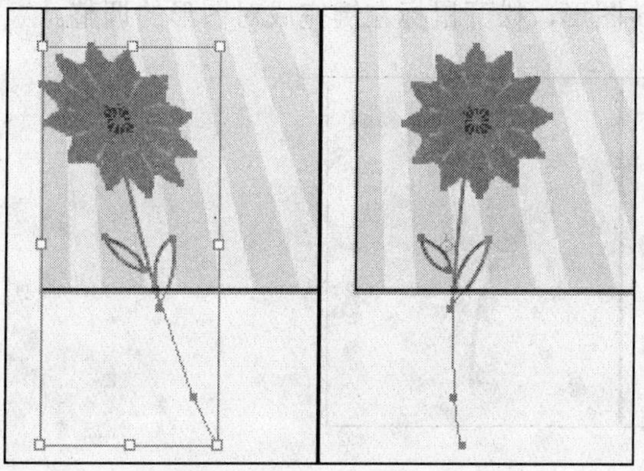

图 4-36　选择并倾斜对象

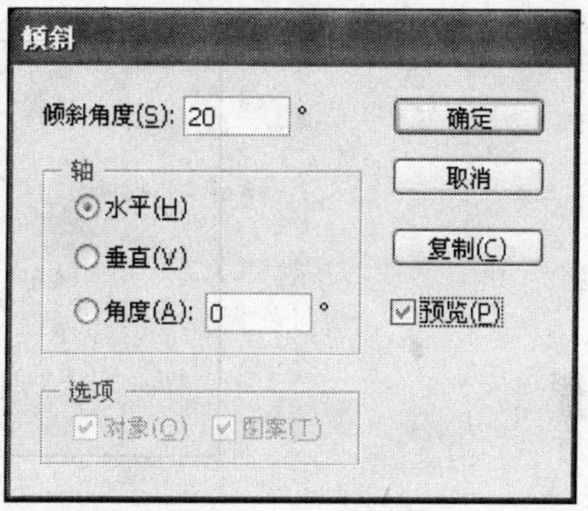

图 4-37　“倾斜”对话框

5. 再次变换对象

（1）参照图 4-38 所示绘制花瓣图形，选择“旋转工具” ，在页面中单击确定旋转中心位置，按住键盘上 Alt 键单击并拖动图形，松开鼠标左键将该图形复制。

（2）按快捷键 Ctrl+D，执行再次变换对象操作，创建出有 12 片花瓣的花朵图形，效果如图 4-39 所示。

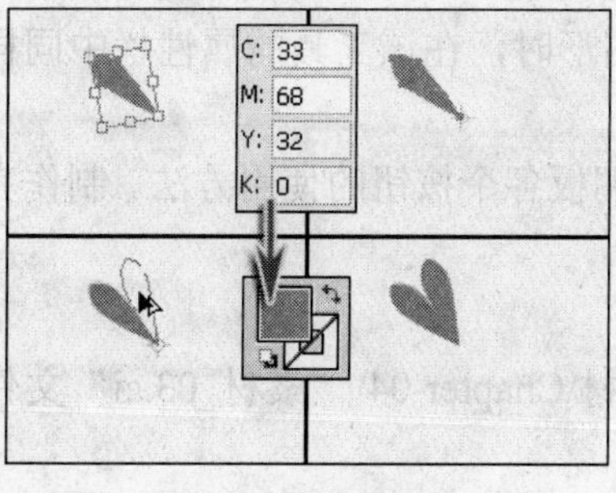

图 4-38　复制图形

图 4-39　花朵图形

（3）最后使用“椭圆工具”为花朵绘制花蕊图形，效果如图 4-40 所示。

（4）使用相同的方法继续绘制其他花朵图形，并绘制花的茎和叶，如图 4-41 所示。

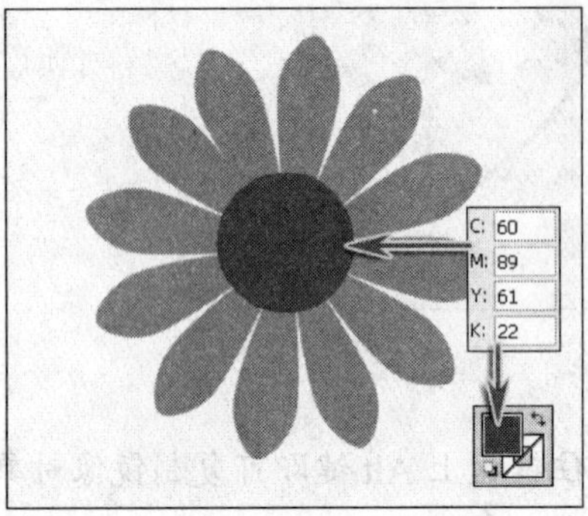

图 4-40　绘制花蕊图形

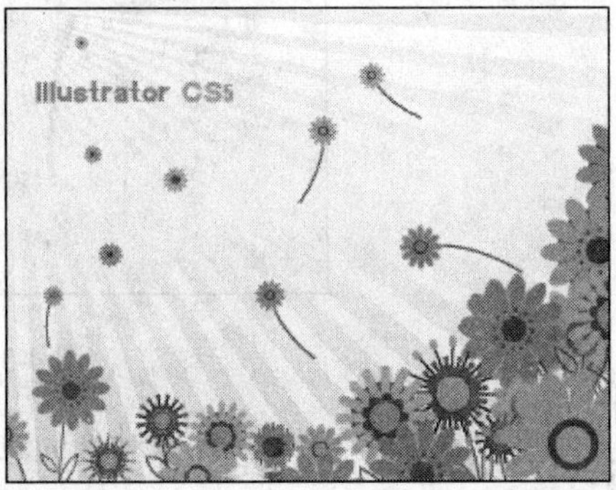

图 4-41　绘制其他的花朵图形

6. 自由变换对象

选择需要变换的图形，选择“自由变换工具”，当鼠标移动到控制手柄上时，鼠标变为形状，如图 4-42 所示，单击并拖动以旋转图形，松开鼠标左键完成对图形的调整。

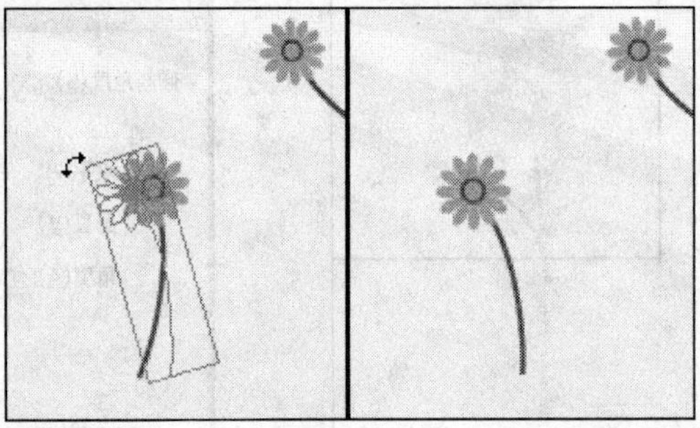

图 4-42　使用“自由变换工具”调整图形

提示　“自由变换工具”可以调整图形的大小，旋转图形；按下 Ctrl 键时可以移动图形。

4.4　实例：版画效果（对齐和分布对象）

使用“对齐”调板中的对齐和分布功能，可以准确无误地对齐图形或者使图形之间的距离相等。除此之外，当使用“选择工具”选择多个图形时，在该工具的属性栏中同样会出现对齐和分布按钮。

下面通过版画效果实例的制作，来讲述“对齐”调板各个按钮的使用方法。制作完成的版画效果如图 4-43 所示。

1. 对齐对象

（1）执行“文件”|“打开”命令，打开配套素材\Chapter-04\“素材 03.ai”文件，如图 4-44 所示。

（2）执行“窗口”|“对齐”命令，打开“对齐”调板，如图 4-45 所示。

图 4-43　完成效果

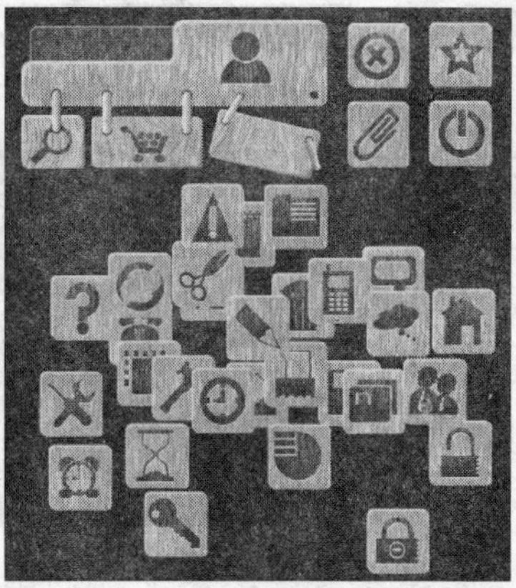

图 4-44　素材文件

（3）将“图层 1”中的所有图形选取，依次单击“对齐”调板中的按钮和按钮，使所选图形水平和垂直居中对齐，如图 4-46 所示。

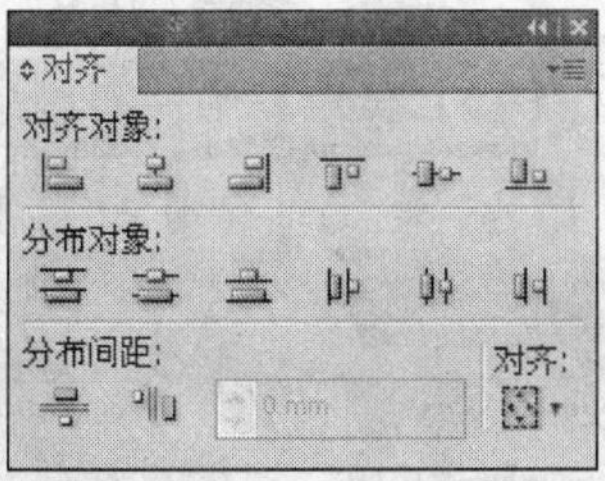

图 4-45　“对齐”调板

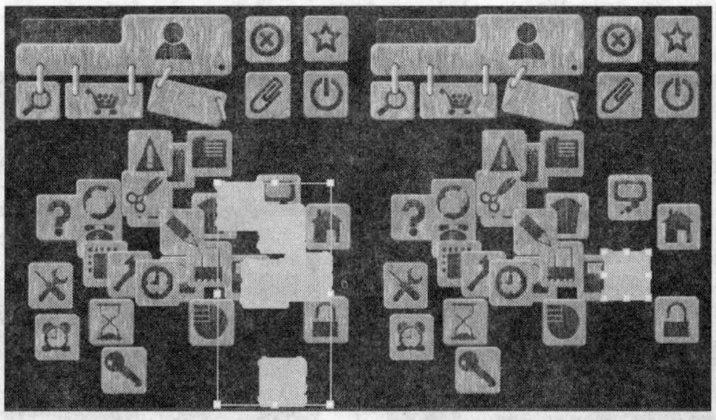

图 4-46　调整图形居中对齐

（4）使用同样的方法，依次调整“图层 2”、“图层 3”、“图层 4”、“图层 5”、“图层 6”图层中的图形，然后依次调整整个图层中图形的位置，如图 4-47 所示。

（5）选取页面中的所有图形，单击“对齐”调板中“垂直顶对齐”按钮，使图形顶部对齐，如图 4-48 所示。

图 4-47　调整图形位置

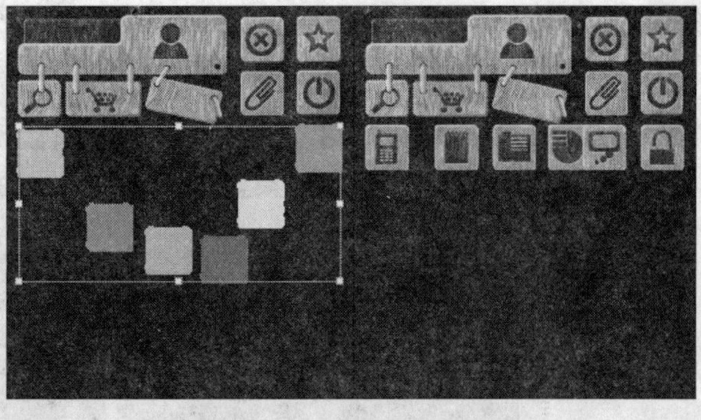

图 4-48　调整图形垂直顶对齐

（6）将“图层 1”中顶层的图形选中，移动图形到页面底部，如图 4-49 所示。

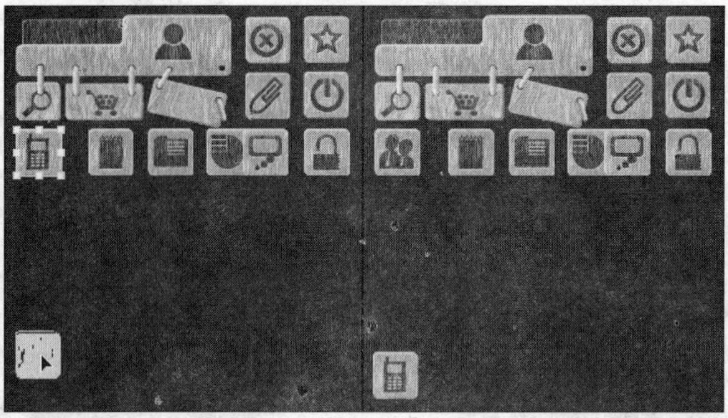

图 4-49　移动图形

（7）选中“图层 1”中的所有图形，单击“对齐”调板中“水平左对齐”按钮，使图形左对齐，如图 4-50 所示。

（8）参照图 4-51 所示将每个图层中顶层的图形选中，单击“对齐”调板中“垂直底对齐”按钮，使图形底部对齐。

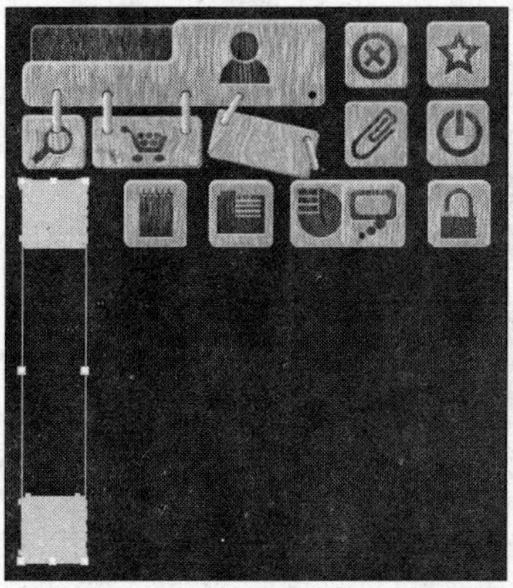

图 4-50　调整图形左对齐

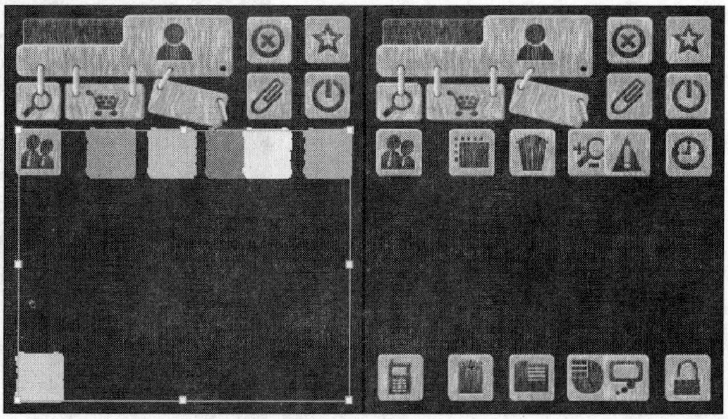

图 4-51　调整图形底对齐

2. 对象分布

（1）选取“图层 1”中的所有图形，单击“对齐”调板中“垂直居中分布”按钮，将图形垂直平均分布，如图 4-52 所示。执行“对象”|“编组”命令，将选中的图形编组。

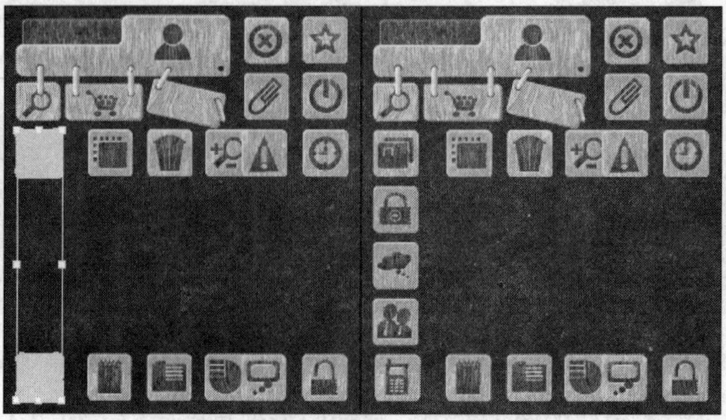

图 4-52　调整图形垂直居中分布

（2）使用相同的方法将其他图层中的图形垂直居中分布并对图形进行编组，如图 4-53 所示。

（3）选中页面中的所有图形，单击“对齐”调板中“水平居中分布”按钮，将图形水平居中分布，如图 4-54 所示。

图 4-53　调整其他图形

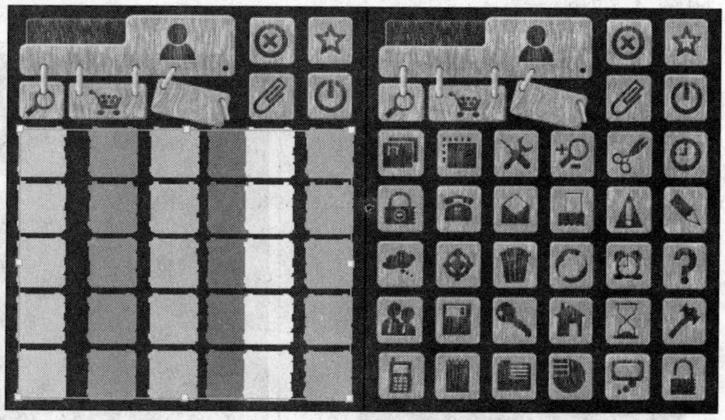

图 4-54　调整图形水平居中分布

4.5　实例：宣传海报（对象的排序、显示、群组及锁定）

在 Illustrator 中进行设计创作时常会创建多个图形，而这些图形有前后的层次顺序之分。执行“排序”命令下的子命令可以调整图形的顺序。如果暂时不需要某些图形，可以在“图层”调板中将其隐藏。另外，在“图层”调板中还可以将图形锁定，使图形无法被编辑。如需多次编辑多个图形，可以执行“编组”命令，将图形组合为一组。

接下来通过制作宣传海报，详细介绍调整图形顺序、显示、群组以及锁定图形的方法。制作完成的宣传海报效果如图 4-55 所示。

图 4-55　完成效果

1. 对象的排序

（1）执行“文件”|“打开”命令，打开配套素材\Chapter-04\“素材 04.ai”文件，如图 4-56 所示。

（2）选取背景图形，执行“对象”|“排列”|“置于底层”命令，将图形移动到图层的底部，如图 4-57 所示。

图 4-56 素材文件

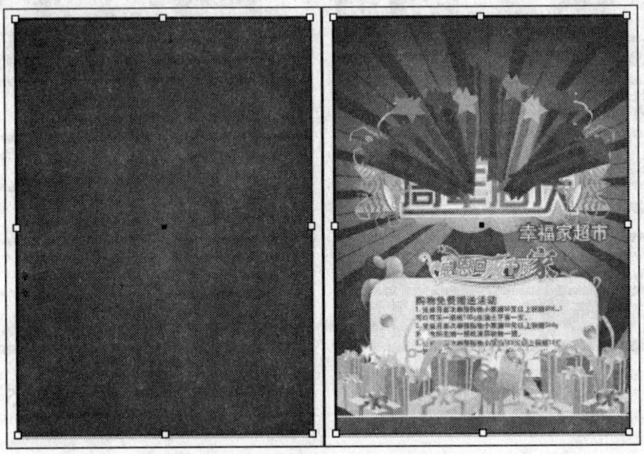

图 4-57 将图形移至图层底部

（3）选取页面中“庆祝周年店庆”字样图形，执行“对象”|“排列”|“前移一层”命令，将图形向上移动一个图层，如图 4-58 所示。

图 4-58 将图形前移一层 1

2. 设置群组与取消群组

（1）参照图 4-59 所示将相应的图形选中，执行“对象”|“编组”命令，将选中的图形组成一组。

（2）保持图形的选择状态，执行“对象”|“前移一层”命令，将图形向前移动一个位置，如图 4-60 所示。

（3）确定图形为选择状态，执行“对象”|“取消编组”命令，将图形取消群组，如图 4-61 所示。

（4）选取页面中的气球图形，执行“对象”|“排列”|“前移一层”命令，将选中的图形向上移动一个图层，效果如图 4-62 所示。

图 4-59　将图形编组

图 4-60　将图形前移一层 2

图 4-61　取消图形群组

图 4-62　将图层前移一层 3

3. 对象的锁定与解锁

执行“窗口”|“图层”命令，打开“图层”调板，如图 4-63 所示。在“眼睛”图标右侧的“切换锁定”处可以将图形锁定，防止误编辑图形。

在“图层”调板的“眼睛”图标右侧单击，这时会显示一个“小锁”图标，表示该图形被锁定，如图 4-64 所示。图形被锁定后，将无法对图形进行选择或执行其他任何的编辑操作，这样可以方便其他图形的编辑或选择，如图 4-65 所示。

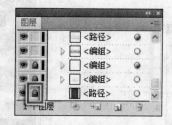

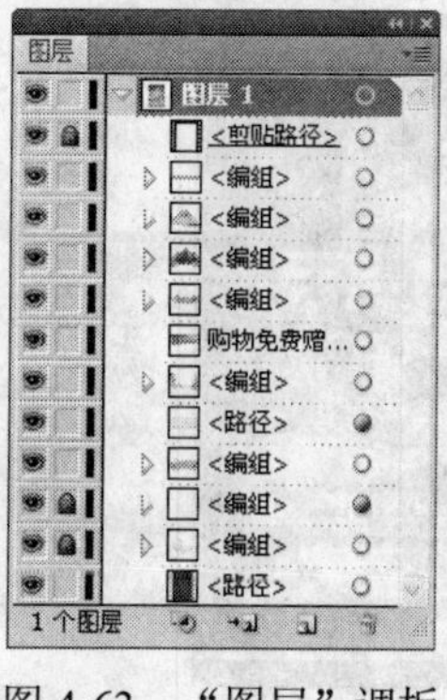

图 4-63　“图层”调板

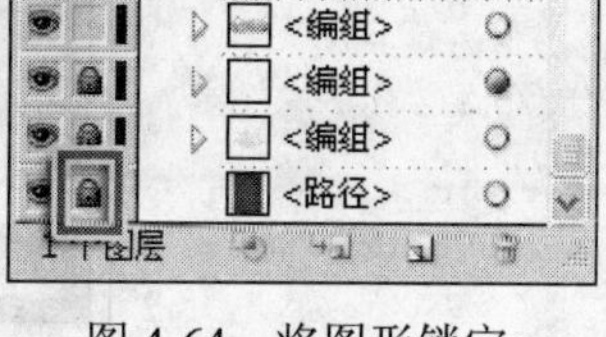

图 4-64　将图形锁定

图 4-65　无法选中锁定图形

再次在“眼睛”图标后单击，即可取消图层的锁定状态，如图 4-66 所示。这时在页面中该图形就可以继续进行编辑了，如图 4-67 所示。

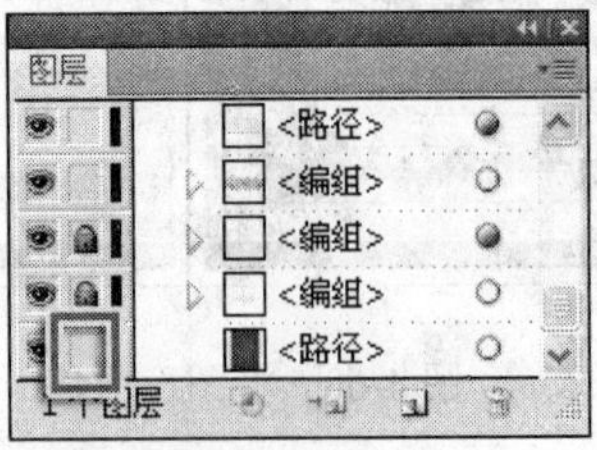

图 4-66　将图形解锁

图 4-67　选中背景图形

4. 对象的隐藏与显示

在“图层”调板中单击“眼睛”图标可以隐藏或显示图形。单击“图层”调板中的“眼睛”图标，如图 4-68 所示，观察页面可以发现该图形不再显示，效果如图 4-69 所示。将上层的图形隐藏可以方便对下层图形进行观察和编辑。

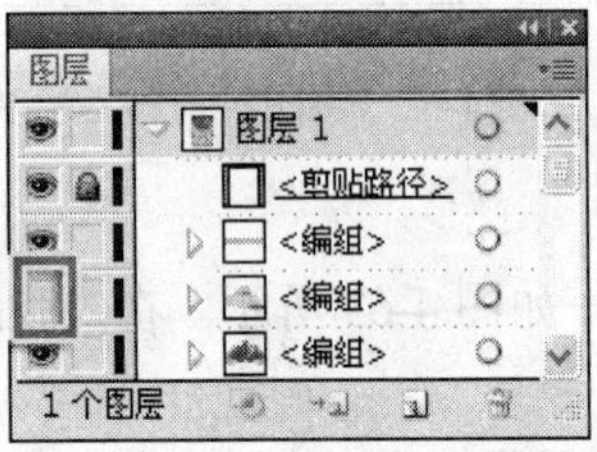

图 4-68　将图形隐藏

图 4-69　隐藏的图形不被显示

如果需要将隐藏的图形显示，再次单击“图层”调板的“眼睛”图标即可，如图 4-70 和图 4-71 所示。

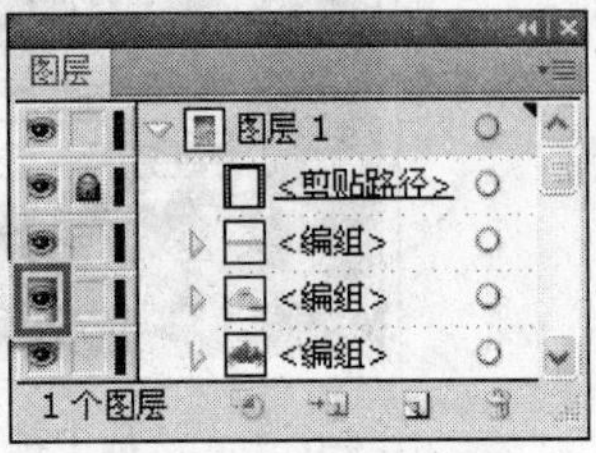

图 4-70　将图形显示

图 4-71　显示图形的效果

4.6　实例：时尚插画（隔离模式）

隔离模式提供了一种便捷的编辑环境，当要编辑的对象位于较为复杂的图形中时，可使用隔离命令，单独编辑选定的对象或图层，而不会选中或误编辑其他内容。

下面将以绘制时尚插画为例，讲述如何在隔离模式下对图形进行编辑，完成效果如图 4-72 所示。

1. 进入隔离模式

（1）执行“文件”|“打开”命令，打开配套素材\Chapter-02\“卡通插画.ai”文件，如图 4-73 所示。

图 4-72　完成效果

图 4-73　素材文件

（2）使用“选择工具”双击对象，或是选中对象所在的图层，单击“图层”调板右上角的按钮，在弹出的菜单中选择“进入隔离模式”命令，即可将对象隔离，如图 4-74、图 4-75 所示。

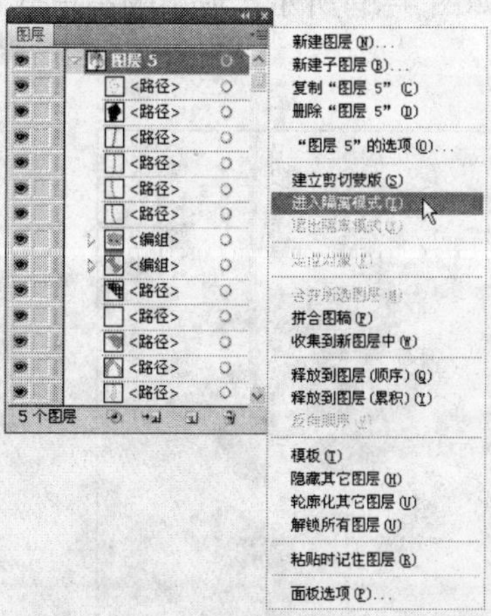

图 4-74　“图层”调板菜单图

图 4-75　隔离小猫图形对象

（3）使用工具箱中的“直接选择工具”，对小猫图形对象进行调整，如图 4-76 所示。

2. 退出隔离模式

（1）双击图形的空白处，单击隔离环境下文件标题栏左侧的箭头，或是在“图层”调板的弹出菜单中选择“退出隔离模式”命令，即可返回隔离前的状态，如图 4-77、图 4-78 所示。

图 4-76 调整图形

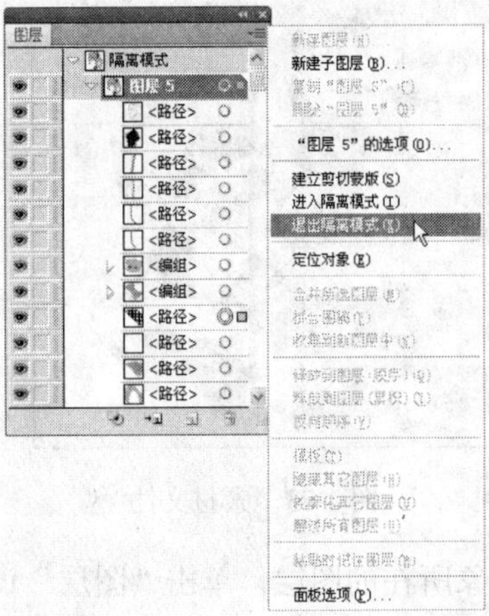

图 4-77 "图层"调板菜单

图 4-78 退出隔离模式

（2）最后根据以上方法，对文字图形进行调整，如图 4-79 所示，退出隔离模式后，完成该实例的制作。

图 4-79 调整文字对象

课后练习

1. 设计制作插画，效果如图 4-80 所示。

图 4-80　插画效果

要求：

（1）群组对象。

（2）选择对象。

（3）移动对象。

（4）旋转对象。

2. 设计制作商业插画，效果如图 4-81 所示。

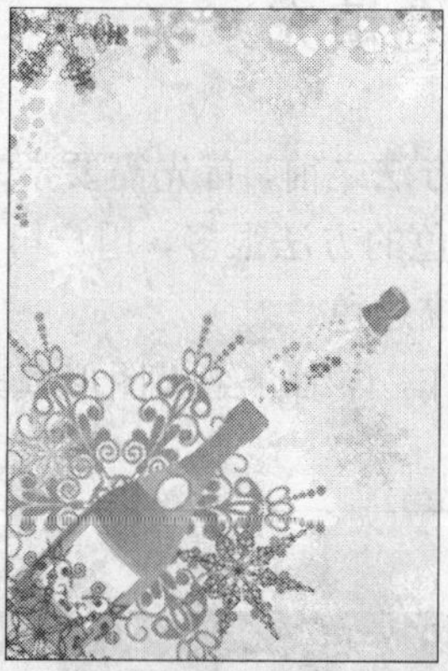

图 4-81　商业插画效果

要求：

（1）执行对象的锁定与解锁。

（2）执行对象的隐藏与显示。

（3）执行对象的图层顺序的调整。

第 5 课

颜色填充与描边编辑

本课知识结构

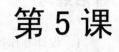

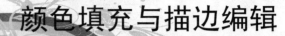

图形由颜色和描边构成，只含有轮廓的图形会显得单调乏味，通过颜色，可以赋予图形更为绚丽的姿态。在 Illustrator CS5 中，用户可利用系统提供的命令和工具来完成对象颜色与描边的编辑，还可以在一些相应的调板中进行参数的设置。本课将通过丰富的实例向读者介绍在 Illustrator CS5 中如何实现对象颜色填充与描边编辑的部分操作。

就业达标要求

☆ 使用拾色器
☆ 为图形填充颜色
☆ 为图形填充描边色
☆ 为对象填充渐变色
☆ 为对象填充图案
☆ 设置图形描边属性

5.1 实例：小小闹钟（颜色填充）

在学习各种各样的设置颜色的方法之前，首先需要学习为图形填充颜色和描边的方法。在 Illustrator CS5 中用于为图形填充颜色的方法很多，用户可以在工具箱中、“色板”调板中、“颜色”调板中为图形填充颜色和设置描边色。

在这里通过实例小小闹钟的制作，详细介绍为图形填充颜色的方法。本实例制作完成的效果，如图 5-1 所示。

图 5-1 完成效果

1. 拾色器

（1）在 Illustrator CS5 中，执行“文件”|“打开”命令，打开本书配套素材\Chapter-05\“轮廓图形.ai”文件，选中页面中的背景图形，如图 5-2 所示。

图 5-2　选择背景图形

（2）双击工具箱中的“填色”按钮，打开“拾色器”对话框，参照图 5-3 所示，设置 C、M、Y、K 各项的颜色值，单击“确定”按钮，关闭对话框。这里设置的颜色将显示在“填色”按钮上，并应用到当前选中的图形中，如图 5-4 所示。

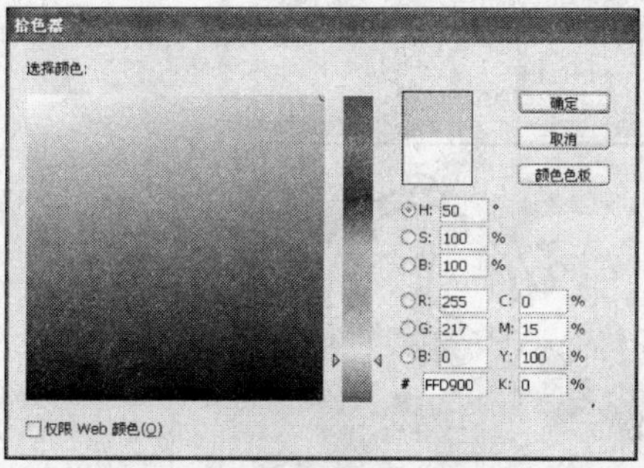

图 5-3　“拾色器”对话框

图 5-4　为图形填充颜色的效果

注意　单击工具箱底部的“填色”按钮，弹出“颜色”调板，再次双击“填色”按钮，即可打开“拾色器”对话框。如果“颜色”调板为打开状态，直接双击“填色”按钮，同样可以打开“拾色器”对话框。

（3）保持图形的选择状态，单击工具箱底部的“描边”按钮，使“描边”按钮成为当前编辑状态，单击“无”按钮，使图形的描边不填充颜色，如图 5-5 所示。

图 5-5　取消描述的颜色填充

提示 单击工具箱底部的“颜色”按钮，可以为图形填充纯色。单击“渐变”按钮，可以为图形填充渐变色。

（4）选中页面中的相应图形，双击工具箱中的“填色”按钮，打开“拾色器”对话框，拖动色谱中的颜色滑块，设置色域显示的色相，在色域中移动鼠标到需要的颜色上单击，将颜色选取，单击“确定”按钮，关闭对话框，为图形填充颜色，对话框中的参数及效果对比分别如图 5-6、图 5-7 所示。

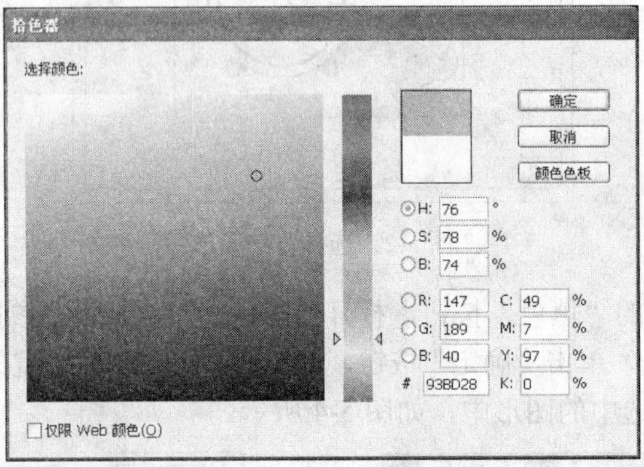

图 5-6 “拾色器”对话框

图 5-7 为图形填充颜色

（5）参照图 5-8 所示选取页面中的图形。

（6）单击工具箱底部的“互换填色和描边”按钮，使当前图形的填充颜色和描边颜色互换，如图 5-9 所示。

图 5-8 选择图形

图 5-9 互换颜色

提示 单击工具箱底部的“默认填色和描边”按钮，可以将图形还原为默认的状态，如图 5-10 所示。默认时填充色为白色，描边为黑色，描边粗细为 1pt。

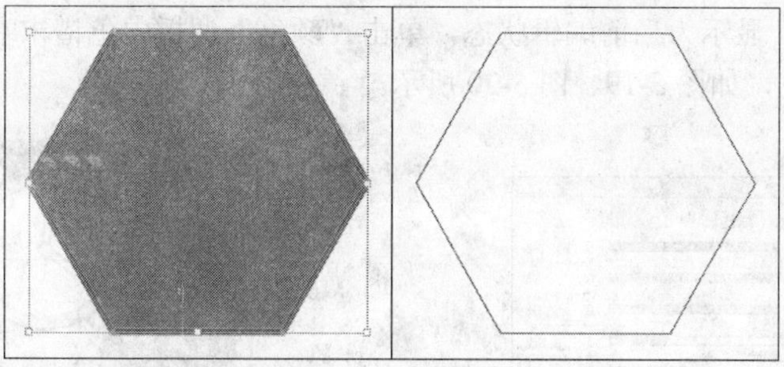

图 5-10　还原为默认状态

2. “颜色”调板

（1）单击工具箱中“填色”按钮，打开“颜色”调板，如图 5-11 所示。

（2）选取页面中相应的图形，参照图 5-12 所示，在“颜色”调板中输入颜色值，为图形填充颜色，得到图 5-13 所示效果。

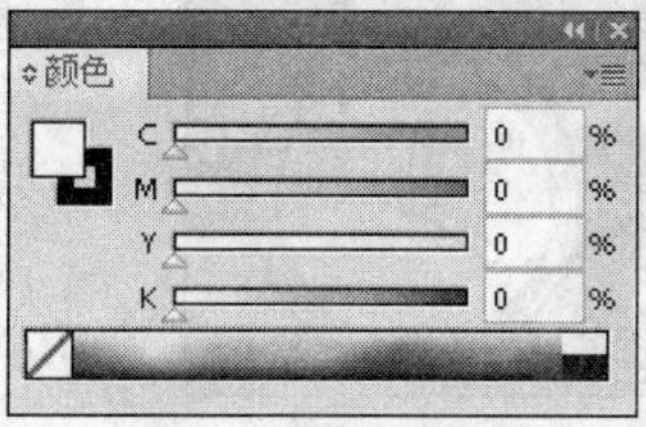

图 5-11　“颜色”调板 1

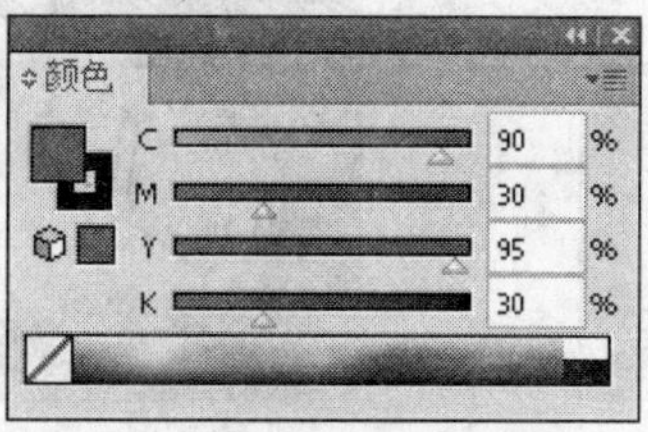

图 5-12　“颜色”调板 2

图 5-13　为图形设置颜色

（3）单击“颜色”调板中“描边”按钮，使其为编辑状态，单击“颜色”调板底部的“无”图标，取消描边的颜色填充，如图 5-14、图 5-15 所示。

（4）选中页面中的钟表图形，如图 5-16 所示。

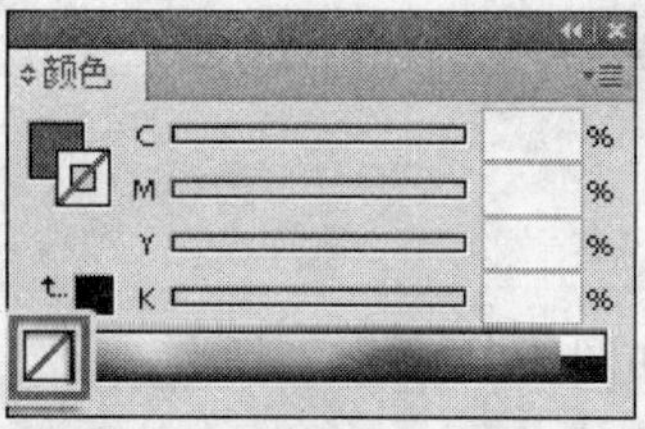

图 5-14　“颜色”调板 3

图 5-15　取消描边颜色的填充

图 5-16　选择图形

（5）移动鼠标到“颜色”调板的色谱上，这时鼠标指针变为吸管状态，单击将色谱中的颜色吸取，为图形填充颜色，如图 5-17、图 5-18 所示。

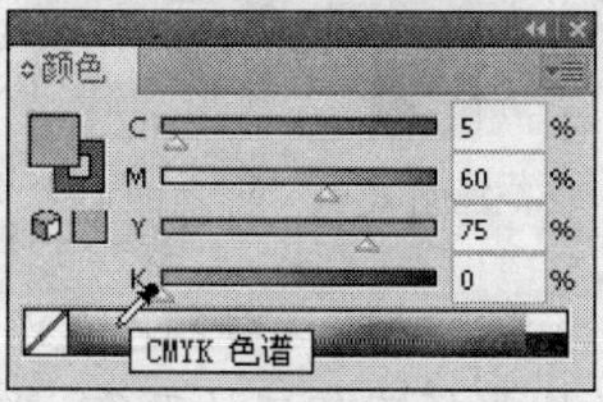

图 5-17　吸取颜色

图 5-18　为图形填充颜色

（6）将“描边”显示为当前编辑状态，单击“颜色”调板中色谱末端的黑色，使填充图形的描边颜色为黑色，如图 5-19、图 5-20 所示。

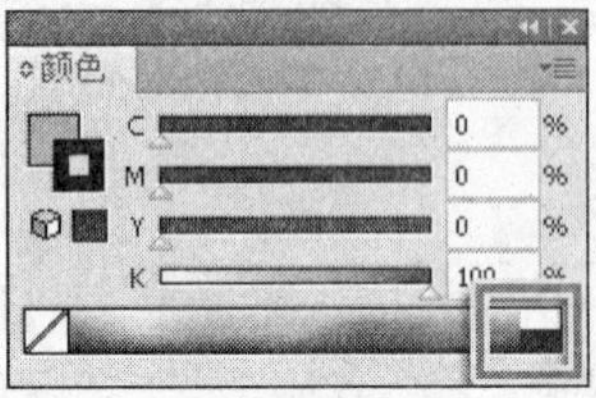

图 5-19　设置黑色

图 5-20　填充黑色描边

（7）选中页面中的相应图形，单击“颜色”调板右上角的按钮，在弹出的快捷菜单中选择“RGB”颜色模式。设置填色为可编辑状态，然后输入颜色值，为图形填充颜色，如图 5-21、5-22 所示。

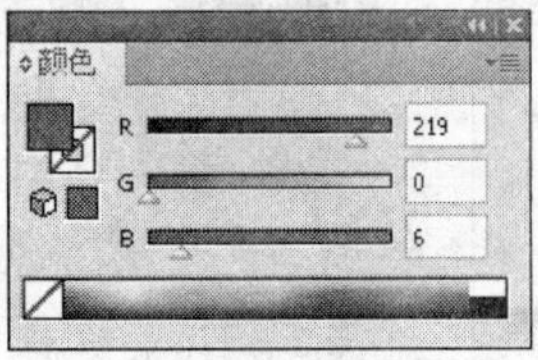

图 5-21　设置“RGB”颜色

图 5-22　图形颜色设置效果

技巧　按下 Shift 键的同时在色谱上单击，即可直接设置颜色模式，如图 5-23 所示。

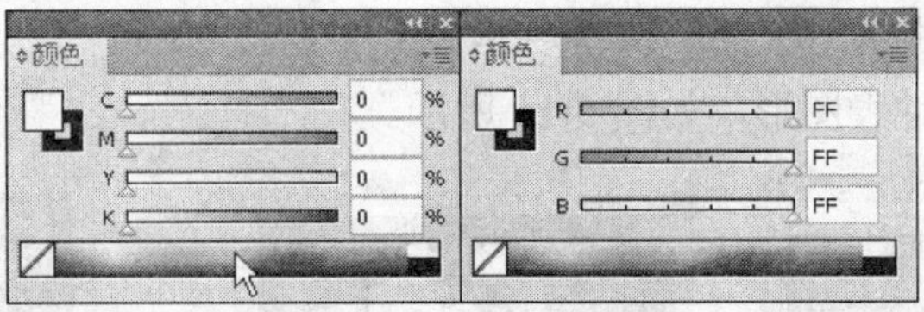

图 5-23　设置颜色模式

3. “色板”调板

（1）执行“窗口”|“色板”命令，打开“色板”调板，如图 5-24 所示。

（2）参照图 5-25 所示选取页面中的图形。

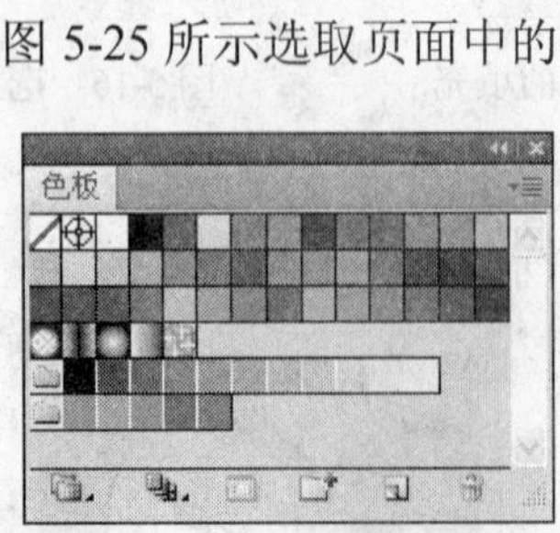

图 5-24　“色板”调板

图 5-25　选择图形

提示　“色板”调板中存储有大量的色块、图案和渐变色，这些颜色是以色块的形式存储在“色板”调板中的，单击这些色块即可为图形填充相应的颜色、图案或渐变色，如图 5-26、图 5-27 所示。

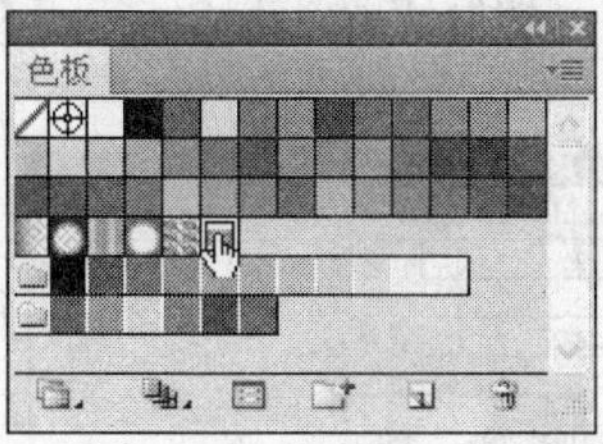

图 5-26　单击色块

图 5-27　填充图案

（3）保持图形为选择状态，单击“色板”调板底部的“新建色板”按钮，打开“新建色板”对话框，保持默认参数，单击“确定”按钮，关闭对话框，将选择的颜色储存到“色板”调板中，如图 5-28、图 5-29 所示。

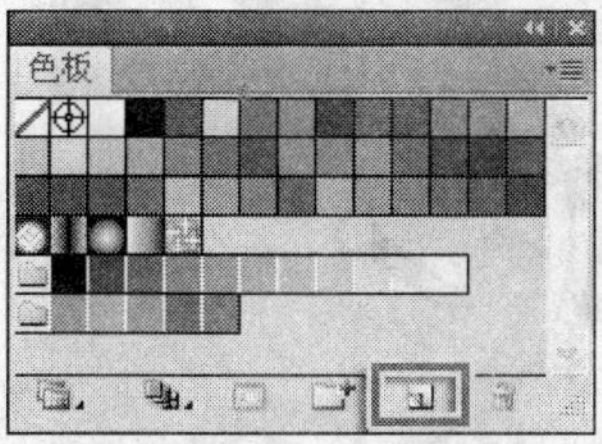

图 5-28　“色板”调板

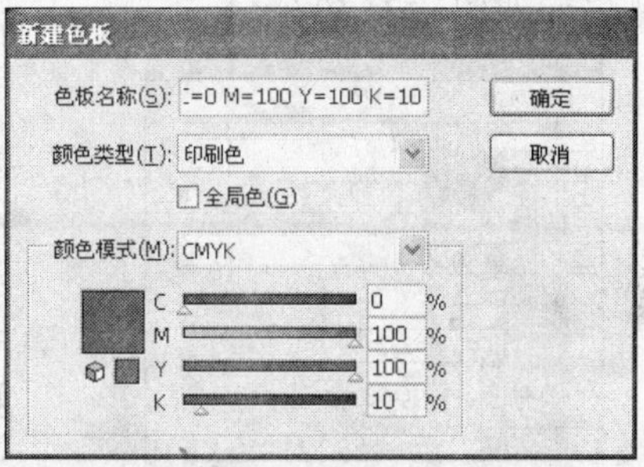

图 5-29　“新建色板”调板

（4）选中页面中相应图形，单击“色板”调板中新建的色块，为图形填充颜色，如图 5-30、图 5-31 所示。

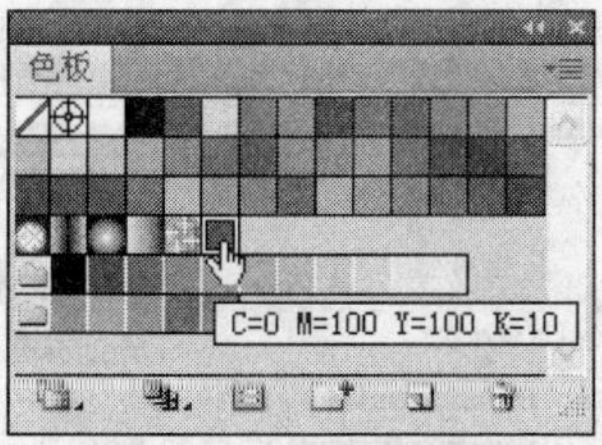

图 5-30　选择色块

图 5-31　为图形填充颜色

（5）单击“色板”调板底部的“色板库”菜单按钮，在弹出的快捷菜单中选择“中性”命令，打开“中性”调板，如图 5-32、图 5-33 所示。

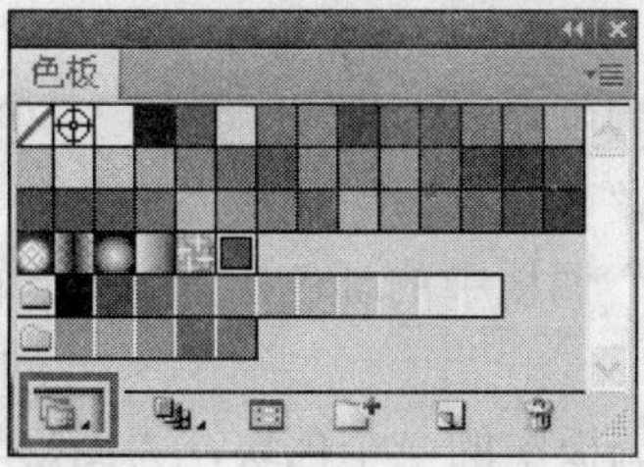

图 5-32　“色板库”菜单按钮

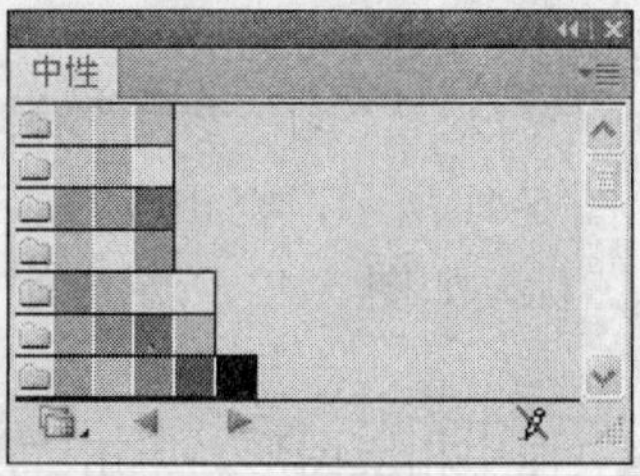

图 5-33　“中性”调板

（6）参照图 5-34 所示，单击“中性”调板底部的“加载下一个色板库” 按钮，切换到下一个色板库，即“儿童物品”调板，如图 5-35 所示。

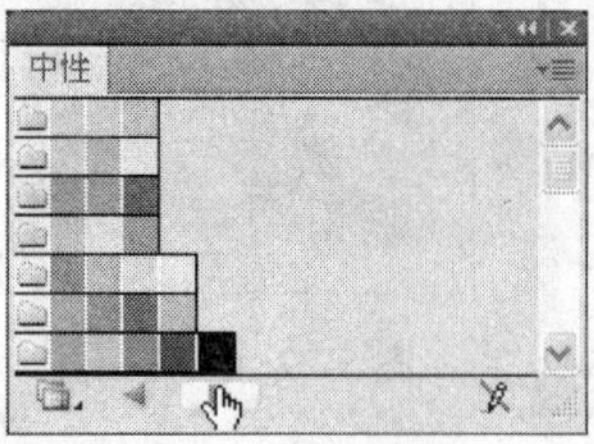

图 5-34　加载下一个色板库

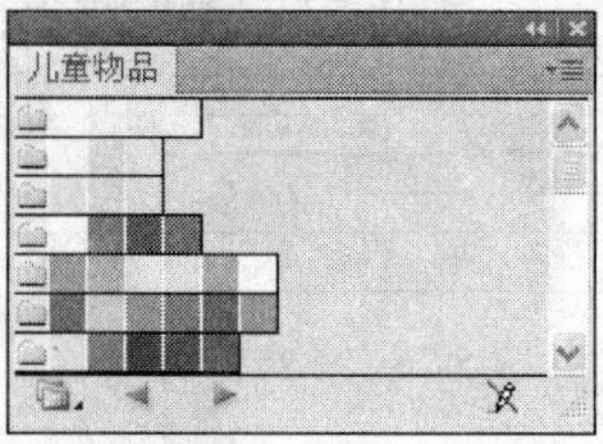

图 5-35　“儿童物品”调板

（7）选中页面中相应图形，参照图 5-36 所示，单击“儿童物品”调板中相应的色块，为图形填充颜色，如图 5-37 所示。

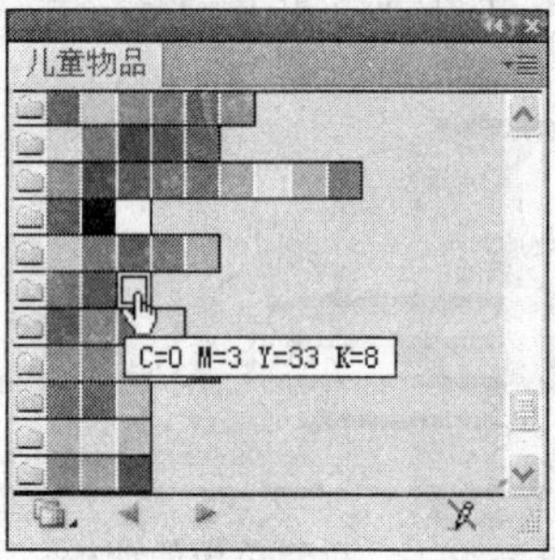

图 5-36　选择颜色

图 5-37　为图形填充颜色

提示

单击“色板”调板底部的“色板选项” 按钮，打开“色板选项”对话框，输入需要的颜色值，单击“确定”按钮，即可设置“色板”调板中色块的颜色，如图 5-38、图 5-39 所示。

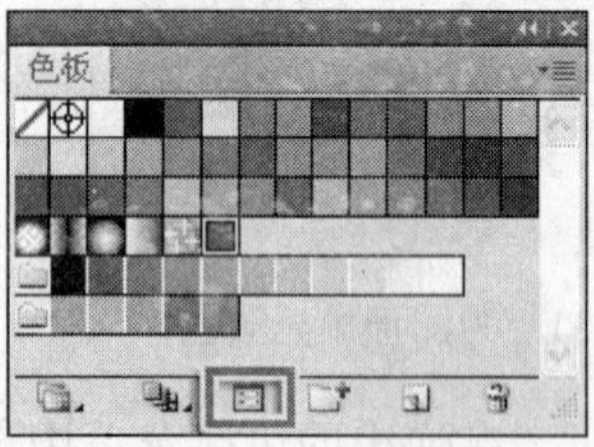

图 5-38　“色板选项”按钮

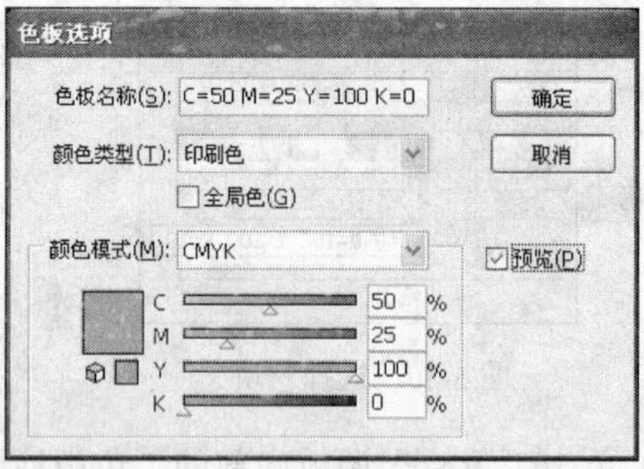

图 5-39　设置颜色

4. “颜色参考”调板

（1）执行“窗口”|“颜色参考”命令，打开“颜色参考”调板，如图 5-40 所示。

（2）参照图 5-41 所示，将相应图形选中，单击“颜色参考”调板左上角的“将基色设置为当前颜色”图标，如图 5-42 所示，使“颜色参考”调板中的颜色切换为与当前图形相协调的颜色。

（3）选中页面中相应图形，单击“颜色参考”调板中的一个色块，为图形填充颜色，如图 5-43、图 5-44 所示。

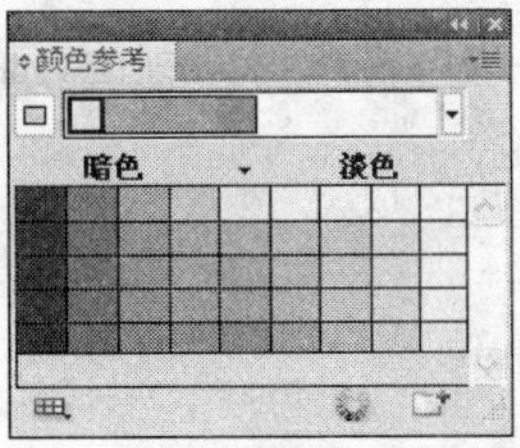

图 5-40　“颜色参考”调板

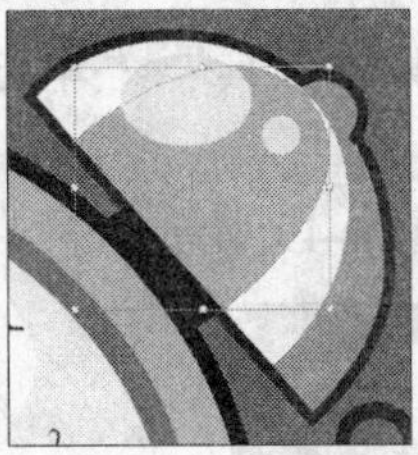

图 5-41　选择图形

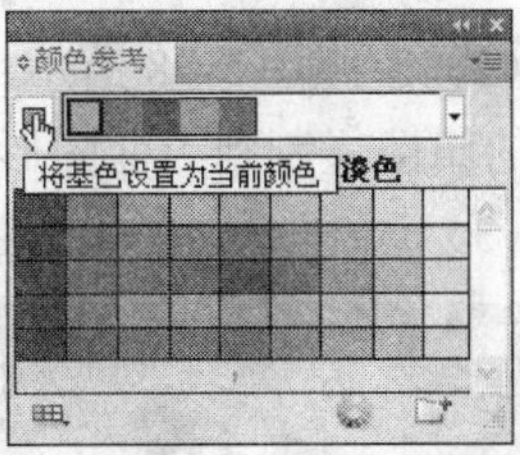

图 5-42　将基色设置为当前颜色

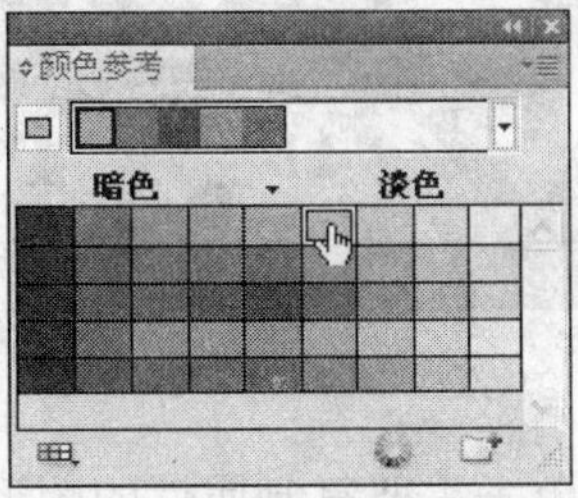

图 5-43　选择颜色

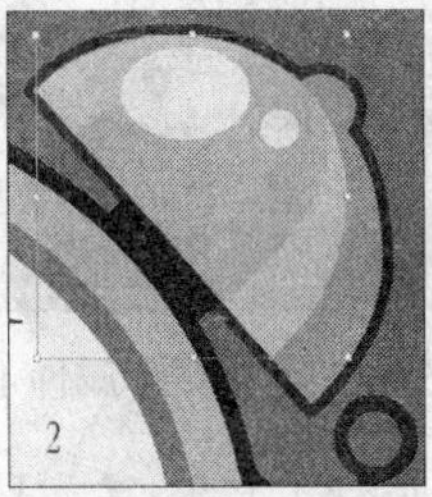

图 5-44　为图形填充颜色

单击“颜色参考”调板中的“协调规则”按钮，这时弹出一个下拉列表，该列表列出了各种配色方案，如图 5-45 所示。如果需要添加新的配色方案，可以单击“颜色参考”调板底部的“编辑或应用配色” 按钮，在弹出的“编辑颜色”对话框中编辑和保存新的配色方案，如图 5-46 所示。

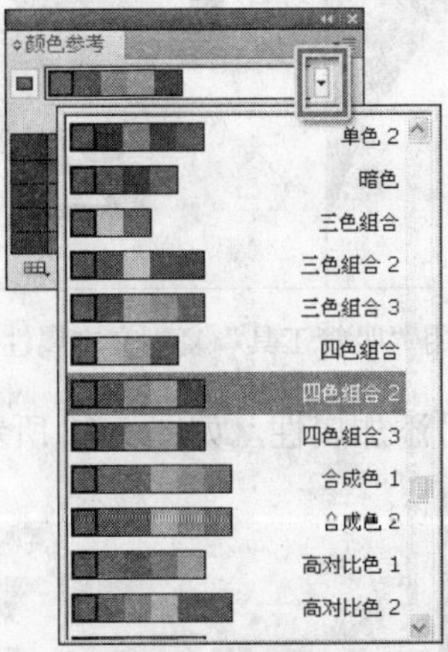

图 5-45　配色方案

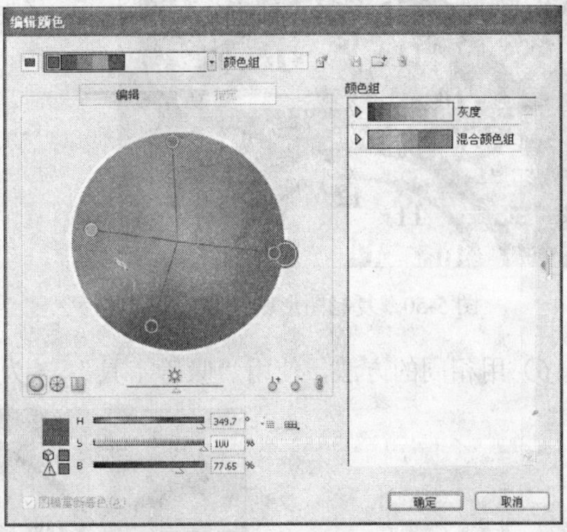

图 5-46　“编辑颜色”对话框

5. 吸管工具

（1）选中页面中相应图形，如图 5-47 所示。

图 5-47　选择图形

（2）参照图 5-48 所示，使用“吸管工具”单击相应图形，即可将图形的颜色、描边和描边的属性复制到当前图形上。

（3）选中页面中相应图形，如图 5-49 所示。

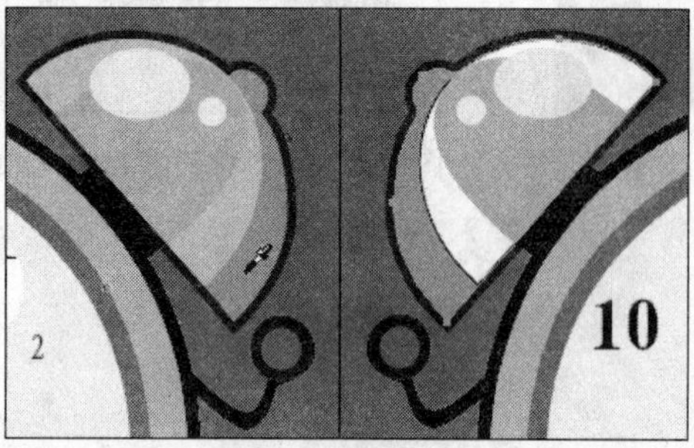

图 5-48 复制图形属性 1

图 5-49 选择图形

（4）选择“吸管工具”，按住键盘上 Alt 键单击需要复制属性的图形，即可将选择图形的属性复制到单击的图形上，效果如图 5-50 所示。

（5）选取页面中“2”文字图形，选择“吸管工具”，移动鼠标到“1”文字图形位置，这时鼠标指针变为，单击文字图形，即可将文字的大小、字体和水平缩放比例复制到当前文字中，如图 5-51 所示。

图 5-50 复制图形属性 2

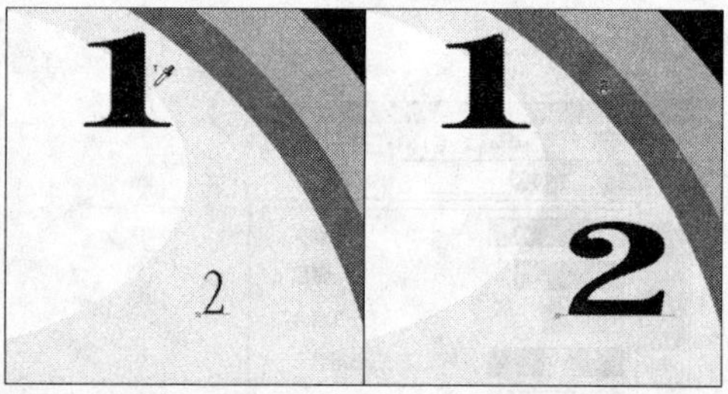

图 5-51 使用“吸管工具”复制文本属性

（6）用相同的方法，使用“吸管工具”为其他文字符号添加属性，如图 5-52 所示。

图 5-52 为其他文字符号添加属性

5.2 实例：圣诞礼物（渐变填充）

填充颜色时，只填充一种颜色会过于单调，可以通过填充渐变色来丰富图形的颜色效果。

渐变是指两种或多种不同颜色之间的一种混合过渡，所得到的效果细腻，且色彩丰富。

下面通过为图形填充渐变色，制作一个圣诞礼物实例。本实例的完成效果，如图 5-53 所示。

图 5-53　完成效果

1. 创建渐变色

（1）执行“文件”|“打开”命令，打开配套素材\Chapter-05\“背景.ai”文件，如图 5-54 所示。

（2）执行“窗口”|“渐变”命令，打开“渐变”调板，如图 5-55 所示。

图 5-54　素材文件

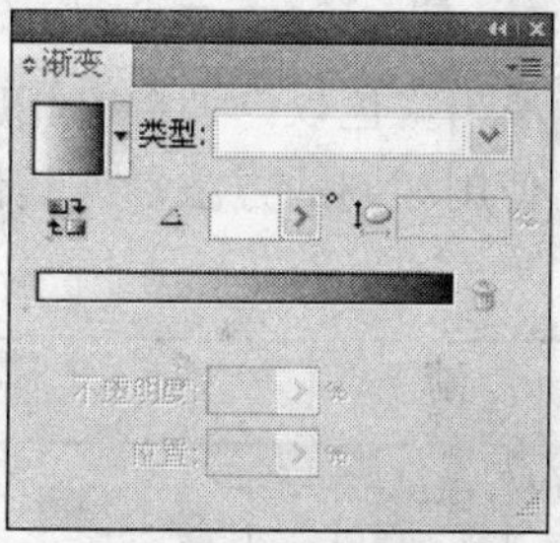

图 5-55　“渐变”调板

（3）选中页面中相应图形，单击“渐变”调板中的渐变色条，即可为图形填充渐变色，如图 5-56、图 5-57 所示。

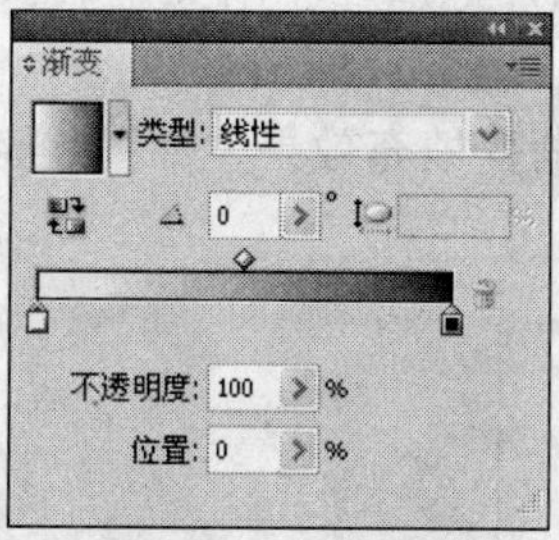

图 5-56　创建渐变

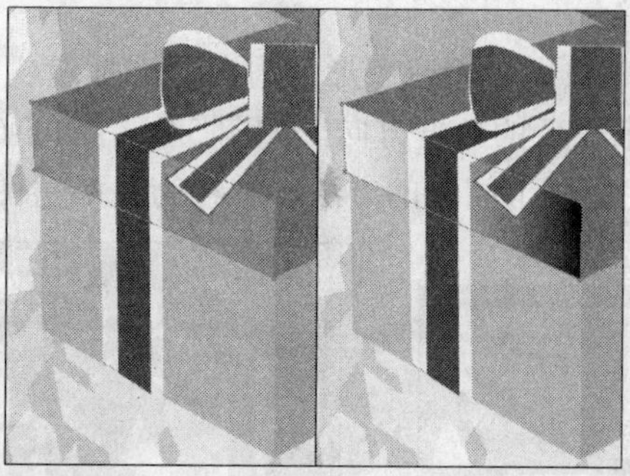

图 5-57　选择图形及填充渐变色后的效果

（4）双击“渐变”调板中黑色的“渐变滑块”，打开“颜色”调板，如图 5-58 所示。

（5）单击调板右上角的按钮，在弹出的快捷菜单中选择“CMYK”颜色模式。参照图

5-59 所示，在调板中输入数值设置渐变颜色，效果如图 5-60 所示。

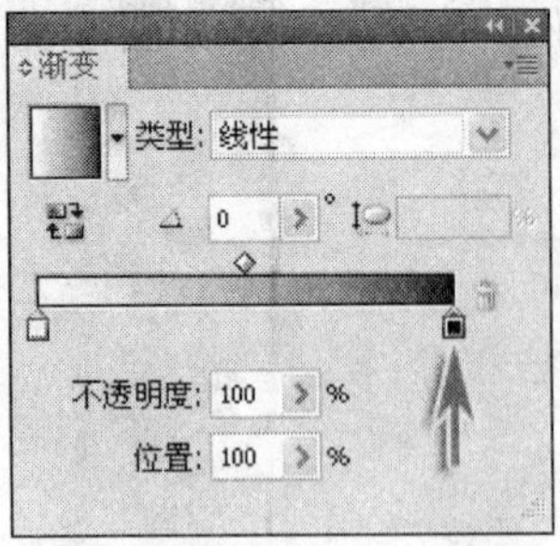

图 5-58　“颜色”调板

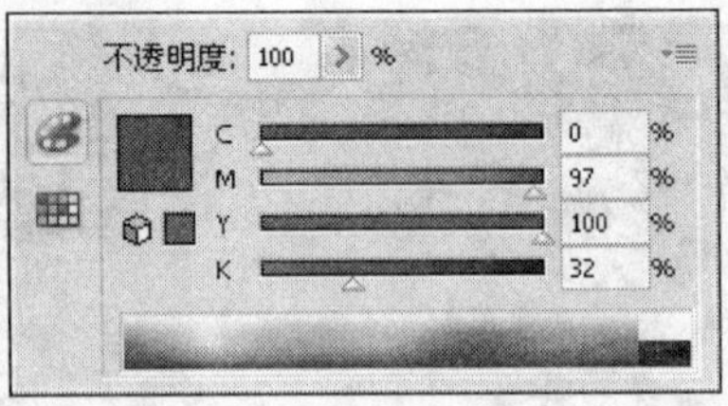

图 5-59　设置渐变颜色

图 5-60　填充渐变色的效果

（6）双击“渐变”调板中的另一个“渐变滑块”，打开“颜色”调板。单击“颜色”调板中的“色板”图标，切换到“色板”调板，如图 5-61、5-62 所示。

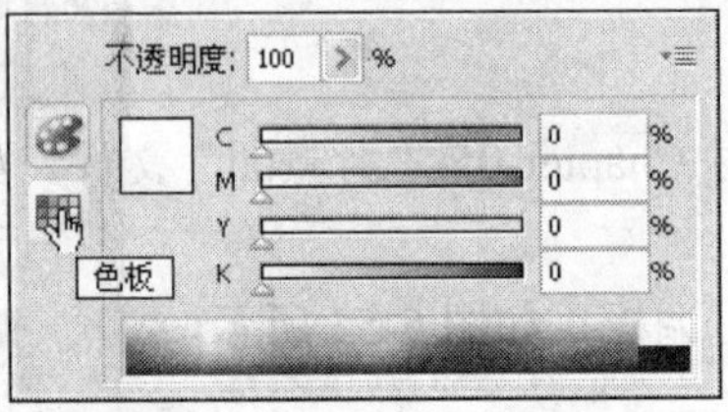

图 5-61　“色板”图标

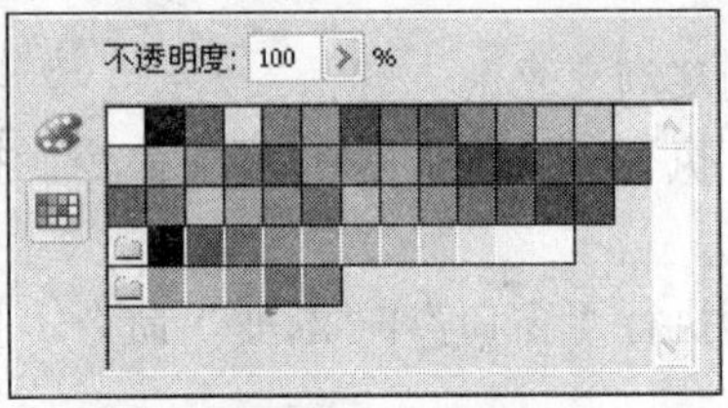

图 5-62　“色板”调板

（7）单击“色板”调板中相应的色块，设置渐变的颜色，如图 5-63、图 5-64 所示。

（8）使用相同的方法，为其他一些图形添加渐变填充效果，如图 5-65 所示。

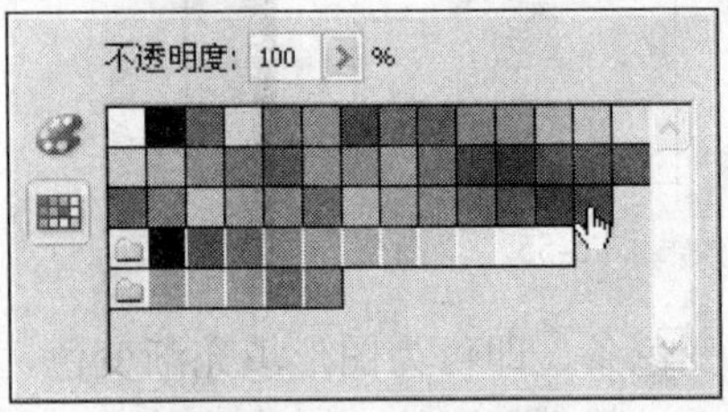

图 5-63　选择颜色块

图 5-64　设置渐变色

图 5-65　为图形添加渐变填充效果

（9）选中页面中相应图形，为图形添加渐变填充效果，然后在“渐变”调板中输入角度数值，设置渐变色的角度方向，如图 5-66、图 5-67 所示。

（10）使用以上相同的方法，继续为礼品盒图形添加渐变填充效果，如图 5-68 所示。

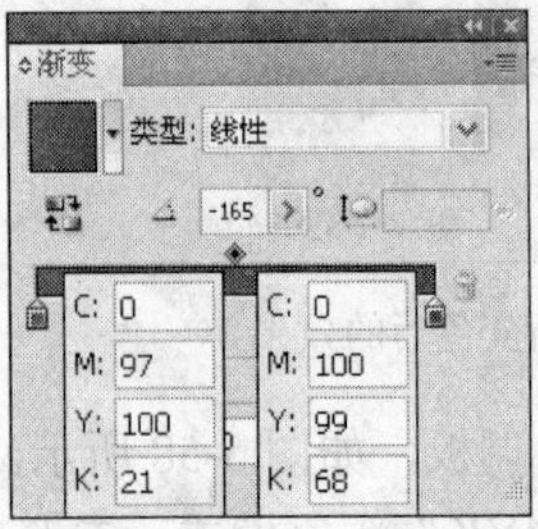

图 5-66　设置角度参数

图 5-67　为图形填充渐变色

图 5-68　继续为图形添加渐变填充效果

2. 渐变类型

（1）选中页面中的星形图形，参照图5-69所示，在“渐变”调板中为图形添加线性渐变填充效果，如图5-70所示。

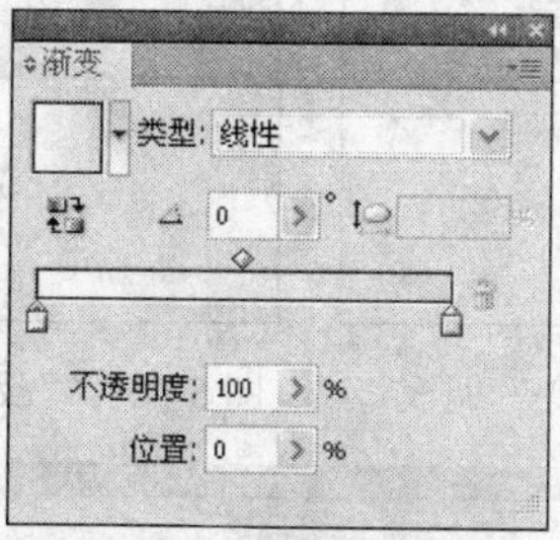

图5-69 “渐变”调板

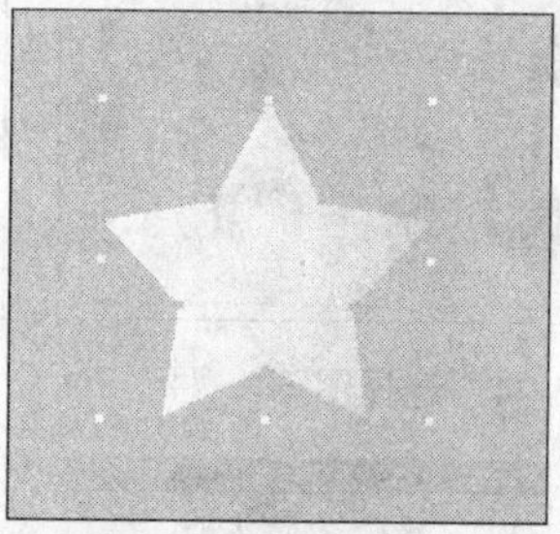

图5-70 添加线性渐变效果

（2）接下来在“渐变”调板中设置渐变类型为“径向”，使图形从中心向外发生渐变，如图5-71、图5-72所示。

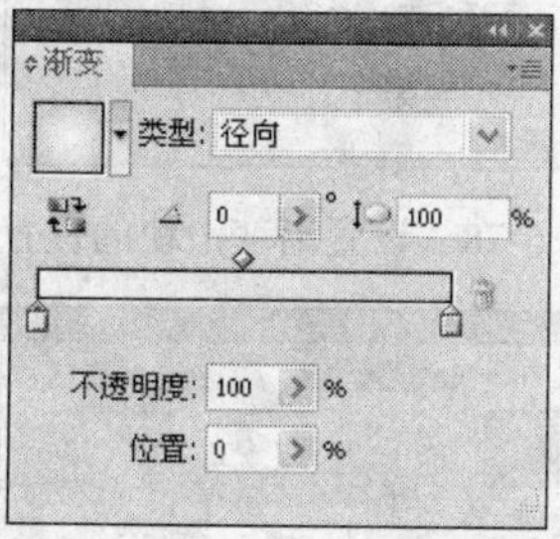

图5-71 设置渐变类型

图5-72 添加径向渐变效果

（3）使用相同的方法，继续为其他星形图形添加径向渐变的效果，如图5-73所示。

图5-73 为其他图形添加径向填充效果

3. 编辑渐变色

（1）选中页面中的背景图形，如图5-74所示。

（2）参照图5-75所示，为图形添加渐变填充效果。然后单击“渐变”调板中的“反向渐变”按钮，使渐变色反转，如图5-76所示。

（3）单击“渐变”调板中的左侧的“渐变滑块”，使其成为当前可编辑状态，并在“位置”参数栏中输入数值，设置渐变滑块的位置，如图5-77、图5-78所示。

（4）在“渐变”调板中，移动鼠标到渐变条下方位置，这时鼠标指针变为，单击即可添加一个渐变滑块，然后为添加的渐变滑块设置颜色与位置，如图5-79、图5-80所示。

图 5-74　选择图形

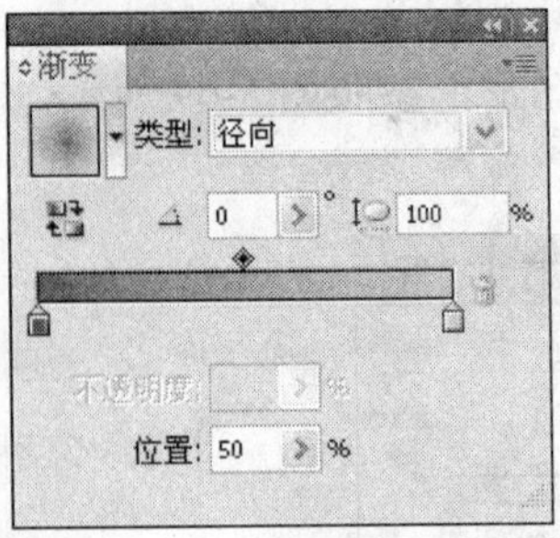

图 5-75　“渐变”调板

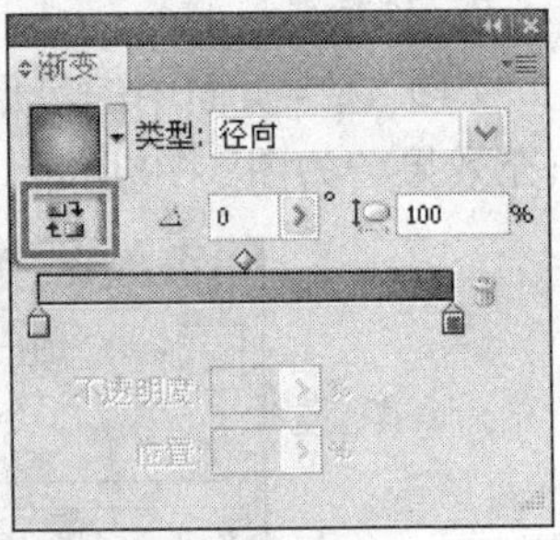

图 5-76　“反向渐变”按钮

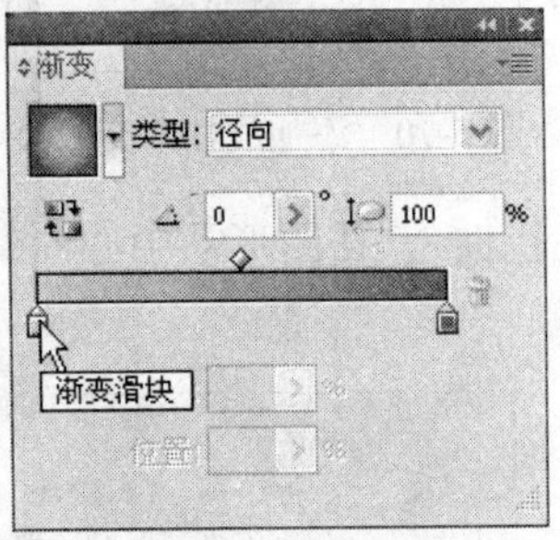

图 5-77　选择渐变滑块

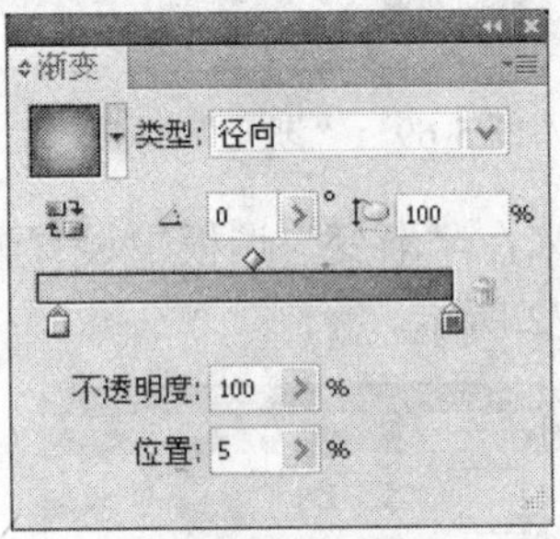

图 5-78　设置渐变滑块的位置

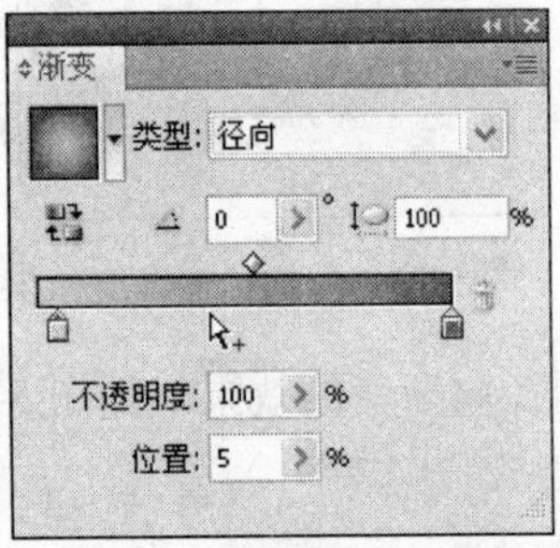

图 5-79　移动鼠标添加渐变滑块

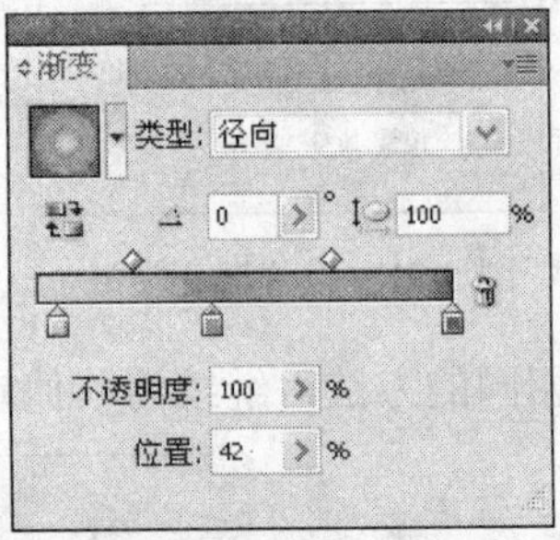

图 5-80　设置渐变滑块的颜色

提示　在“渐变”调板中设置“不透明度”选项，可以调整滑块颜色的透明度，单击并拖动渐变色条上方的菱形滑块，可以对渐变色的渐变中心进行调整和设置。

4. 使用渐变工具

“渐变工具”只可以对已有的渐变效果进行编辑，不可以创建新的渐变效果。

（1）保持图形的选择状态，选择“渐变工具”，为图形填充渐变效果，如图 5-81 所示。在对象上单击并拖动，释放鼠标后，改变渐变色的位置，如图 5-82 所示。

图 5-81　为图形设置渐变填充

图 5-82　改变渐变色位置

（2）保持图形的选择状态，在“渐变调杆”上移动鼠标到终止点“渐变滑块”位置，这时鼠标指针变为时，单击并拖动鼠标，调整渐变填充的范围，如图 5-83 所示。

（3）双击渐变调杆中的“渐变滑块”，弹出“颜色”调板，参照图 5-84 所示输入颜色值，设置渐变滑块的颜色，得到图 5-85 所示效果。

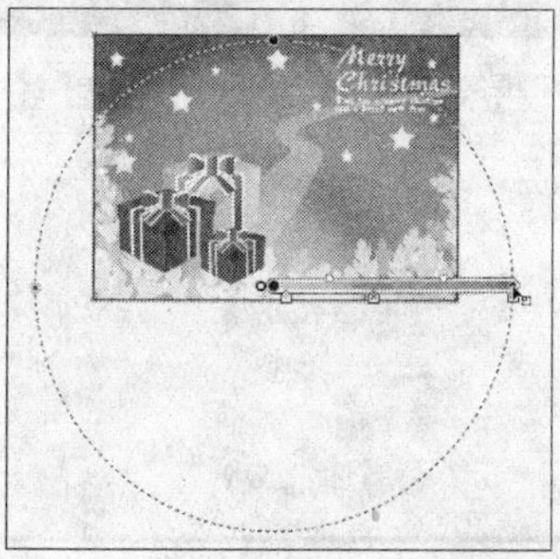

图 5-83　调整渐变填充的范围

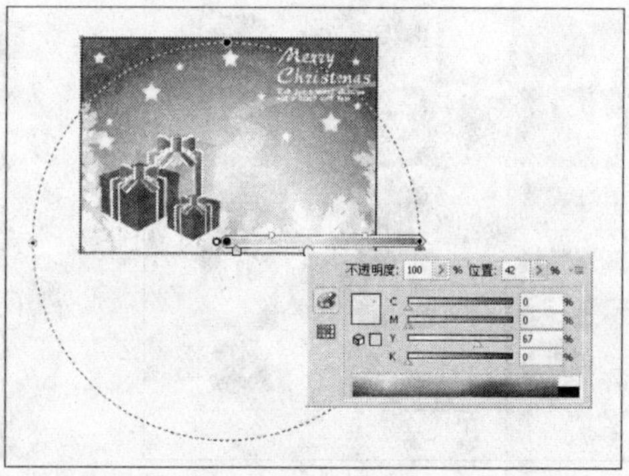

图 5-84　设置颜色值

图 5-85　设置渐变后的效果

5.3　实例：时尚底纹（图案填充）

图案填充是指将图形图案填充在图形中，使图形更加生动、形象。下面通过时尚底纹实例的制作，为读者详细介绍创建图案和填充图案的方法，本实例制作完成的效果如图 5-86 所示。

（1）执行“文件”|“打开”命令，打开配套素材\Chapter-05\“插画.ai”文件，如图 5-87 所示。

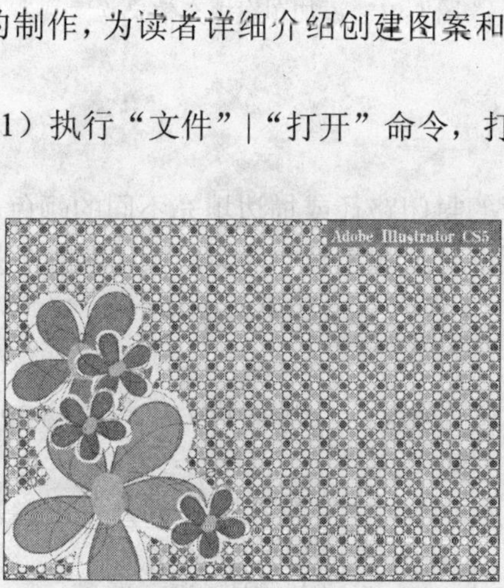

图 5-86　完成效果

图 5-87　素材文件

（2）参照图 5-88 所示，选中页面中相应图形，执行“编辑”|“定义图案”命令，打开“新建色板”对话框，如图 5-89 所示。使用默认色板名称，单击“确定”按钮，关闭对话框，将当前图形定义为图案，其中定义的图案将在“色板”调板中显示。

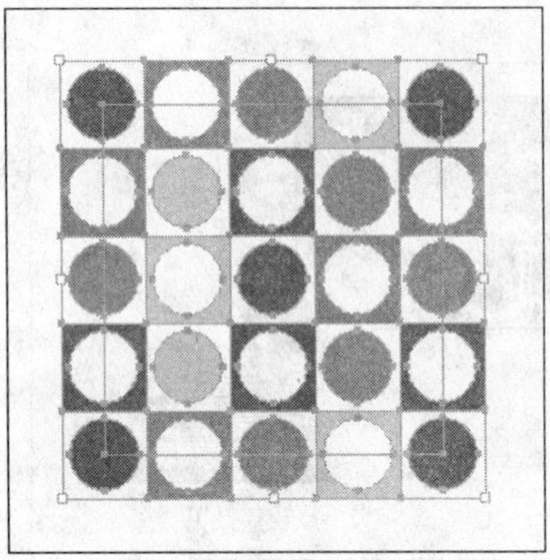

图 5-88　选择图形

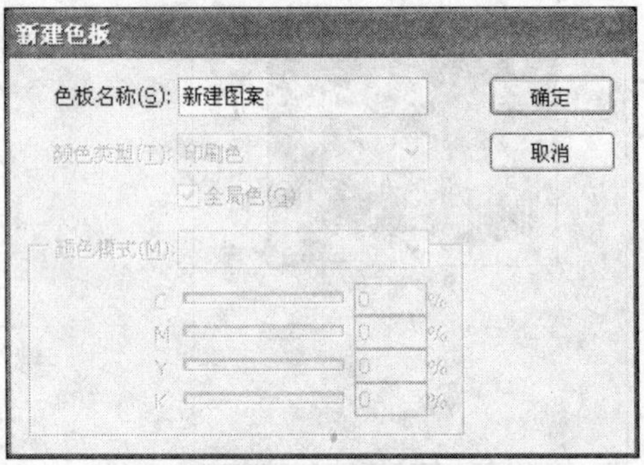

图 5-89　“新建色板”对话框

提示　在创建的图形上绘制一个不填充颜色的矩形图形，将其创建为图案时，将只显示矩形图形覆盖的部分。

（3）选中页面中的背景图形，单击“色板”调板中自定义的“新建图案”图标，即可为图形添加图案填充效果，如图 5-90、图 5-91 所示。

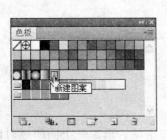

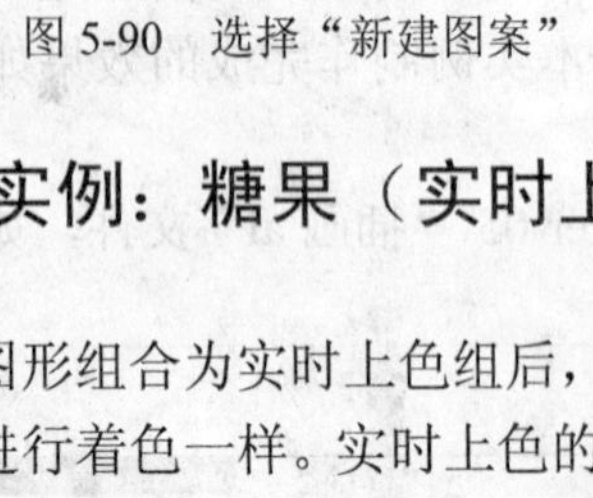

图 5-90　选择“新建图案”

图 5-91　添加图案填充效果

5.4　实例：糖果（实时上色）

将图形组合为实时上色组后，可以对图形上任意的封闭路径或描边填充不同的颜色，就像为绘画进行着色一样。实时上色的操作很简单，编者将通过本实例中的实际操作，把相关的知识点介绍给大家，实例的完成效果如图 5-92 所示。

1. 建立实时上色组

（1）在 Illustrator CS5 中，执行“文件”|“打开”命令，打开本书配套素材\Chapter-05\“实时上色.ai”素材文件，如图 5-93 所示。

（2）参照图 5-94 所示选择图形，然后使用“吸管工具”在糖果主体部分单击，为选择的图形设置与主体部分相同的填充颜色与描边颜色，如图 5-95、图 5-96 所示。

（3）参照图 5-97 所示选择图形，然后执行“对象”|“实时上色”|“建立”命令，将选择的图形建立为实时上色组，如图 5-98 所示。

图 5-92　完成效果

图 5-93　素材文件

图 5-94　选择图形

图 5-95　吸取颜色

图 5-96　添加颜色

图 5-97　选择图形

图 5-98　建立实时上色组

提示

选择图形后，单击工具箱中的“实时上色工具”，将鼠标移动至所选图形处，此时，视图中将会显示如图 5-99 所示的提示字样，单击图形，就可建立实时上色组，从“图层”调板中也可以观察得很清楚，对比情况如图 5-100、图 5-101 所示。

图 5-99　显示提示语字样

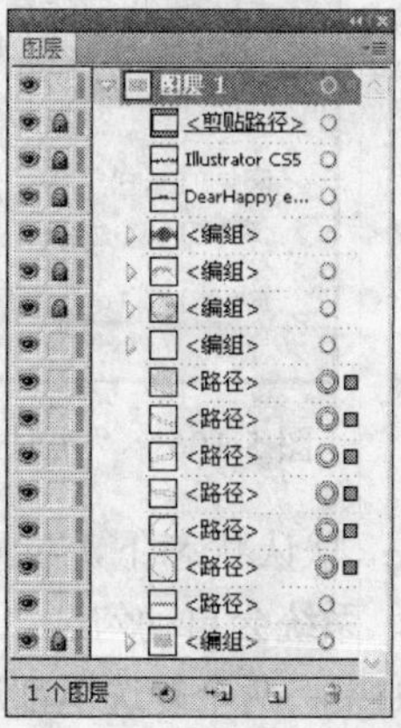

图 5-100　原“图层”面板

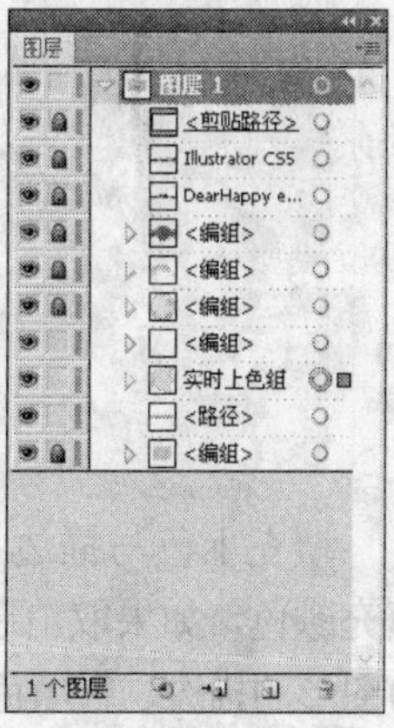

图 5-101　实时上色组

2. 实时上色

（1）选择“实时上色工具”时，视图中工具上方的突出显示部分的颜色会显示为和主体图形内部相同的浅橙色，而在“色板”调板中，会显示对应的颜色，如图 5-102 所示。

（2）按下键盘上的→键，即可在“色板”调板中选择其右侧的淡黄色，如图 5-103 所示，而视图中工具上方的突出显示部分的颜色会显示为对应的颜色，如图 5-104 所示。

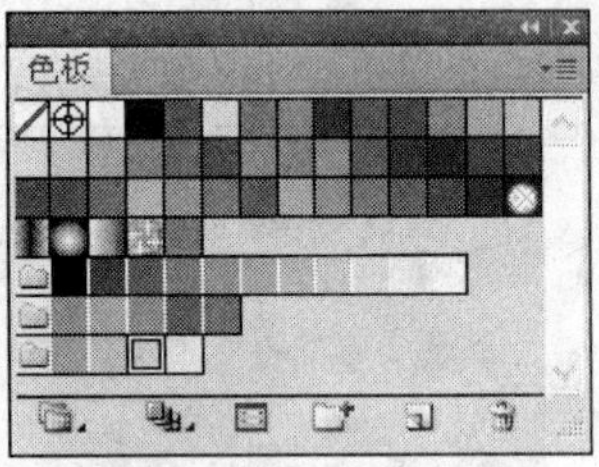

图 5-102 “色板”调板

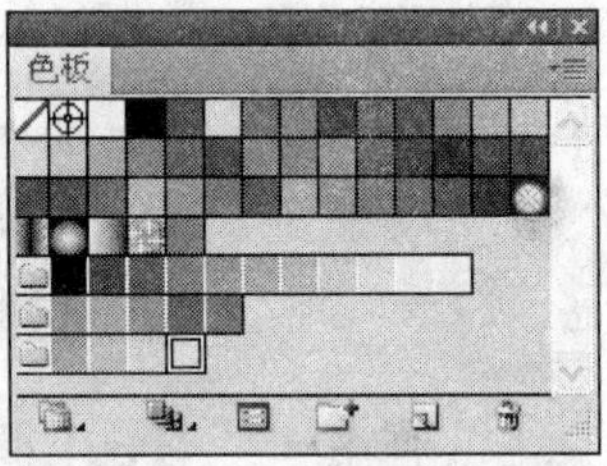

图 5-103 选择颜色

图 5-104 显示对应颜色

（3）选择颜色后，在对应位置单击，即可为图形填充颜色，如图 5-105 所示。

图 5-105 填充选择好的颜色

提示

读者可以观察到，在定位对象时，目标图形中一部分的轮廓会显示红色，表示可以对该部分进行填色，如果用户想对突出显示的属性进行更改，可以通过双击“实时上色工具”，在弹出的“实时上色工具选项”对话框中进行设置，如图 5-106 所示。同时，也可以设置其他的选项。

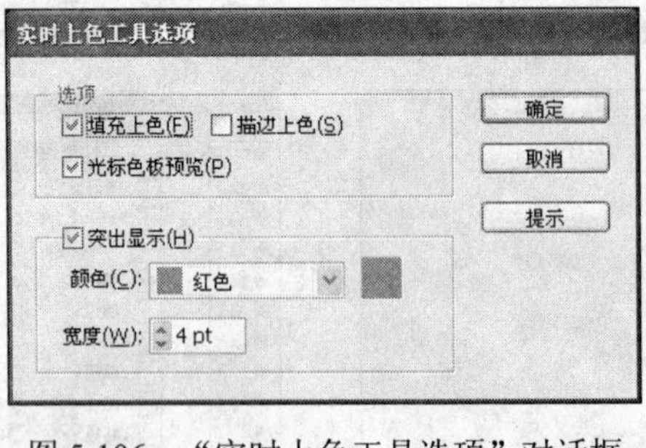

图 5-106 “实时上色工具选项”对话框

填充上色与描边上色：默认状态下，“填充上色”复选框被勾选，表示只可以对图形内部填充颜色，如果取消选择，系统会自动勾选“描边上色”复选框，单击“确定”按钮后，只可以为图形的描边进行填色。如果将两个复选框都选中，就可以共同为图形内部和描边填充颜色。

光标色板预览：默认状态下，此复选框为勾选状态，如果取消选择，填充颜色时，“实时上色工具”上方的色板预览就会消失。

颜色：在“颜色”下拉列表框中，用户可以更改突出显示的颜色设置。

宽度：在“宽度”下拉列表框中，用户可以更改突出显示的宽度设置。

（4）按下键盘上的←键，可以选择目标颜色左侧的颜色，如果连续按该键，则可以在一个颜色组中进行颜色的循环选择。依照上面讲述的方法，继续为图形填充其他颜色，最终得到图 5-107 所示的效果。

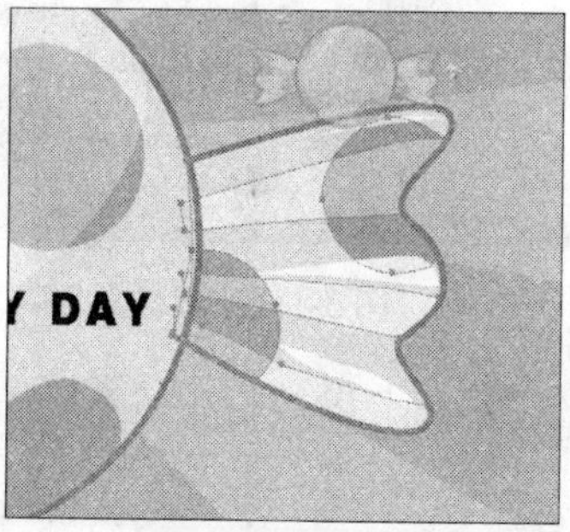

图 5-107　填充剩余颜色的效果

提示　按下键盘上的↑键，可以向上选择颜色组；按下↓键，则可以向下选择颜色组，如果连续按该键，可循环进行选择。

3. 复制图形并调整图层顺序

复制填充的糖果右侧图形，并调整图形的位置和图层顺序，效果如图 5-108 所示，“图层”调板的状态如图 5-109 所示。

图 5-108　调整图形后的效果

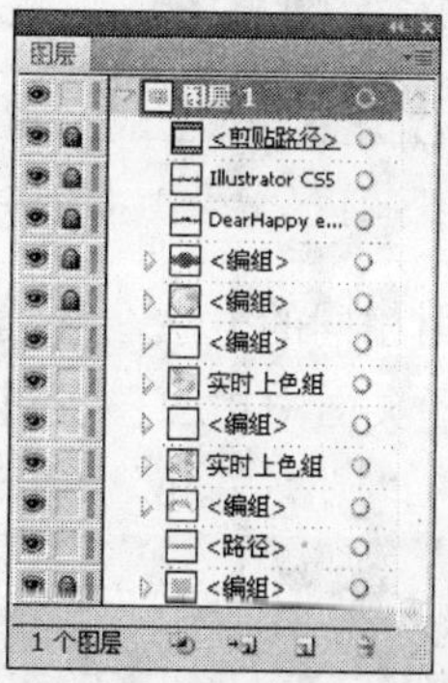

图 5-109　“图层”调板

5.5　实例：喜庆的底纹（描边编辑）

除了为图形填充颜色外，还可以为图形的边缘填充颜色。这种为图形边缘填充颜色的操作称为设置描边效果。在 Illustrator CS5 中只可以为描边效果填充颜色和图案，不可以为描边效果填充渐变色。对描边效果属性的设置都是在“描边”调板中进行的。

接下来通过喜庆的底纹实例的制作，来为读者具体介绍设置描边效果的方法。本实例的制作完成效果如图 5-110 所示。

（1）执行“文件”|“打开”命令，打开配套素材\Chapter-05\“红色背景.ai”文件，如图 5-111 所示。

（2）执行“窗口”|“描边”命令，打开“描边”调板，如图 5-112 所示。

图 5-110　完成效果

图 5-111　素材文件

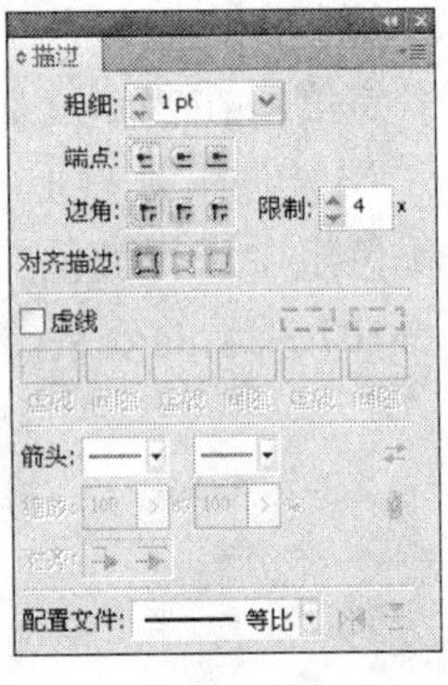

图 5-112　“描边”调板

（3）选中页面中相应图形，在“粗细”参数栏中输入数值，设置描边的粗细，如图 5-113、图 5-114 所示。

图 5-113　选择图形及设置描边的粗细的效果

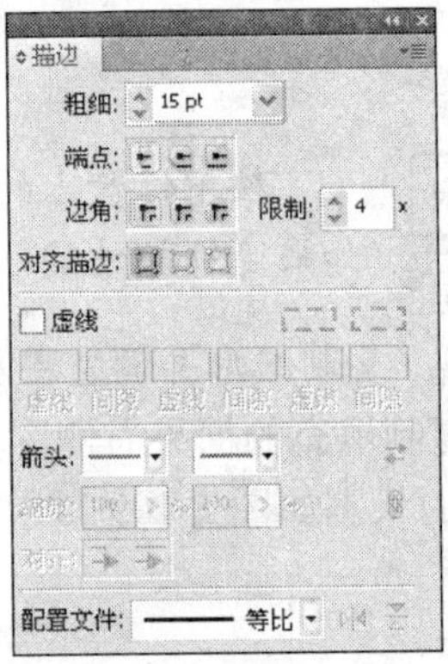

图 5-114　设置粗细参数

（4）使用相同的方法，继续为其他图形设置描边的粗细效果，如图 5-115 所示。

（5）选择页面中相应直线图形，参照图 5-116 所示，设置描边的粗细参数。接着单击“描边”调板中的“圆头端点” 按钮，使直线的两端为圆形，如图 5-117 所示。

图 5-115　设置描边的粗细效果

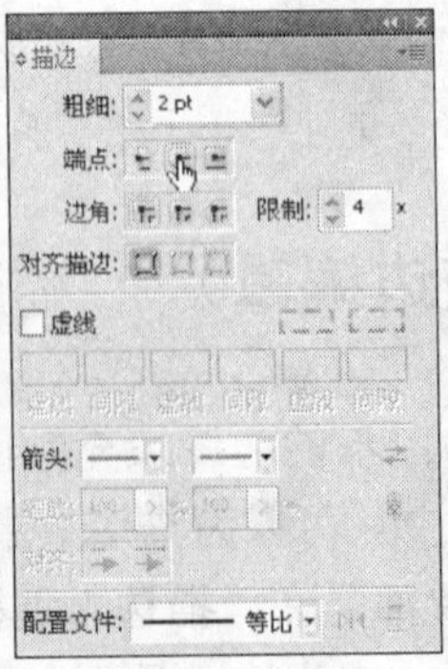

图 5-116　“描边”调板

图 5-117　设置直线两端样式

（6）选中页面中的文字图形，参照图 5-118 所示，在“粗细”参数栏中输入数值，设置描边的粗细，效果如图 5-119 所示。

（7）保持文本图形的选择状态，单击“描边”调板中的“使描边外侧对齐”按钮，使描边的内侧与图形的外侧对齐，如图 5-120、图 5-121 所示。

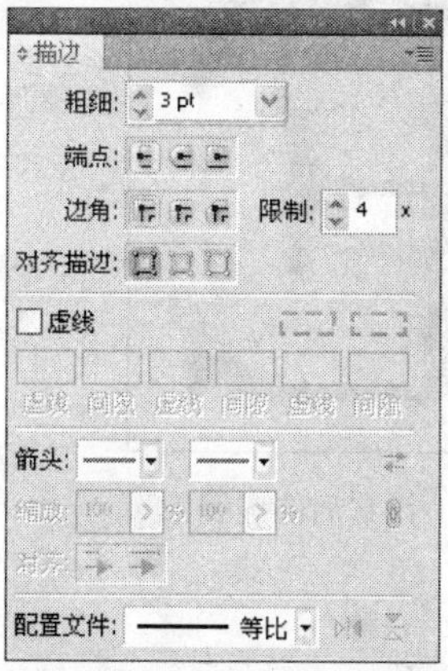

图 5-118　设置“粗细”参数

图 5-119　为文字设置描边效果

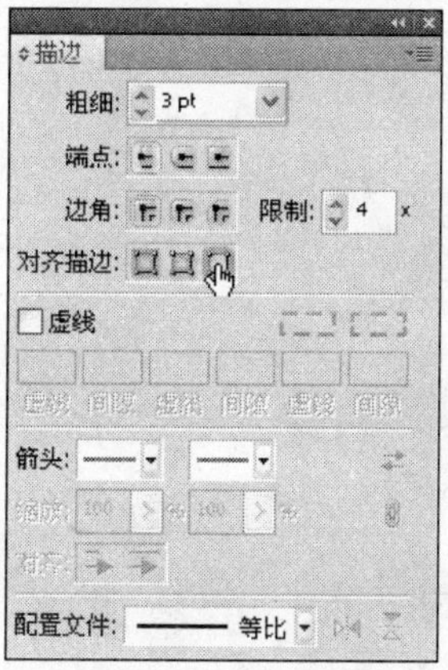

图 5-120　“使描边外侧对齐”按钮

图 5-121　使描边对齐

提示　将“描边”调板底部的“虚线”复选项选中，即可创建虚线的描边效果，如图 5-122、图 5-123 所示。当“虚线”选项为选择状态时，其下方的选项为可编辑状态。“虚线”选项设置虚线的长度，“间隙”选项设置虚线与虚线之间的距离，如图 5-124、图 5-125 所示。

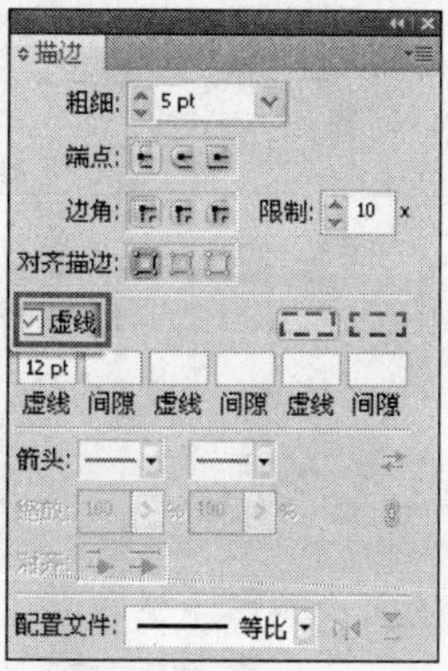

图 5-122　“虚线”复选项

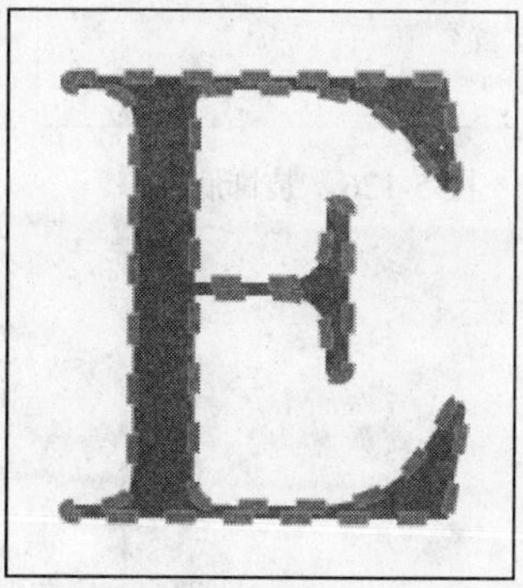

图 5-123　虚线效果

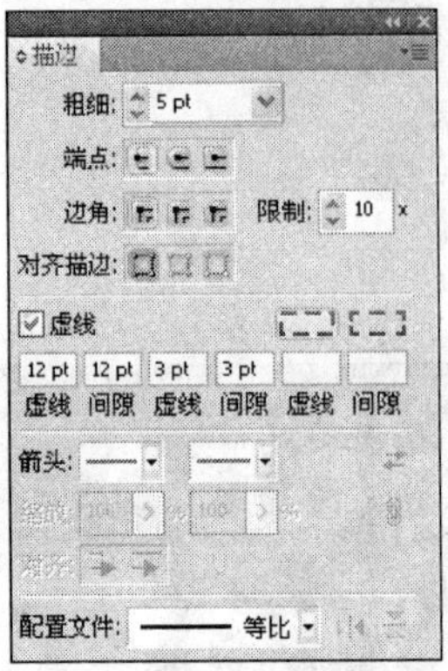

图 5-124 设置“虚线”选项

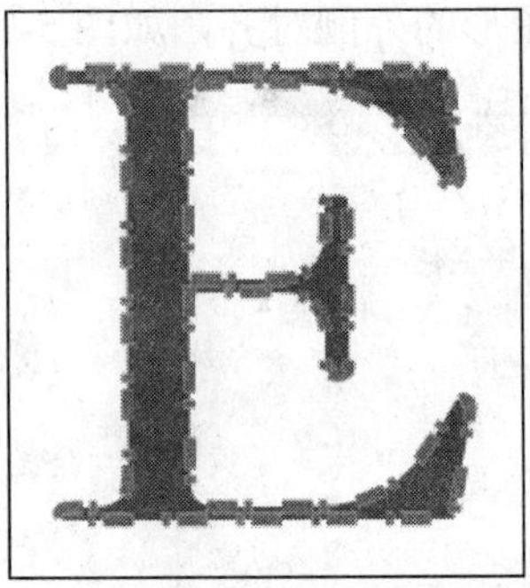

图 5-125 设置后的虚线效果

课后练习

1．设计制作装饰底纹，效果如图 5-126 所示。

要求：

（1）使用“色板”调板。

（2）使用拾色器。

（3）使用“颜色”调板。

2．设计制作书签，效果如图 5-127 所示。

要求：

（1）设置填充颜色。

（2）设置描边颜色。

图 5-126 装饰底纹

图 5-127 书签效果

第 6 课

高级填充技巧

本课知识结构

在 Illustrator CS5 中，关于为图形上色及设置描边效果的功能涵盖的内容比较多，在本课中，编者将继续为读者介绍更为高级、效果更为精美的填充技巧。运用这些技巧不仅可以使图形外观更加绚丽，而且操作起来也很方便，它们是设计人员进行创作时的好帮手。希望读者通过本课的学习，可以对这些技巧有深刻的体会。

就业达标要求

- ☆ 创建网格填充
- ☆ 填充渐变网格色
- ☆ 复制对象的属性
- ☆ 设置的透明度
- ☆ 创建符号
- ☆ 存储对象的外观
- ☆ 绘制符号组
- ☆ 设置对象的外观

6.1 实例：云中漫步（渐变网格填充）

网格对象是一种多色对象，其颜色可以沿不同方向顺畅分布，而且可以从一点平滑过渡到另一点。创建网格对象时，将会有多条线交叉穿过对象，这为处理对象上的颜色过渡提供了一种简便方法。通过移动和编辑网格上的点，可以更改颜色的变化强度，或者更改对象上的着色区域范围。

下面通过云中漫步实例的制作，为读者介绍创建渐变网格填充的具体操作步骤。本实例的制作完成效果如图 6-1 所示。

图 6-1　完成效果

1. 使用“网格工具”

（1）执行“文件”|“打开”命令，打开配套素材\Chapter-06\“小船.ai”文件，如图 6-2 所示。

（2）使用“钢笔工具”在页面中绘制云彩图形，如图 6-3 所示。

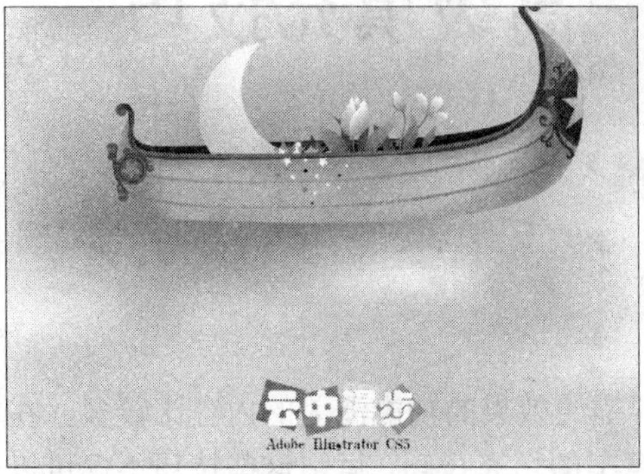

图 6-2 素材文件

图 6-3 绘制云彩图形

（3）选择“网格工具”，在云彩图形对象上单击，即可为图形添加网格线，将该对象转换为渐变网格对象，如图 6-4 所示。

（4）多次使用网格工具单击，添加其他网格线，如图 6-5 所示。

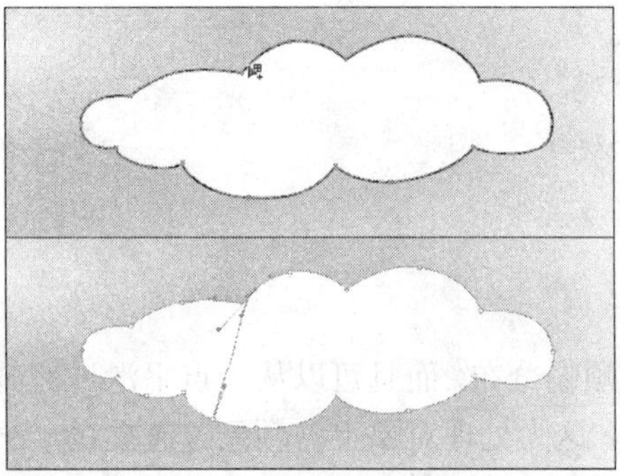

图 6-4 创建渐变网格对象

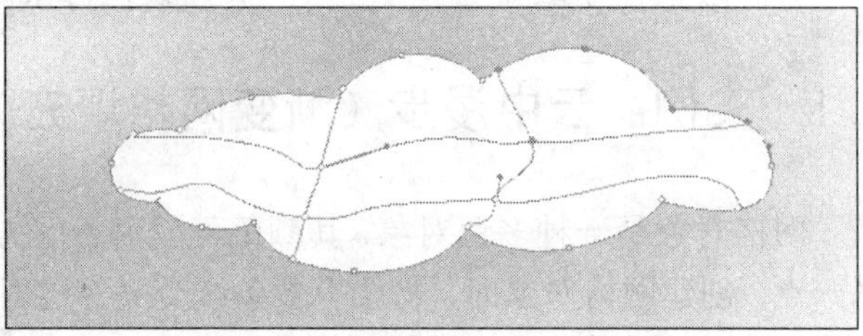

图 6-5 添加其他网格线

（5）使用“直接选择工具”选取图 6-6 所示的多个网格点，然后在“颜色”调板中为选择的网格点填充颜色。

图 6-6 为网格点填充颜色

2. 使用“创建渐变网格”命令

（1）参照图 6-7 所示，使用“钢笔工具”在页面中继续绘制云彩图形。

（2）保持云彩图形为选择状态，执行“对象”|“创建渐变网格”命令，打开“创建渐变网格”对话框，参照图 6-8 所示，设置对话框参数，单击“确定”按钮，关闭对话框，即可为图形创建渐变网格的效果，如图 6-9 所示。

图 6-7　绘制云彩图形

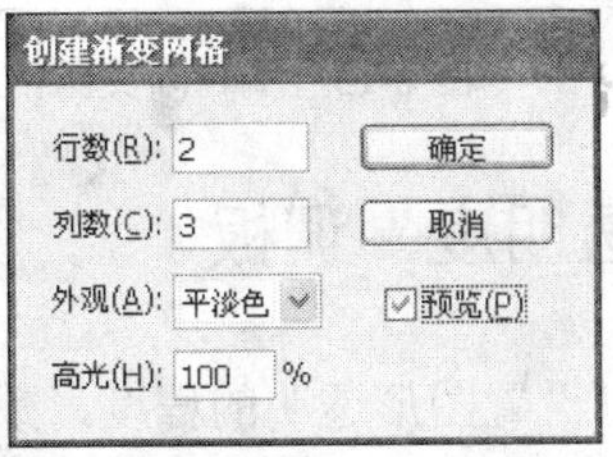

图 6-8　“创建渐变网格”对话框

图 6-9　创建渐变网格的效果

（3）使用“直接选择工具”选取多个网格点，为网格点设置颜色，如图 6-10 所示。

（4）使用以上绘制渐变网格图形的方法，继续创建其他渐变网格对象，并为网格填充颜色，效果如图 6-11 所示。

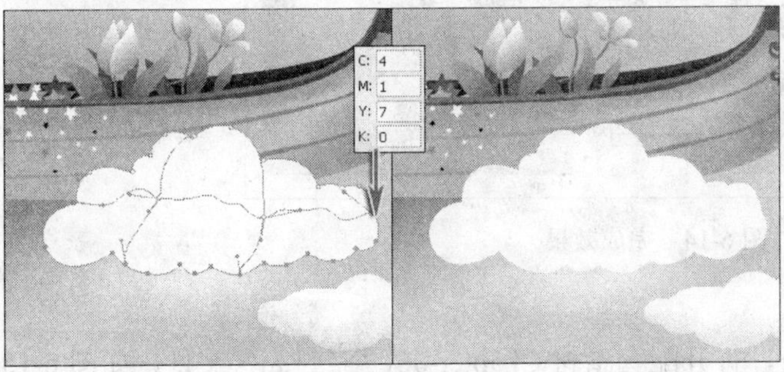

图 6-10　为渐变网格对象设置颜色

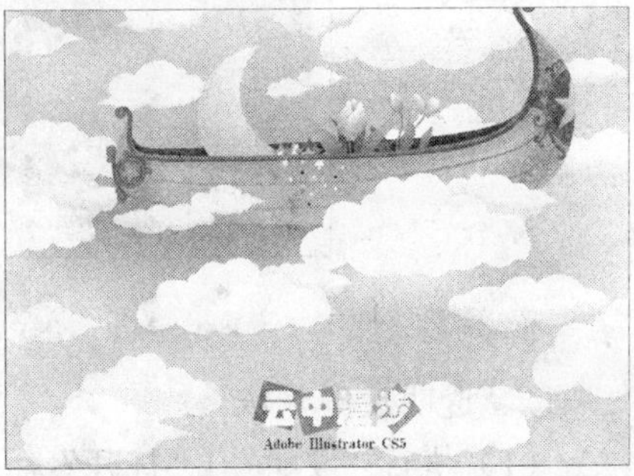

图 6-11　继续创建渐变网格对象的效果

技巧

编辑渐变网格就像编辑路径一样，可以使用“直接选择工具”、“转换锚点工具”对渐变网格图形进行编辑，如图 6-12 所示。对网格的编辑将会对图形的填充颜色产生影响，如图 6-13 所示。

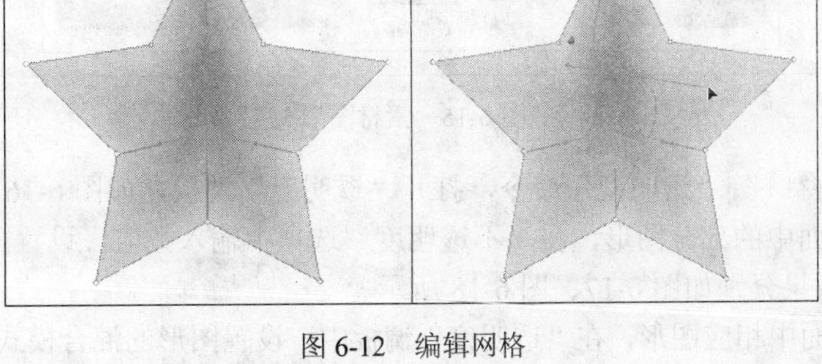

图 6-12　编辑网格

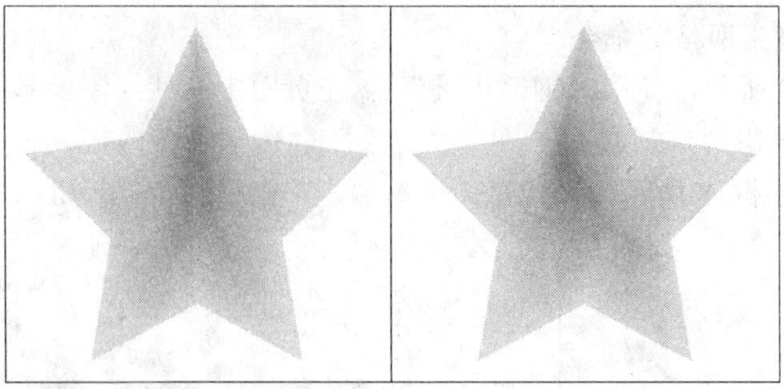

图 6-13 编辑渐变网格颜色

6.2 实例：雪景（“透明度”调板）

在“透明度”调板中可以设置图形透明的程度，数值越小，图形越透明。“透明度”调板还可以使图形产生特殊的透明效果。

下面通过雪景实例的制作，来学习“透明度”调板的使用。本实例的完成效果如图 6-14 所示。

图 6-14 完成效果

1. “透明度”调板

（1）执行“文件”|“打开”命令，打开配套素材\Chapter-06\“素材.ai”文件，如图 6-15 所示。

图 6-15 素材图形

（2）执行“窗口”|“透明度”命令，打开“透明度”调板，如图 6-16 所示。

（3）选中页面中的部分图形，在“不透明度”选项中输入数值，设置图形的不透明度效果，参数设置及效果分别如图 6-17、图 6-18 所示。

（4）选中页面中相应图形，在“透明度”调板中，设置图形的混合模式为“柔光”选项，其中“不透明度”参数为 20%，参数设置及效果分别如图 6-19、图 6-20 所示。

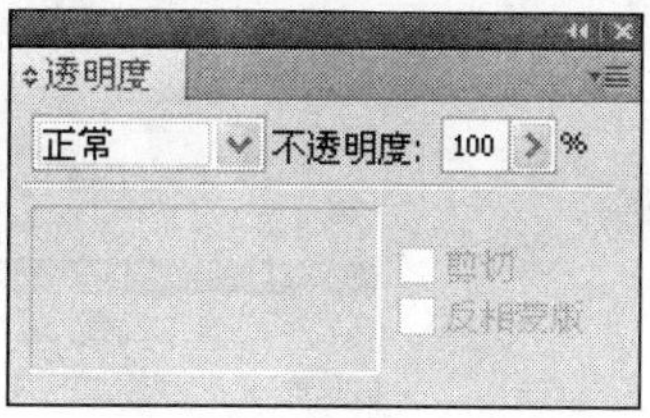

图 6-16　“透明度”调板

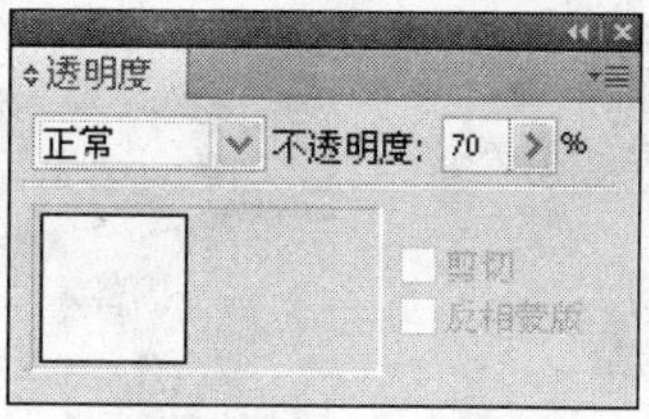

图 6-17　设置不透明度参数

图 6-18　设置透明度后的效果

图 6-19　设置图形的混合模式

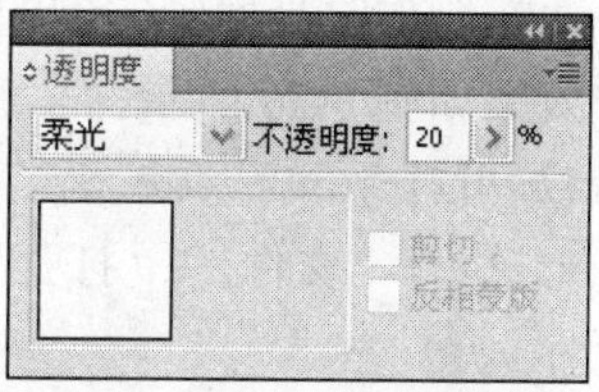

图 6-20　设置混合模式

2. 建立不透明蒙版

（1）选中页面中相应图形，如图 6-21 所示。

（2）单击“透明度”调板右上角的按钮，如图 6-22 所示。在弹出的快捷菜单击选择“建立不透明蒙版”命令，为当前图形添加不透明度蒙版，如图 6-23 所示。

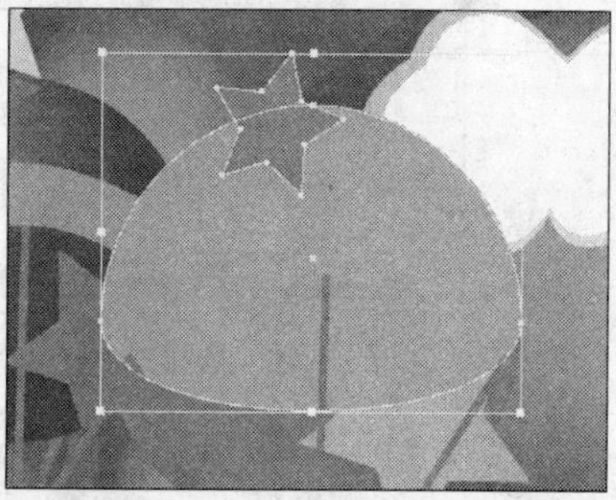

图 6-21　选择图形

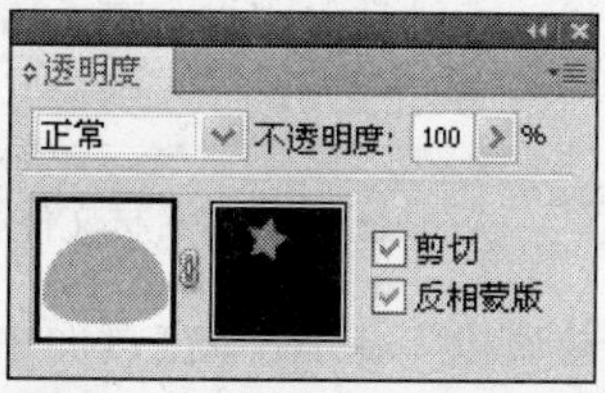

图 6-22　“透明度”调板

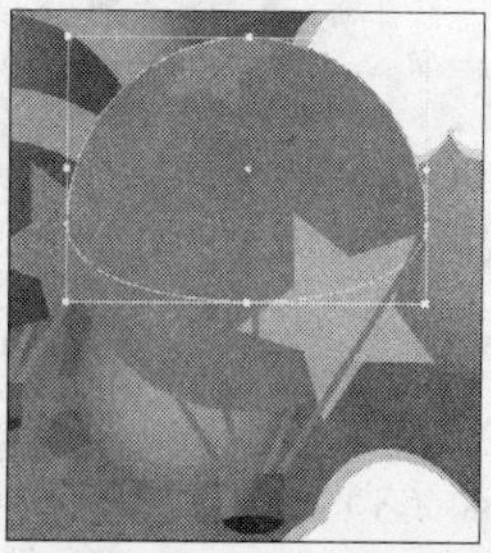

图 6-23　创建不透明蒙版

（3）参照图 6-24 所示，选中页面中相应图形，为其添加不透明蒙版。然后在“透明度”调板中取消“反相蒙版”复选框的勾选，如图 6-25 所示，使图形的透明度反转。

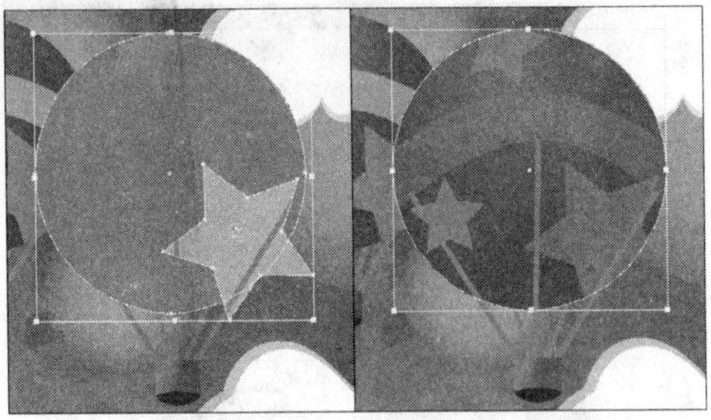

图 6-24 为图形添加不透明蒙版

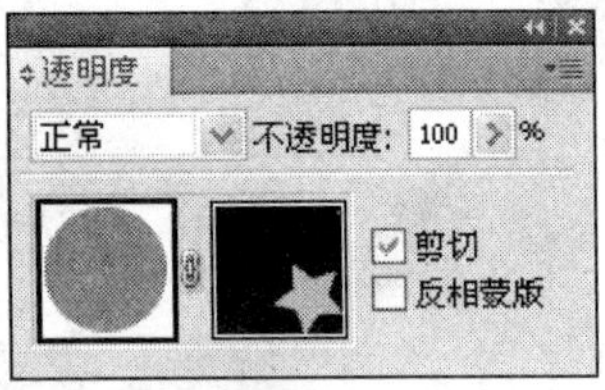

图 6-25 “透明度”调板

提示

在 Illustrator CS5 中，“透明度”调板中提供了 16 种混合模式。混合模式可以用不同的方法将对象颜色与底层对象的颜色混合。将一种混合模式应用于某一对象时，在此对象的图层或组下方的任何对象上都可看到混合模式的效果。

6.3 实例：艺术插画（符号调板）

符号是指“符号”调板或符号库中的图形，它们是在文件中可重复使用的图形对象，使用符号可节省时间并显著减小文件大小。除了系统提供的符号图形外，还可以创建各种各样的符号图形。

下面在制作时尚插画实例的过程中，将为读者介绍应用、编辑和创建符号的方法。本实例的完成效果如图 6-26 所示。

1. 应用符号

（1）执行“文件”|“打开”命令，打开“配套素材\Chapter-06\插画背景.ai”文件，如图 6-27 所示。

（2）执行“窗口”|“符号”命令，打开“符号”调板，如图 6-28 所示，单击“符号”调板中的符号。

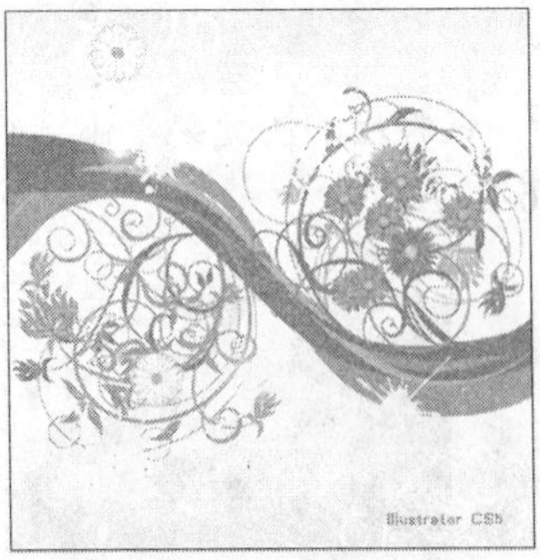

图 6-26 完成效果

图 6-27 素材文件

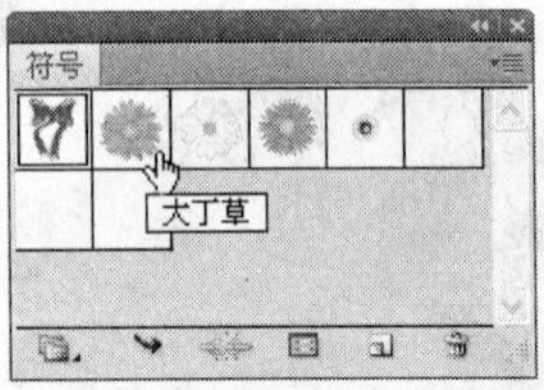

图 6-28 选择符号

（3）使用工具箱中的“符号喷枪”工具在页面中单击创建符号图形，效果如图 6-29 所示。

（4）使用“符号喷枪”工具在页面中多次单击创建多个符号图形，并且多个符号图形将以符号显示，如图 6-30 所示。

（5）打开“符号”调板，如图 6-31 所示，单击“符号”调板中的蓝色的花状符号。

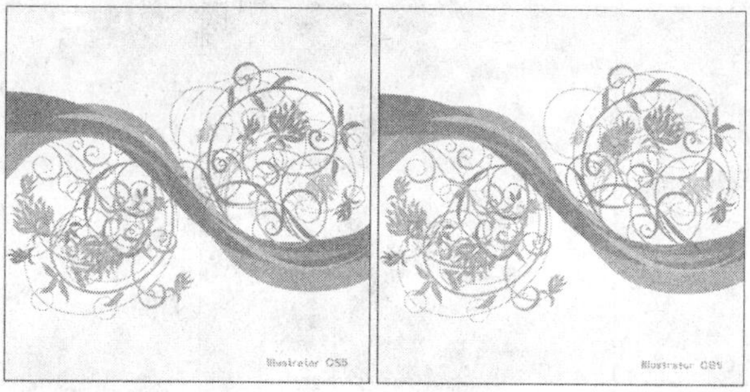

图 6-29　创建符号图形

图 6-30　创建多个符号图形

（6）选中“符号”调板中的符号，单击鼠标左键不放，将其拖到自己想要的位置上，如图 6-32 所示。

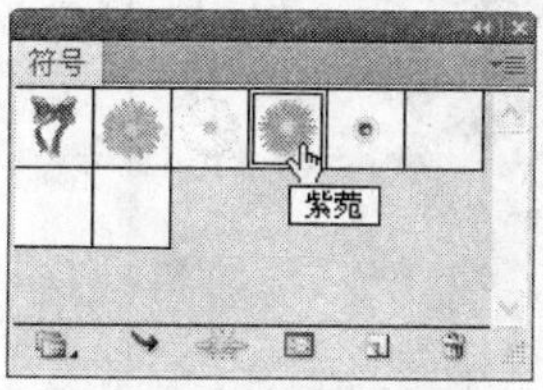

图 6-31　选择符号

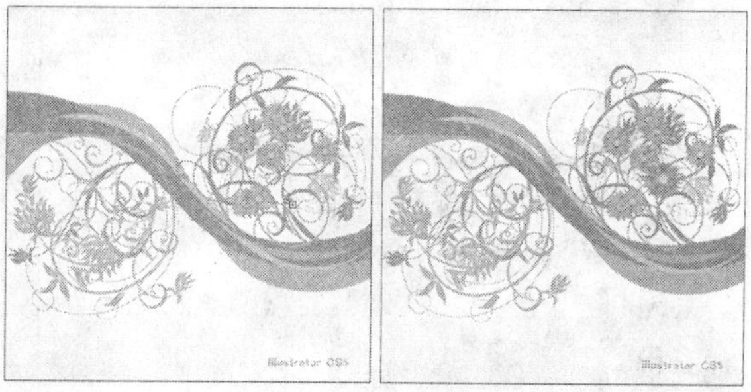

图 6-32　创建符号图形

（7）按照以上的方法参照如图 6-33 所示继续在页面中添加符号图形。

2. 编辑符号

（1）打开“符号”调板，如图 6-34 所示，单击“符号”调板左下角的“符号库菜单”|“污点矢量包”调板命令。

（2）单击选中“污点矢量包”调板中的符号，将其自动添加到“符号”调板中，“污点矢量包”调板如图 6-35 所示。

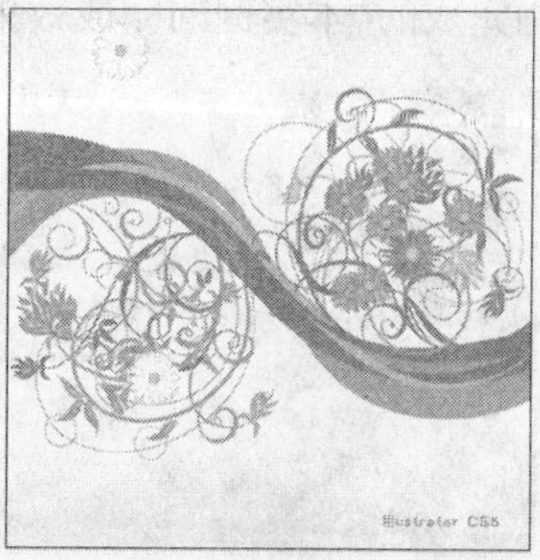

图 6-33　创建符号图形

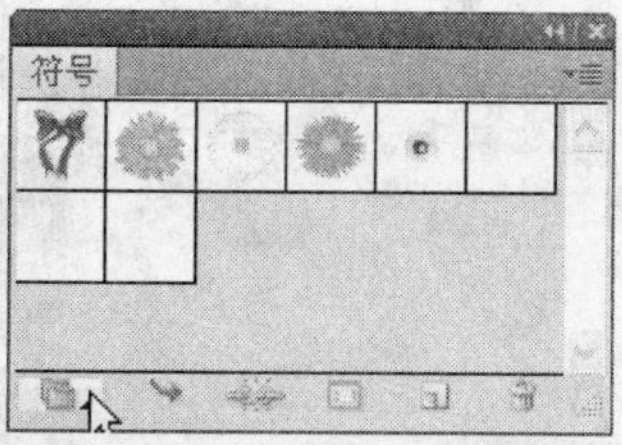

图 6-34　打开“符号”调板

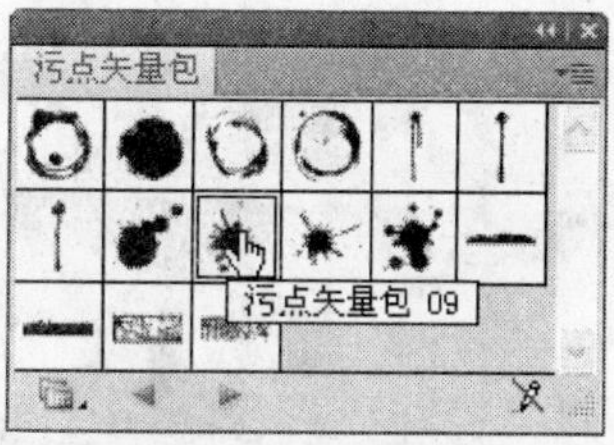

图 6-35　“污点矢量包”调板

（3）确认“符号”调板中的“污点符号”命令为选择状态，单击“符号”调板右上角的按钮，在弹出的快捷键中选择“编辑符号”命令，使符号图形为隔离模式状态，即可对该符号图形进行编辑，如图 6-36 所示。

（4）将符号图形退出隔离模式，选中“符号”调板中的符号，单击鼠标左键不放，将其拖到自己想要的位置上，如图 6-37 所示。

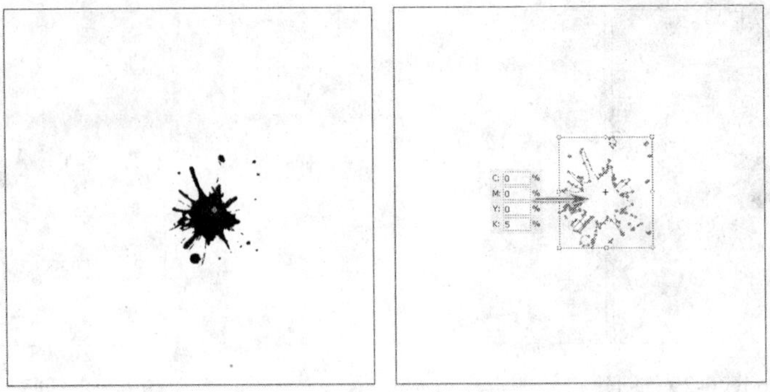

图 6-36 编辑符号图形

（5）使用相同的方法参照如图 6-38 所示，完成该实例的制作。

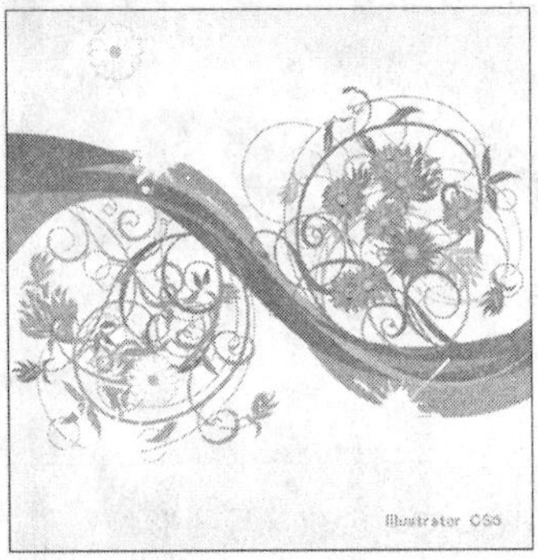

图 6-37 创建图形

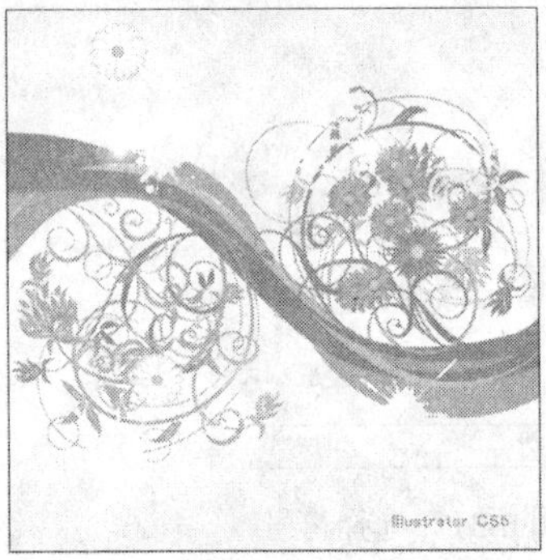

图 6-38 图形完成的效果

6.4 实例：水晶球（符号工具组）

在“符号”调板中可对符号进行创建和管理。工具箱中的“符号工具组”则可以创建符号组，还可以调整符号组中各个符号的位置、透明度、颜色、方向、样式等属性。

接下来将制作的水晶球实例是通过符号工具组中的工具来绘制完成的。本实例的完成效果如图 6-39 所示。

图 6-39 完成效果

1. 设置符号工具

（1）执行“文件”|“打开”命令，打开配套素材\Chapter-06\“圣诞快乐.ai”文件，如图 6-40 所示。

（2）双击工具箱中的“符号喷枪”工具，打开“符号工具选项”对话框，设置对话框参数，单击“确定”按钮，关闭对话框，如图 6-41 所示。

图 6-40 素材文件

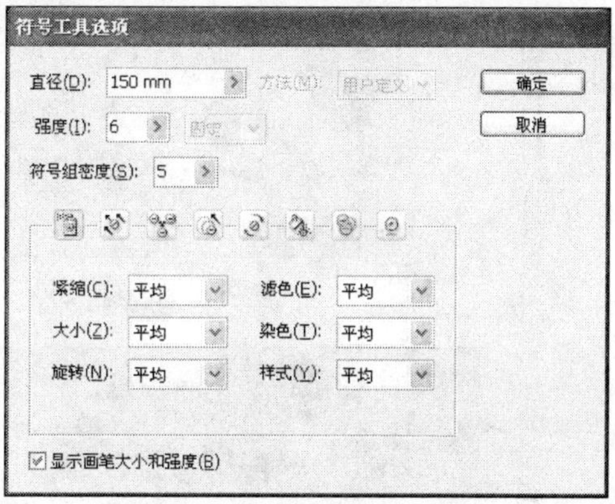

图 6-41 “符号工具选项”对话框

（3）单击“符号”调板中的“五彩纸屑”符号图标，使用“符号喷枪工具”在页面中创建符号图形，如图 6-42 所示。

2. 符号移位器工具

（1）选中页面中的符号组，选择“符号移位器”工具，在符号图形上单击并拖动，即可移动符号图形。

（2）使用相同的方法，调整其他符号图形的位置，如图 6-43 所示。

图 6-42 创建符号图形

图 6-43 移动符号图形

3. 符号紧缩器工具

使用“符号紧缩器”工具在图形上单击并停留一定的时间，即可使符号图形向光标所示的点聚集。使用相同的方法，参照图 6-44 所示调整符号图形。

提示 在使用“符号紧缩器”工具时，按下 Alt 键将使图形的密度减小。

4. 符号缩放器工具

（1）选择“符号缩放器”工具，在符号图形上单击，可放大该图形，如图 6-45 所示。

（2）按住键盘上的 Alt 键单击符号图形，可缩小符号图形，如图 6-46 所示。

（3）使用相同的方法对其他符号图形进行调整，如图 6-47 所示。

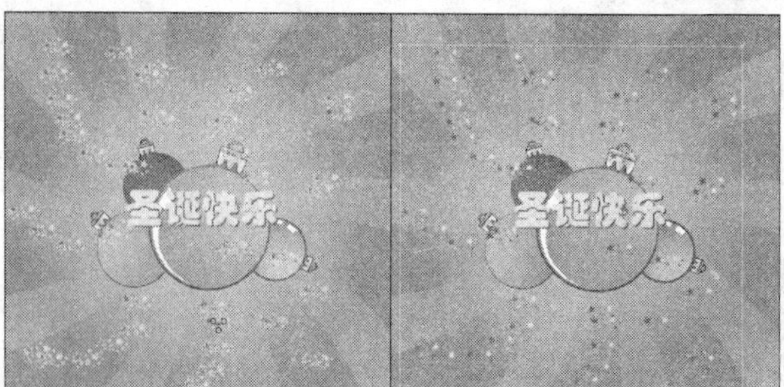

图 6-44　紧缩符号图形

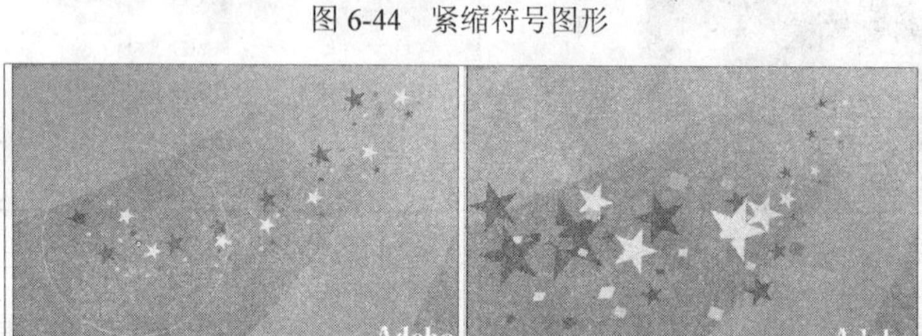

图 6-45　放大符号图形

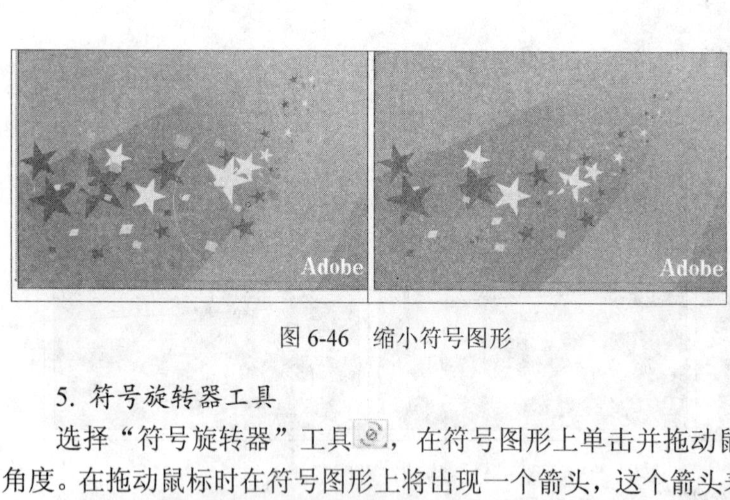

图 6-46　缩小符号图形

图 6-47　调整其他符号图形

5. 符号旋转器工具

选择“符号旋转器”工具，在符号图形上单击并拖动鼠标，即可调整符号图形的旋转角度。在拖动鼠标时在符号图形上将出现一个箭头，这个箭头表示图形的方向。使用同样的方法对其他符号图形进行调整，得到图 6-48 所示效果。

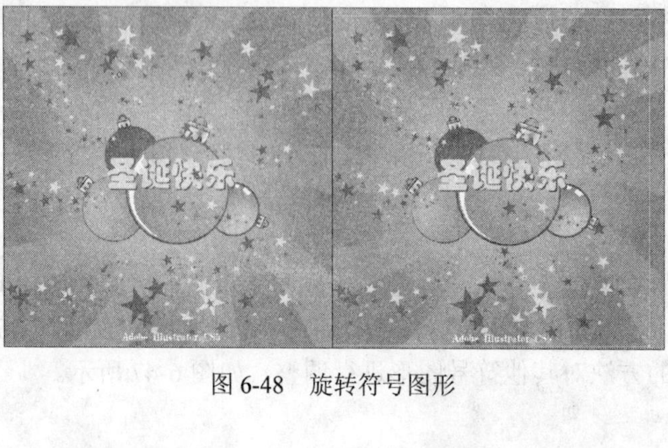

图 6-48　旋转符号图形

6. 符号着色器工具

（1）选择“符号着色器”工具，设置填充色为浅粉色（C：0、M：0、Y：0、K：8）。

（2）在页面中单击符号图形，即可为符号图形设置颜色，参照图 6-49 所示，继续为其他符号图形设置颜色。

图 6-49　为符号图形设置颜色

7. 符号滤色器工具

接下来使用“符号滤色器”工具在符号图形上单击，增加图形的透明度，使图形透明，如图 6-50 所示。

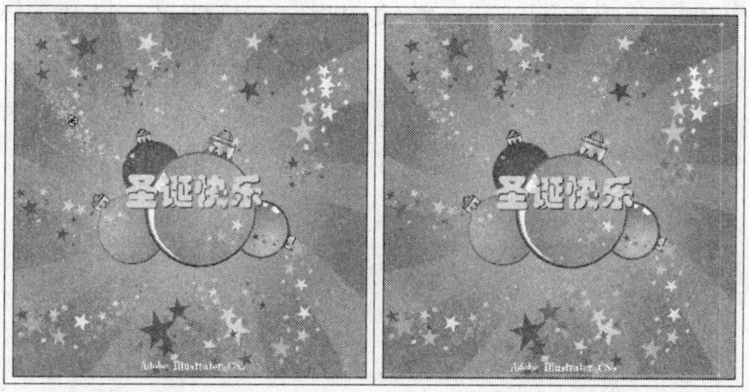

图 6-50　为符号图形添加透明效果

注意　在使用“符号滤色器”工具时，按下 Alt 键将会降低图形的透明度，使图形不透明。

8. 符号样式器工具

（1）选择“符号样式器”工具，单击“图形样式”调板中的“圆角 10pt”样式图标，选择该图形样式，如图 6-51 所示。

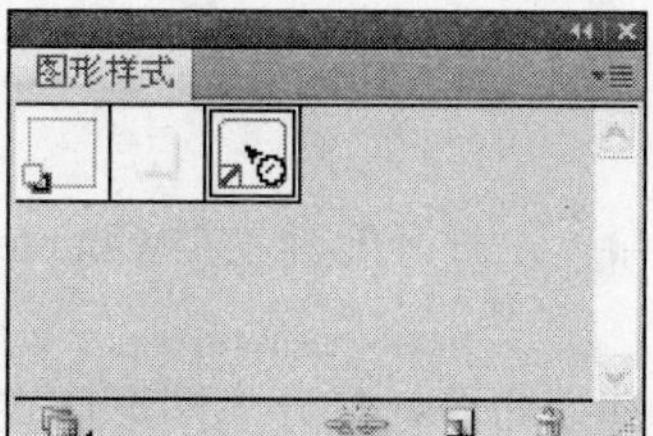

图 6-51　“图形样式”调板

（2）使用“符号样式器”工具在符号图形上单击，即可为图形添加图形样式，参照图6-52 所示，继续为符号图形添加图形样式。

图 6-52　为符号图形添加图形样式

提示　当对符号组图形进行编辑时，必须先选中符号组图形，才可以使用符号工具组中的工具对符号图形进行编辑。

6.5　实例：文字效果（应用图形样式）

“图形样式”调板可以将图形的颜色、滤镜效果、不透明度、封套等图形的外观效果存储为样式。该样式可以对不同的图形进行应用，不需要逐个对图形进行设置，既节省时间又提高效率。

下面通过文字效果实例的制作，来向读者介绍图形样式的存储和应用。本实例的制作完成效果如图 6-53 所示。

图 6-53　完成效果

1. 应用图形样式

（1）执行“文件”|“打开”命令，打开配套素材\Chapter-06\“文字背景.ai”文件，如图6-54 所示。

（2）执行“窗口”|“图形样式”命令，打开“图形样式”调板，如图 6-55 所示。

（3）选中页面中的背景图形，单击“图形样式”调板底的“图形样式库菜单”按钮，在弹出的快捷菜单中选择“艺术效果”命令，打开“艺术效果”调板，如图 6-56 所示。

图 6-54　素材文件

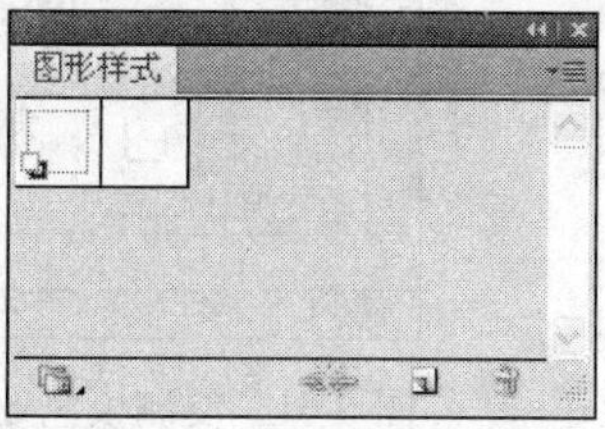

图 6-55　“图形样式”调板

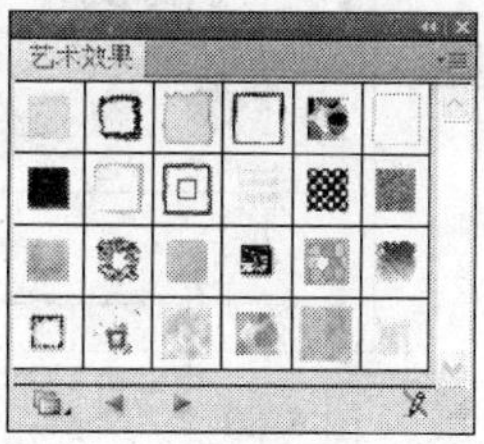

图 6-56　“艺术效果”调板

（4）选中页面中的背景图形，单击“艺术效果”调板中的“RGB 铜版纸”样式图标，如图 6-57 所示，为图形添加图形样式，如图 6-58 所示。

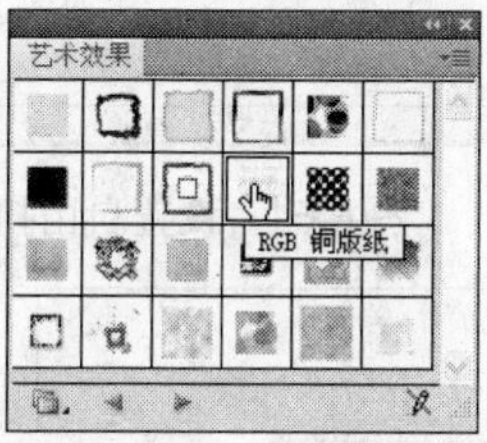

图 6-57　选择一种图形样式

图 6-58　应用图形样式

2. 新建图形样式

（1）参照图 6-59 所示，为“DESIGN”字样图形设置颜色。

图 6-59　为文本图形设置颜色

（2）执行“窗口”|“外观”命令，打开“外观”调板，参照图 6-60 所示，拖动填色效果到“复制所选项目” 按钮上，复制填色效果，如图 6-61 所示。

（3）参照图 6-62 所示，设置填色颜色，并调整“不透明度”参数为 40%。

（4）保持填充效果的选择状态，执行“效果”|“扭曲和变换”|“自由扭曲”命令，打开“自由扭曲”对话框，如图 6-63 所示。在对象的控制点上单击并拖动，可以调整图形的扭曲效果，如图 6-64 所示。

（5）单击“自由扭曲”对话框中的“确定”按钮，关闭对话框，为字样图形添加自由扭曲效果，如图 6-65 所示。

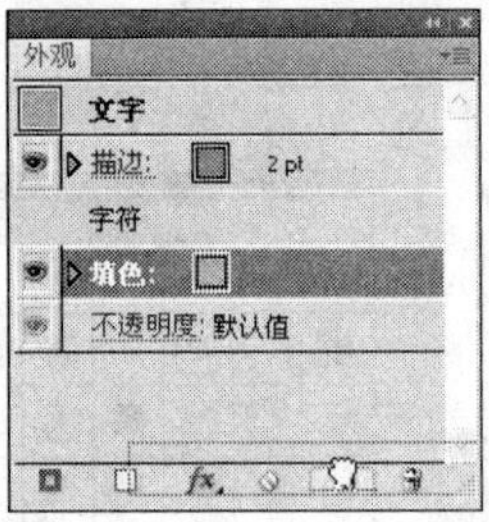

图 6-60 “外观”调板

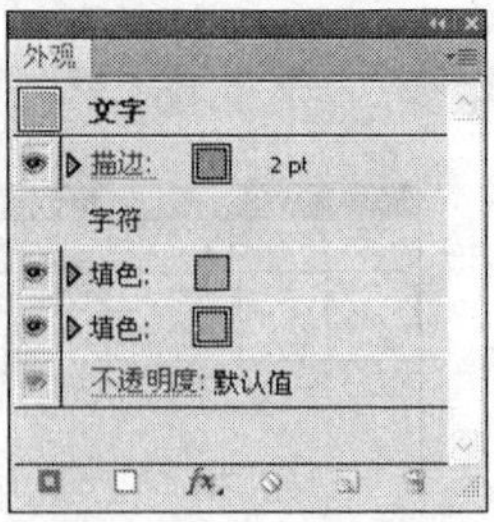

图 6-61 复制填色效果

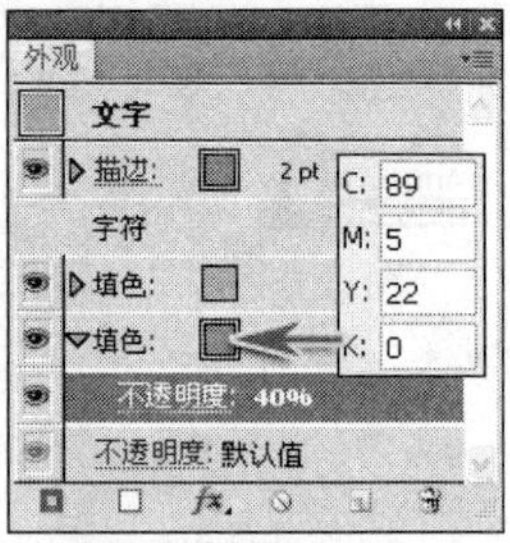

图 6-62 设置填色效果

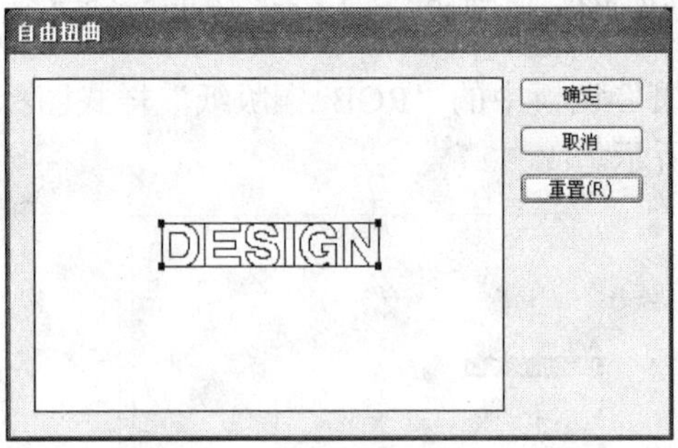

图 6-63 “自由扭曲”对话框

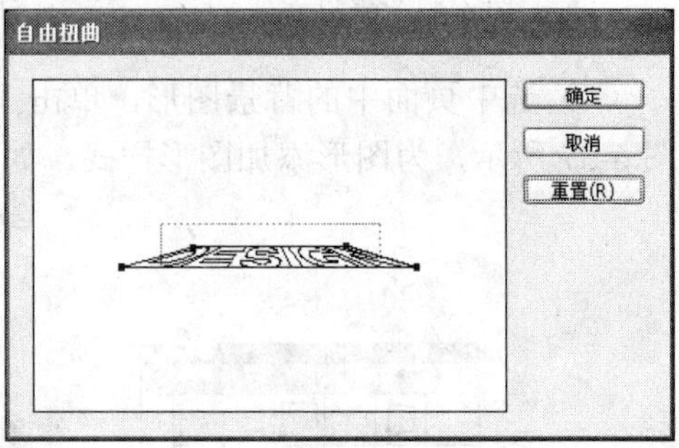

图 6-64 设置自由扭曲

图 6-65 添加的自由扭曲效果

（6）选中页面中的“DESIGN”字样图形，执行“效果”|“变形”|“下弧形”命令，打开“变形选项”对话框，参照图 6-66 所示，设置对话框参数，单击“确定”按钮完成设置，得到图 6-67 所示效果。

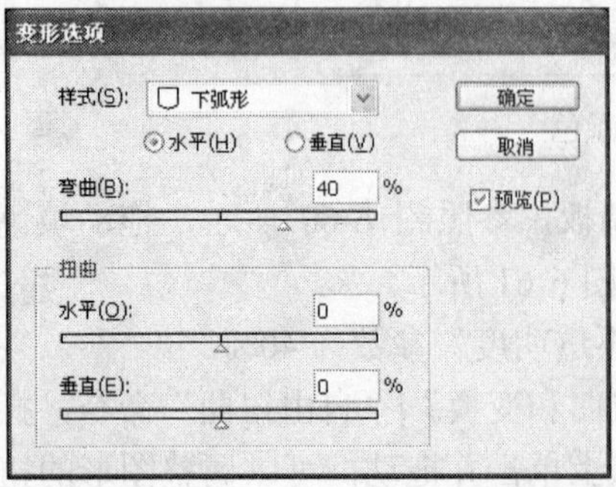

图 6-66 “变形选项”对话框

图 6-67 应用变形的效果

（7）保持字样图形的选择状态，单击“图形样式”调板底部的“新建图形样式” 按钮，将当前字样图形的样式储存下来，操作步骤如图 6-68、图 6-69 所示。

图 6-68　“图形样式”调板

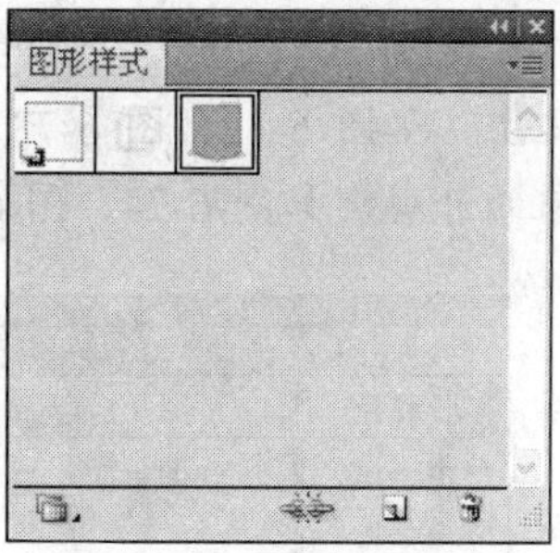

图 6-69　新建图形样式

6.6　实例：涂鸦（设置外观）

“外观”调板是一个存储图形外观属性的调板，在该调板中可以设置图形的填充颜色、描边色、各种滤镜效果、不透明度并且可以添加多个填充效果和描边效果。在“外观”调板中不但可以存储这些图形的外观属性，还可以对这些属性进行管理。

“外观”调板操作起来十分方便，编者将在讲解如何使用它的基础上，结合本章中对颜色设置的各项知识，制作一个涂鸦效果实例，本实例的制作完成效果如图 6-70 所示。

1. “外观”调板

执行“窗口”|“外观”命令，弹出“外观”调板，在“外观”调板中可以查看当前对象、组或图层的外观属性。外观属性包括填色、描边、透明度和效果等。选中一个对象，在“外观”调板中将显示对象的各项外观属性，如图 6-71 所示。

图 6-70　完成效果

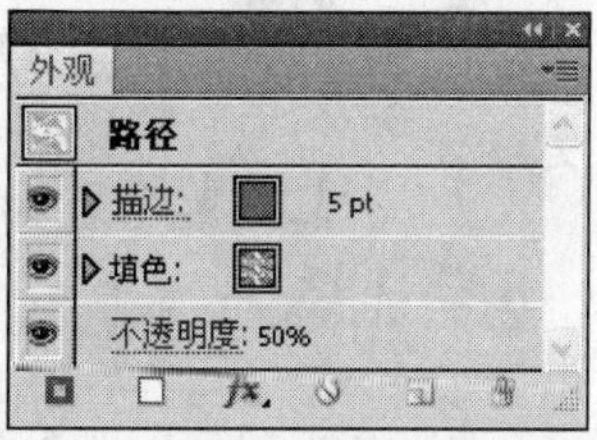

图 6-71　“外观”调板

“添加新描边” 按钮：选中对象后，单击此按钮，即可为对象添加一个新的描边效果。

“添加新填色” 按钮：选中对象后，单击此按钮，即可为对象填充新的颜色。

“添加新效果” 按钮：选中对象后单击此按钮，可以在弹出的菜单中执行相应的命令，从而为对象添加新的效果。

“清除外观” 按钮：单击该按钮，可删除当前对象的所有外观属性，对象的填充色和描边色均为无。

“复制所选项目” 按钮：可以复制选中的外观属性。

“删除所选项目” 按钮：可以删除选中的外观属性。

注意 在“外观”调板中，各项外观属性是有层叠顺序的，后应用的效果位于先应用的效果之上，如图 6-72、图 6-73 所示。拖动外观属性列表项，改变层叠顺序，可以影响对象的外观，如图 6-74、图 6-75 所示。

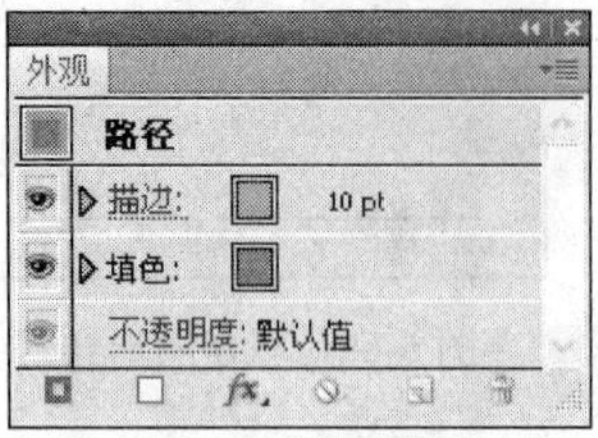

图 6-72 “外观”调板

图 6-73 对应图形

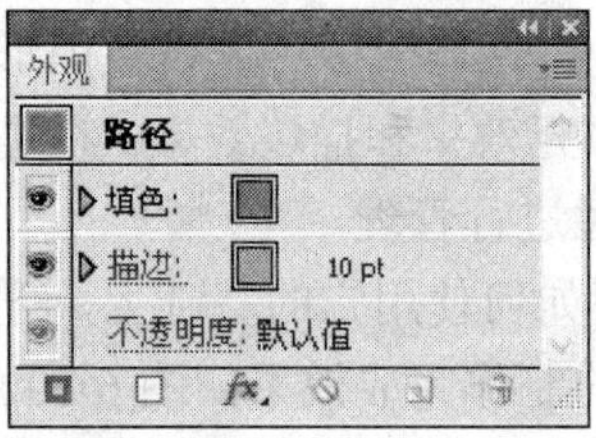

图 6-74 改变层叠顺序

图 6-75 对应效果

2. 设置描边

（1）在 Illustrator CS5 中，执行“文件”|“打开”命令，打开本书配套素材\Chapter-06\“涂鸦背景.ai”文件，如图 6-76 所示。

（2）使用“选择工具”参照图 6-77 所示选择抽象的箭头图形，此时，在“外观”调板中就会显示出本图形的外观属性，如图 6-78 所示。

图 6-76 素材文件

图 6-77 选择图形

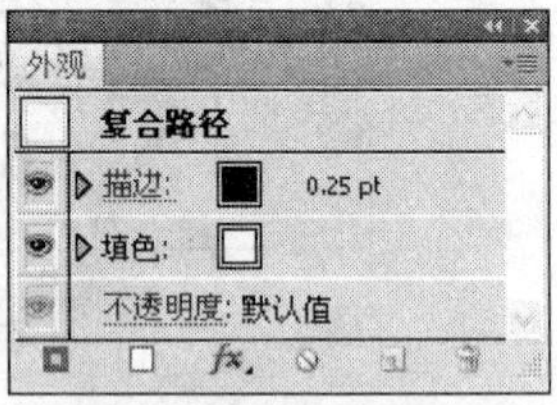

图 6-78 显示图形属性

（3）单击“描边”选项，打开“描边”调板，参照图 6-79 所示对图形的描边进行参数设置，得到图 6-80 所示的效果。

（4）单击“添加新描边”按钮，为图形添加第 2 个描边效果，如图 6-81、图 6-82 所示。

（5）单击描边缩略图，打开“色板”调板，参照图 6-83 所示在“色板”调板中选择颜色，为图形的描边效果设置颜色，得到图 6-84 所示效果。

（6）按下 Shift 键的同时再次单击描边缩略图，打开“颜色”调板，以改变数值的方法调整图形的颜色，如图 6-85、图 6-86 所示。

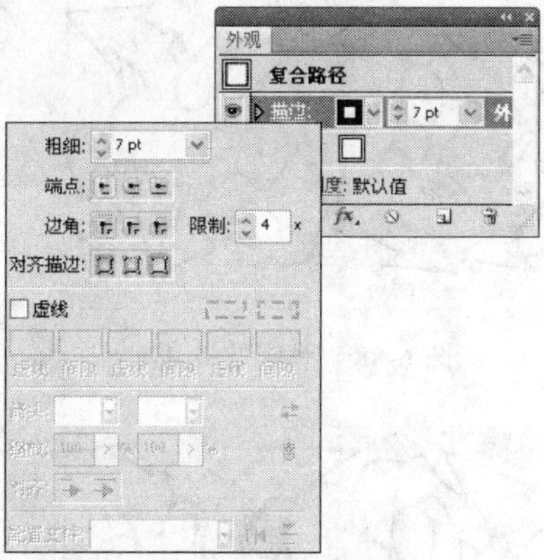

图 6-79　设置描边参数

图 6-80　描边效果

图 6-81　添加新描边

图 6-82　对应效果 1

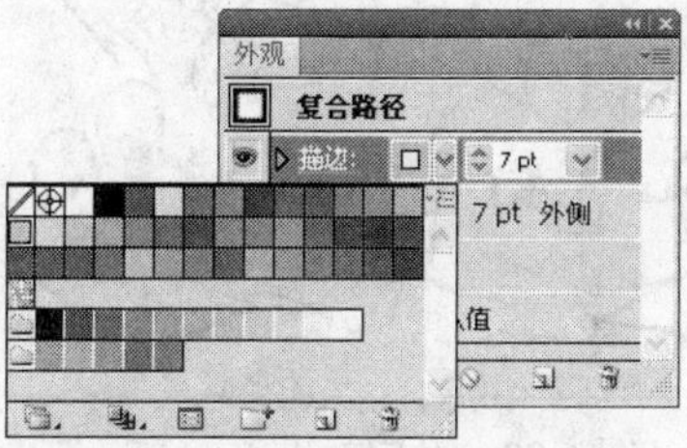

图 6-83　设置描边颜色

图 6-84　对应效果 2

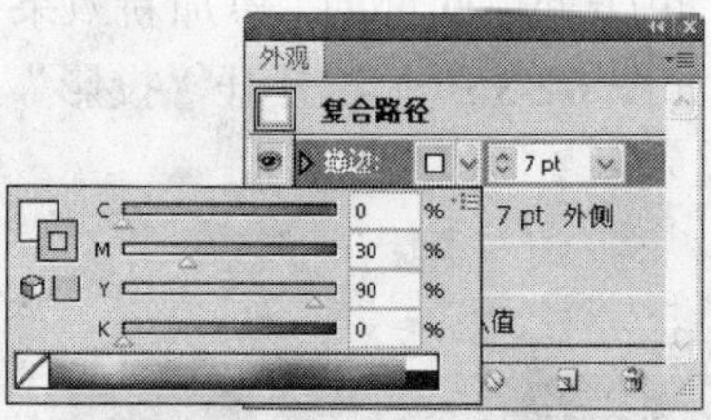

图 6-85　调整描边颜色

图 6-86　对应效果 3

（7）接下来参照图 6-87 所示在“描边粗细”参数栏中输入参数，继续对图形的描边效果进行调整，得到图 6-88 所示效果。

3. 设置填充色

（1）在“外观”调板中单击“添加新填色” □ 按钮，为图形添加新的填充颜色，如图 6-89、图 6-90 所示。

图 6-87 设置描边粗细

图 6-88 对应效果 4

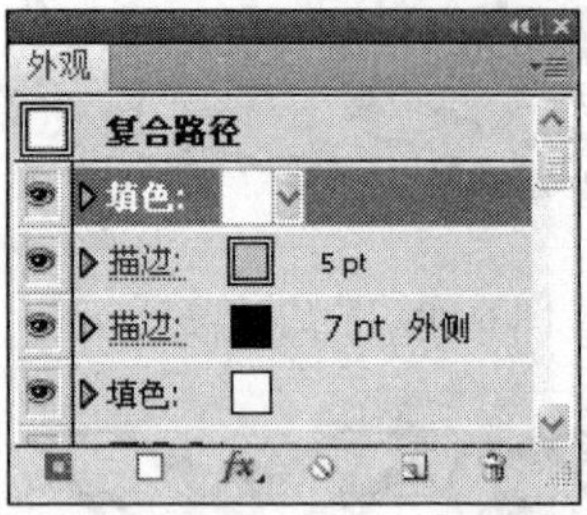

图 6-89 添加新的填充颜色

图 6-90 对应效果 5

（2）单击“填色”项目左侧的三角形按钮，将隐藏的属性显示，然后单击“不透明度”选项，打开“透明度”调板，在该调板中设置该填充色的混合模式，如图 6-91 所示，效果如图 6-92 所示。

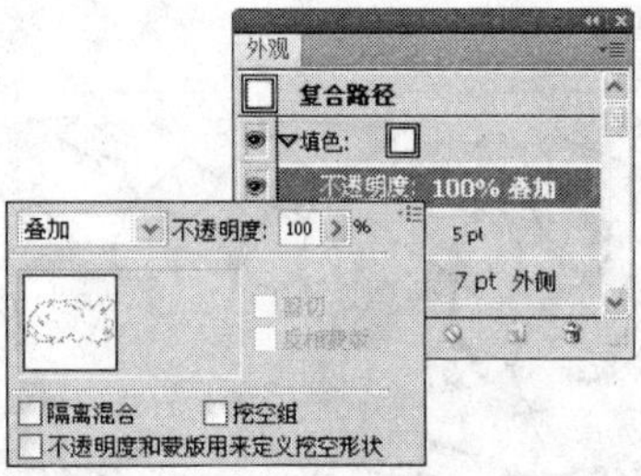

图 6-91 设置混合模式

图 6-92 对应效果 6

4. 设置效果

（1）单击“外观”调板中的“复合路径”项目，然后单击调板底部的“添加新效果” *fx.* 按钮，在弹出的菜单中执行“风格化”|“投影”命令，如图 6-93 所示，打开“投影”对话框后，在其中设置参数，如图 6-94 所示。

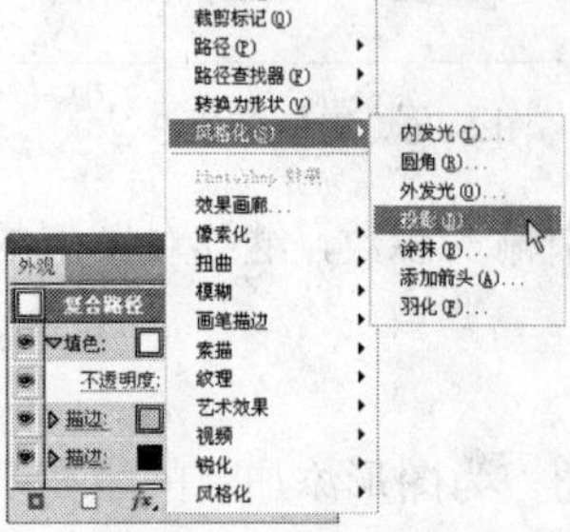

图 6-93 选择命令

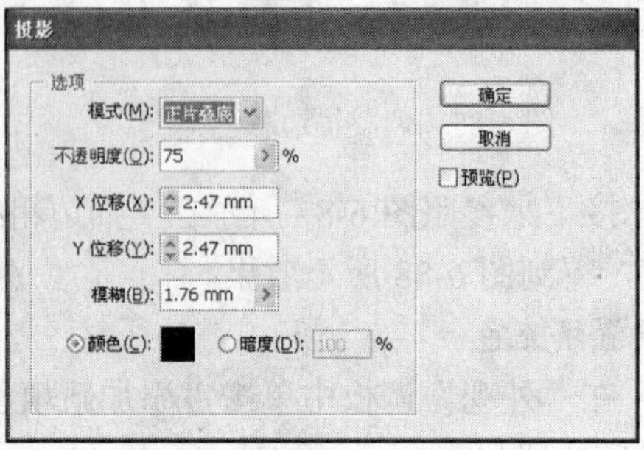

图 6-94 设置“投影”参数

（2）单击“确定”按钮，返回“外观”面板，如图 6-95 所示。为图形添加的投影效果如图 6-96 所示。

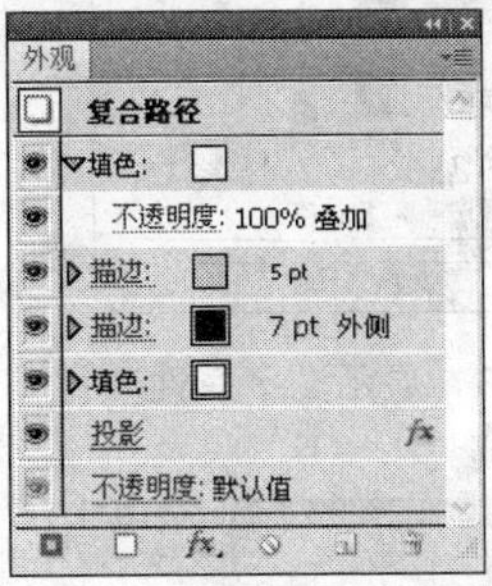

图 6-95　“外观”调板

图 6-96　投影效果

5. 复制项目

参照图 6-97 所示在调板中选择需要复制的项目，单击“复制所选项目” 按钮，将所选择的属性复制，如图 6-98 所示。

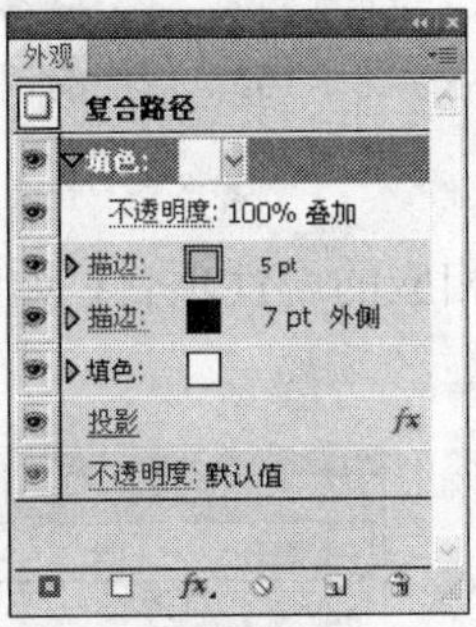

图 6-97　选择项目

图 6-98　复制项目

6. 删除项目

按下 Shift 键，单击“填色”项目，将两个项目同时选中，然后单击“删除所选项目” 按钮，将选择的项目删除，如图 6-99、图 6-100 所示，此时，所选图形将得到如图 6-101 所示的效果。

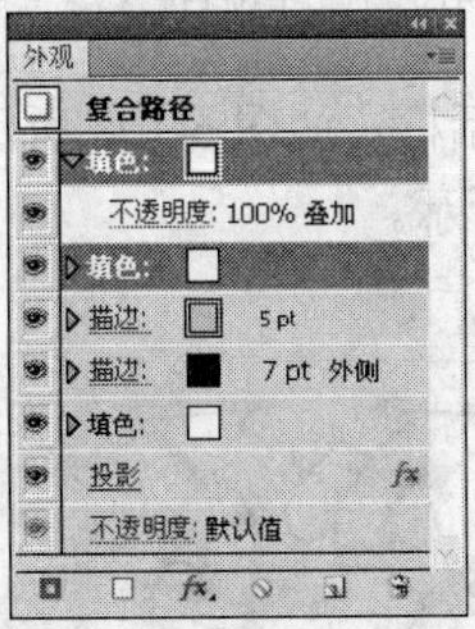

图 6-99　选择项目

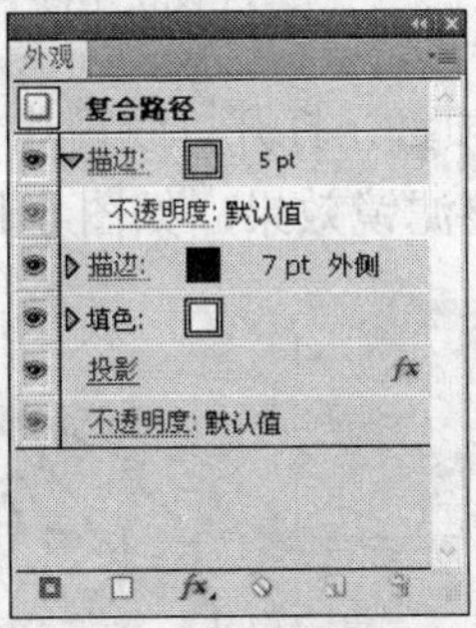

图 6-100　删除项目

图 6-101　删除项目后的图形效果

7. 清除效果

（1）选择图形下方的文字，此时，“外观”调板中会显示相应的属性项目，如图 6-102、图 6-103 所示。

（2）单击“清除外观” 按钮，将图形的外观恢复到默认状态，如图 6-104、图 6-105 所示。

图 6-102　选择文字

图 6-103　显示文字属性项目

图 6-104　清除外观项目

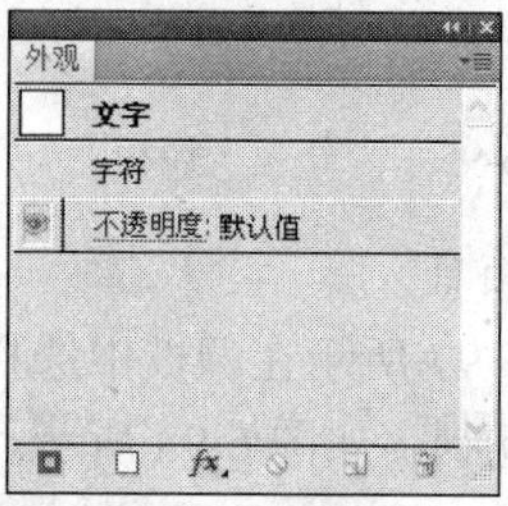

图 6-105　对应的调板状态

8. 设置透明度

（1）选择背景图形，此时，“外观”调板中会显示相应的属性项目，如图 6-106、图 6-107 所示。

图 6-106　选择背景图形

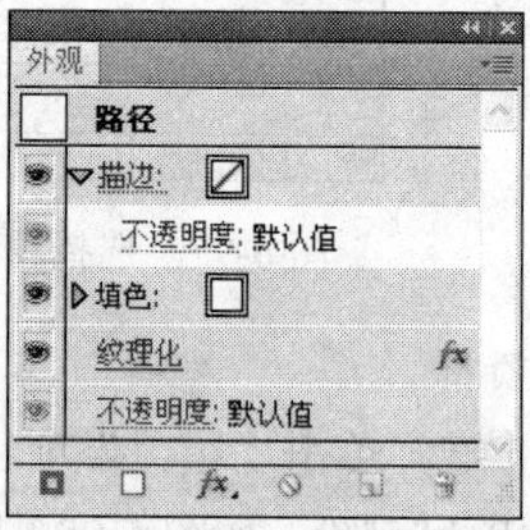

图 6-107　显示相应的属性项目

（2）单击“外观”调板中的“纹理化”项目，打开“纹理化”对话框，如图 6-108 所示，在其中设置参数，单击“确定”按钮后，调整滤镜效果，如图 6-109 所示。

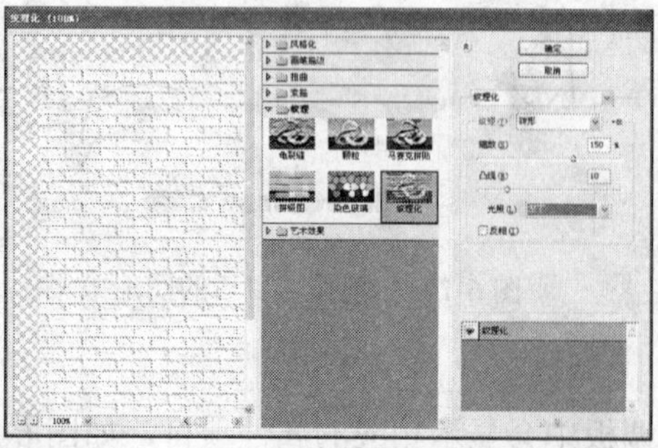

图 6-108　设置滤镜参数

图 6-109　对应效果

（3）单击“纹理化”项目下方的“不透明度”项目，打开“透明度”调板，设置图形的混合模式，如图 6-110、图 6-111 所示。

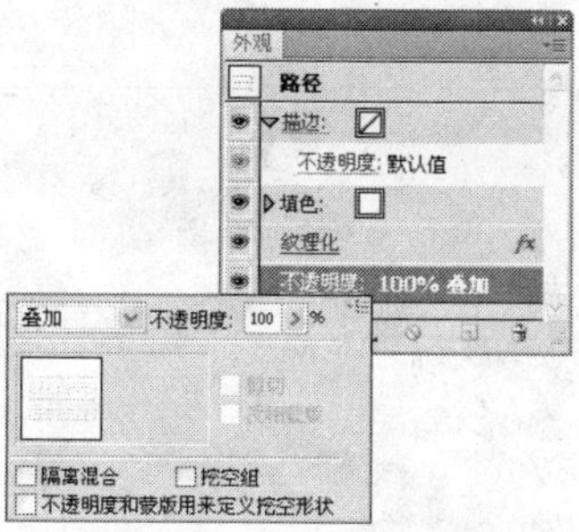

图 6-110　设置混合模式

图 6-111　对应效果

（4）选择箭头图形，打开“图形样式”调板，单击“新建图形样式”按钮，将选择图形的外观存储为样式，如图 6-112、图 6-113 所示。

图 6-112　选择箭头图形

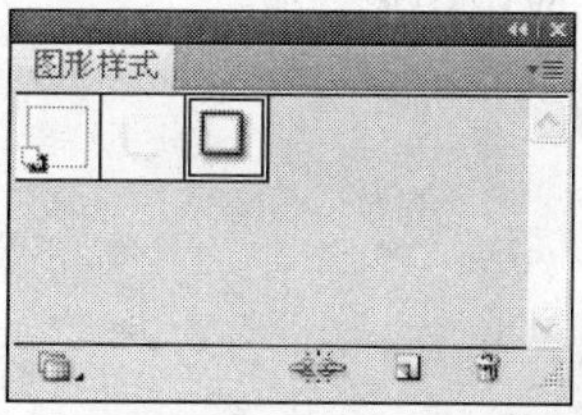

图 6-113　存储图形样式

提示　在“图形样式”调板中，选中任意一种或多种图形样式，单击“删除图形样式”按钮，可以将样式删除。

（5）选择箭头图形下方的文字，单击“图形样式”调板上的“阴影”图标，为图形添加预设的效果样式，如图 6-114、图 6-115 所示。

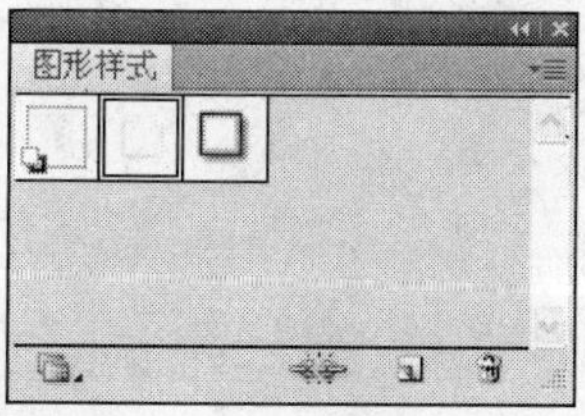

图 6-114　选择图形样式

图 6-115　为文字应用图形样式

课后练习

1．设计制作圣诞贺卡，效果如图 6-116 所示。

要求：

（1）创建符号。

（2）绘制符号组。

（3）编辑符号。

2．设计制作儿童插画，效果如图 6-117 所示。

图 6-116　圣诞贺卡

图 6-117　儿童插画

要求：

（1）设置图形的透明度。

（2）应用图形样式。

第 7 课

文本的处理

本课知识结构

Illustrator CS5 作为功能强大的矢量绘图软件，也提供了十分强大的文本处理和图文混排功能，利用它不仅可以像使用其他文字处理软件一样排版大段的文字，而且还可以把文字作为对象来处理，也就是说，可以充分利用 Illustrator CS5 中强大的图形处理能力来修饰文本，创建绚丽多彩的文字效果。希望通过本课的学习，读者可以对文本的处理有一个更为深入的了解。

就业达标要求

☆ 创建点文本	☆ 设置段落格式
☆ 创建段落文本	☆ 使用制表符
☆ 创建区域文字	☆ 创建轮廓文本
☆ 创建路径文本	☆ 显示溢出文本
☆ 设置文本格式	☆ 使用文本样式

7.1 实例：软件海报（创建文本）

在文本工具组中包括“文字工具”、“区域文字工具”、“路径文字工具”、“直排文字工具”、“直排区域文字工具”和“直排路径文字工具”。使用这些工具可以创建任意形状的文本，也可以创建丰富多彩的文本效果。

接下来通过软件海报实例的制作，详细介绍使用这些工具创建文本的方法。该实例的制作完成效果如图 7-1 所示。

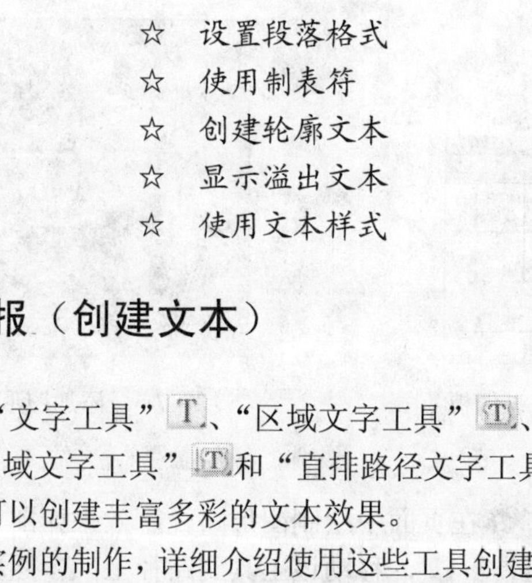

图 7-1 完成效果

1. 文字工具的使用

（1）在 Illustrator CS5 中，执行“文件”|“打开”命令，打开“配套素材\Chapter-07\炫酷背景素材.ai”文件，如图 7-2 所示。

（2）选择工具箱中的“文字工具” T，在页面中单击，出现插入文本光标，输入文本“ADOBE ILLUSTRATOR CS5”，如图 7-3 所示。

图 7-2　素材文件

图 7-3　创建文本

（3）选中文本图形，参照图 7-4 所示在“图形样式”调板中，为文本图形添加图形样式，并调整文本图形的位置，效果如图 7-5 所示。

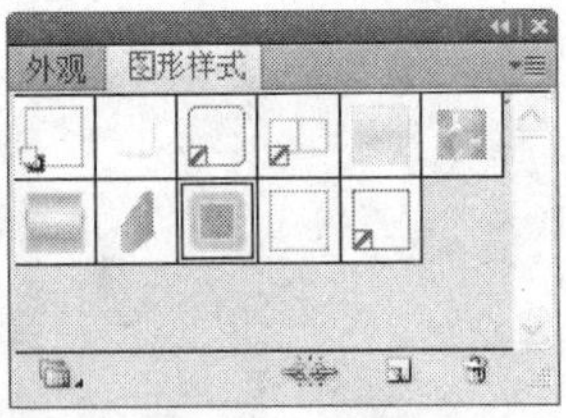

图 7-4　“图形样式”调板

图 7-5　添加图形样式后的文本

2. 区域文字工具的使用

（1）使用“星形工具”在页面中绘制图形路径，效果如图 7-6 所示。

（2）选择“区域文字工具”，移动该工具到路径上，参照如图 7-7 所示在路径上单击并输入文本，文本将按照路径的形状来排列。

图 7-6　绘制图形路径

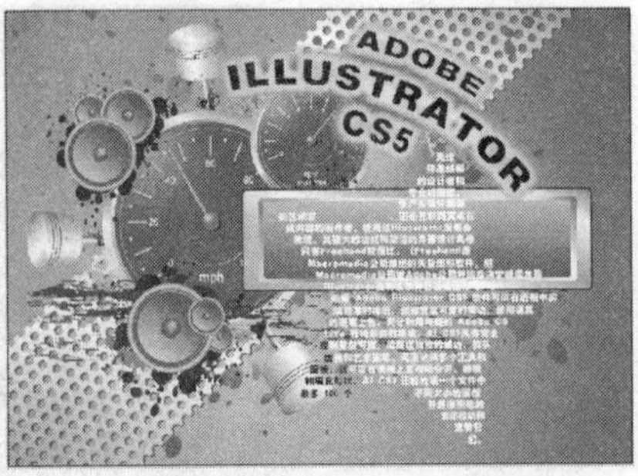

图 7-7　创建区域文本

7.2　实例：杂志设计（设置字符格式和段落格式）

前面介绍了创建各种文本和段落的方法，本节中将介绍字符和段落的设置方法。其中段落文本指使用文本框创建的文本，而使用回车键创建的多行文本是无法使用这些设置的。

下面通过杂志设计实例，来具体介绍字符格式和段落文本外观的设置方法。该实例制作完成的效果如图 7-8 所示。

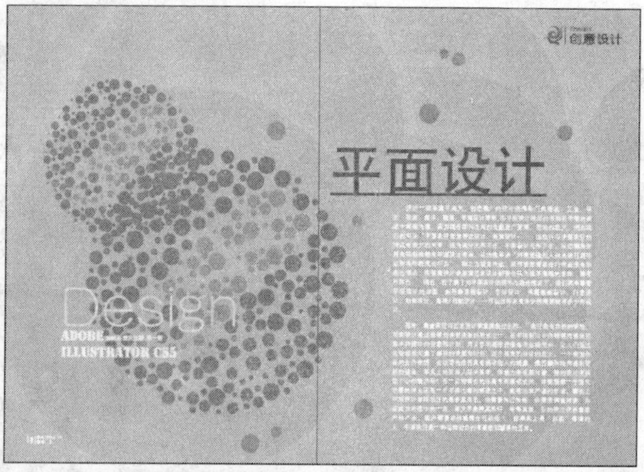

图 7-8　完成效果

1. 设置字符格式

（1）执行“文件”|“打开”命令，打开配套素材\Chapter-07\“绿色背景.ai”文件，如图 7-9 所示。

（2）执行“窗口”|“文字”|“字符”命令，打开“字符”调板，如图 7-10 所示。

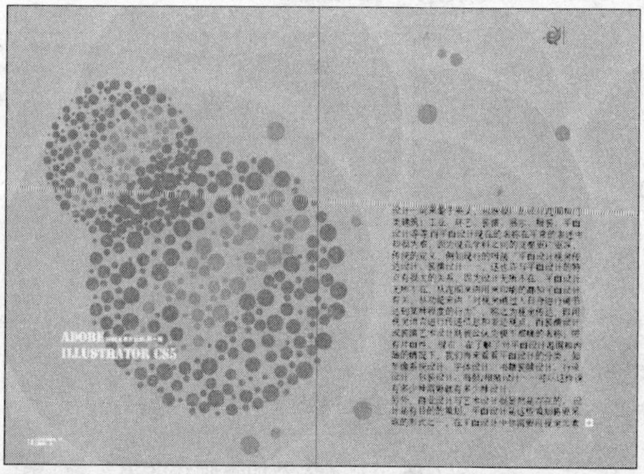

图 7-9　素材文件

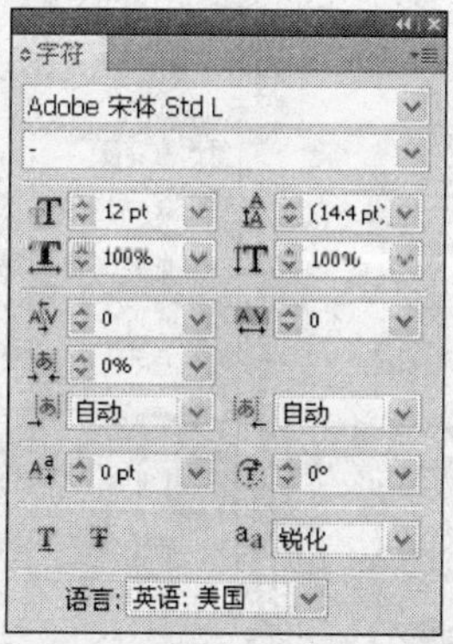

图 7-10　“字符”调板

（3）使用“文字工具” T 在页面中单击输入文本“Design”，在“设置字体系列”选项下拉列表中选择一种字体，如图 7-11 所示，即可将选中的字体应用到所选的文字中，效果如图 7-12 所示。

（4）保持“Design”文本的选择状态，在“设置字号大小”参数栏中输入数值，设置字号的大小，如图 7-13、图 7-14 所示。

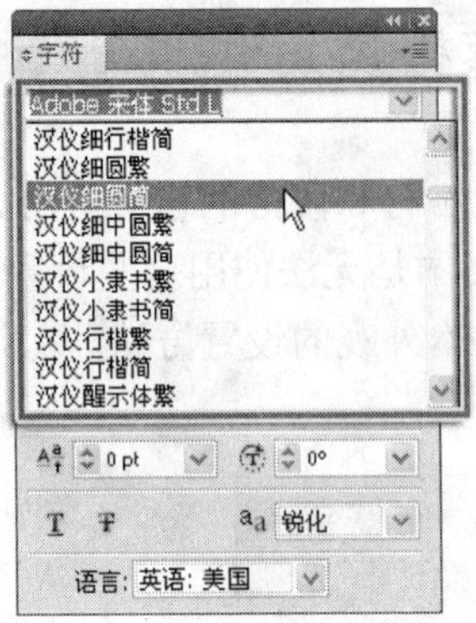

图 7-11 设置文字的字体

图 7-12 设置字体后的文字效果

图 7-13 设置字号的大小

图 7-14 改变字号大小后的效果

（5）使用“文字工具” T 在页面中输入文本“平面设计”，单击“字符”调板中的“下画线” T 按钮，如图 7-15 所示，为文字添加下画线效果，如图 7-16 所示。

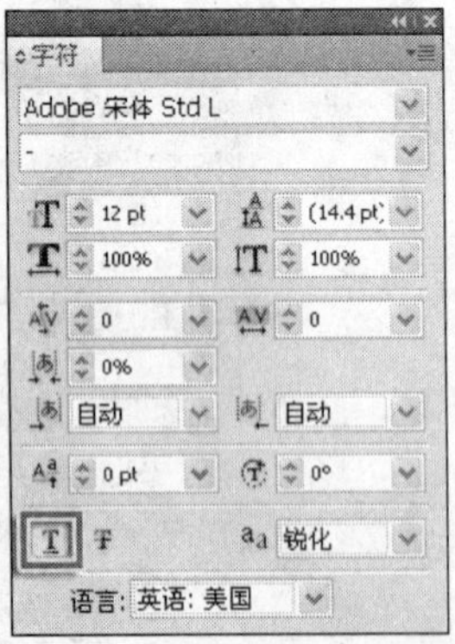

图 7-15 “字符”调板

图 7-16 为文字添加下画线效果

（6）参照图 7-17 所示在“字符”调板中，设置文本的字体和字号大小，效果如图 7-18 所示。

（7）在页面右上角输入文本“创意设计”，在“垂直缩放”参数栏中输入数值，设置文字的高度比例，参数设置如图 7-19 所示，设置后的效果 7-20 所示。

（8）保持“创意设计”文本为选择状态，参照图 7-21 所示，在“字符”调板中设置文本的字体和字号大小，效果如图 7-22 所示。

图 7-17　“字符”调板

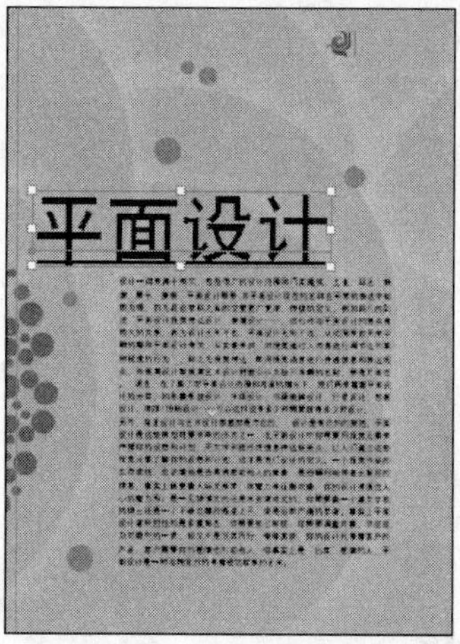

图 7-18　设置文字的字体和字号大小

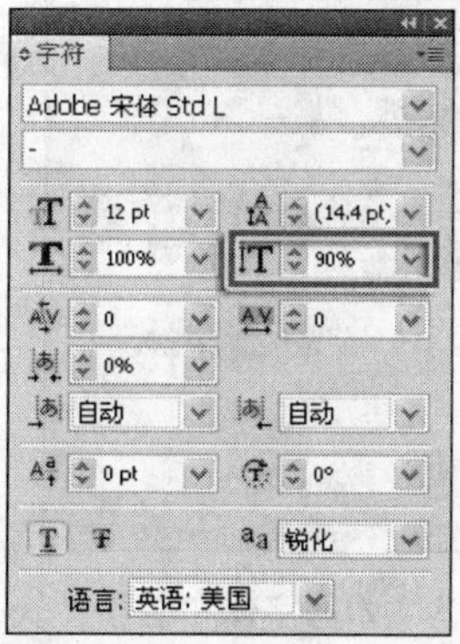

图 7-19　设置文字的高度比例

图 7-20　文字垂直缩放后的效果

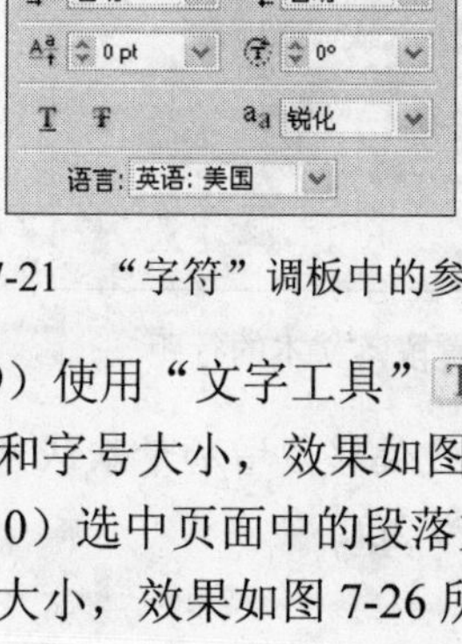

图 7-21　“字符”调板中的参数

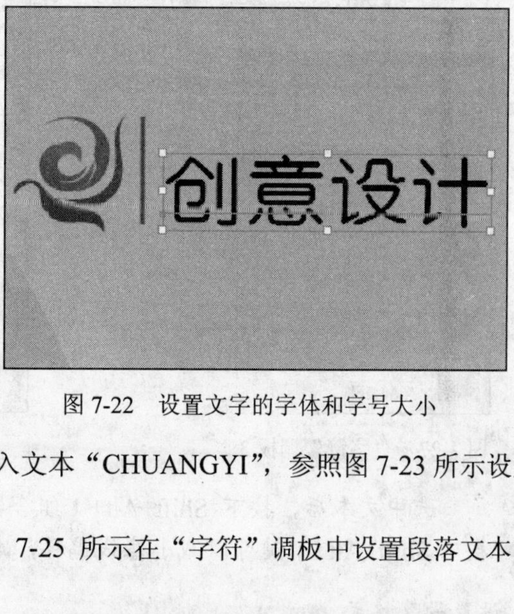

图 7-22　设置文字的字体和字号大小

（9）使用“文字工具” T 在页面中输入文本“CHUANGYI”，参照图 7-23 所示设置文本的字体和字号大小，效果如图 7-24 所示。

（10）选中页面中的段落文本，参照图 7-25 所示在“字符”调板中设置段落文本的字体和字号大小，效果如图 7-26 所示。

（11）选中段落文本，在“字符”调板中“设置行距”参数栏中输入数值，如图 7-27 所示。调整段落文本中行与行之间的距离，效果如图 7-28 所示。

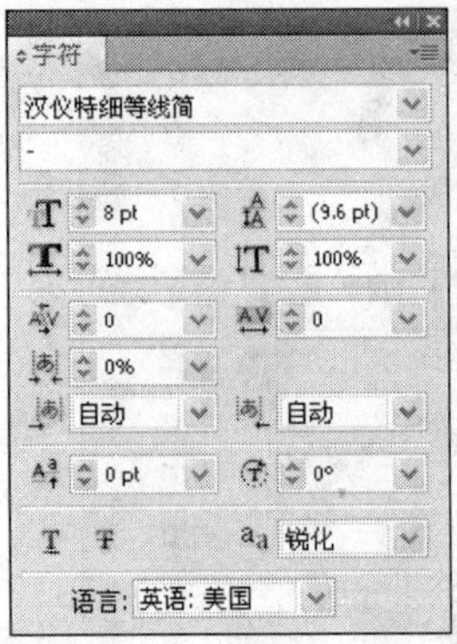

图 7-23 “字符”调板 1

图 7-24 添加文字

图 7-25 “字符”调板 2

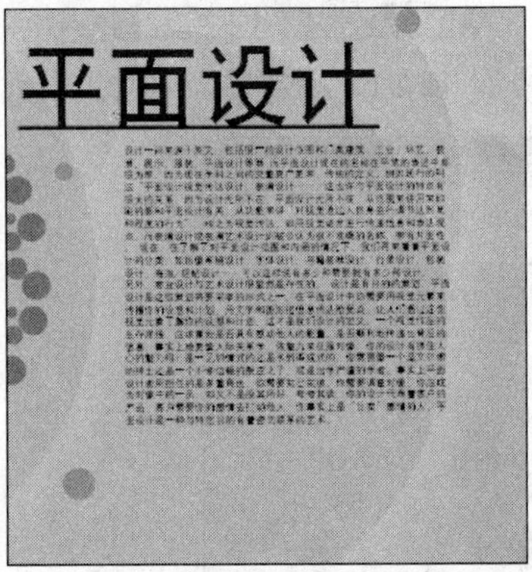

图 7-26 设置段落文本的字体和字号大小

图 7-27 “字符”调板 3

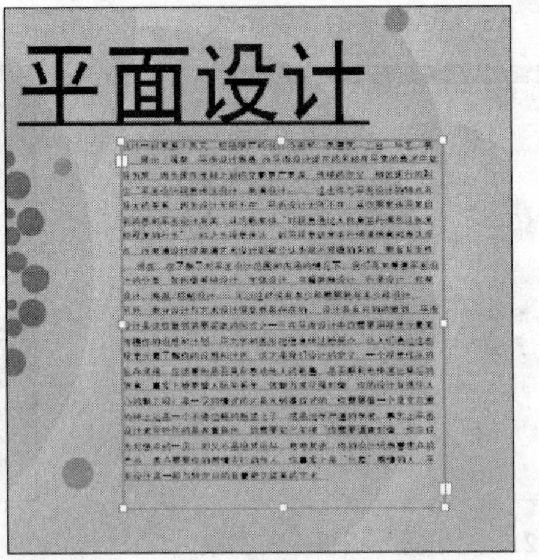

图 7-28 设置段落文本的行距

技巧 选中文本后，按下 Shift+Alt+↑组合键可以增加基线偏移，增加量默认为 2pt；按下 Shift+Alt+↓键可以减小基线偏移，减少量默认也为 2pt。

2. 设置段落格式

（1）执行“窗口”|“文字”|“段落”命令，打开“段落”调板，如图 7-29 所示。

（2）确认段落文本为选择状态，单击“段落”调板中的“两端对齐，末端左对齐”按钮，将段落文本左右对齐，并且每段的最后一行左对齐，参数设置如图 7-30 所示，效果如图 7-31 所示。

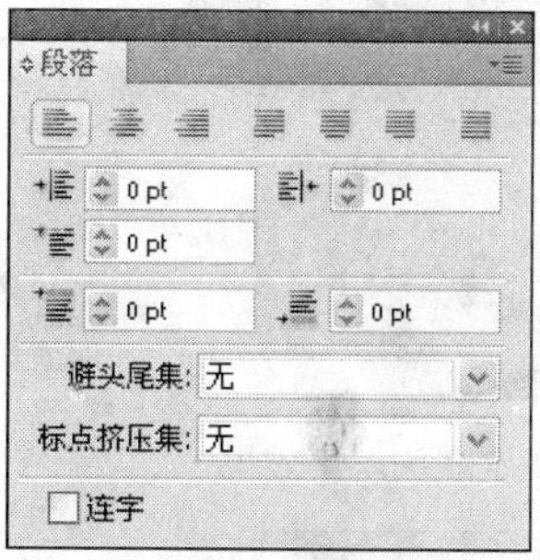

图 7-29　“段落”调板

图 7-30　设置段落格式

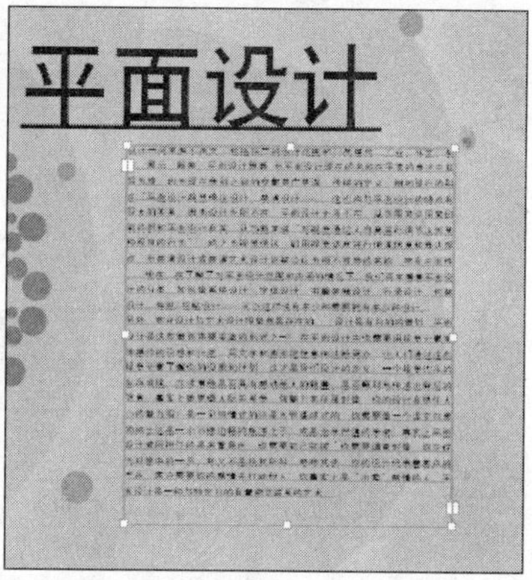

图 7-31　段落文本对齐效果

提示　在“段落”调板中的对齐方式设置区域中，还包括“左对齐”、“右对齐”、“居中对齐”、“两端对齐，末行居中对齐”、“两端对齐，末行右对齐”、“全部两端对齐”几种方式，这些对齐方式的名称与图标都相当简单明了，读者可以自行在段落文本中尝试。

（3）参照图 7-32 所示在“首行左缩进”参数栏中输入数值，使每段首行向左缩进两个字符，效果如图 7-33 所示。

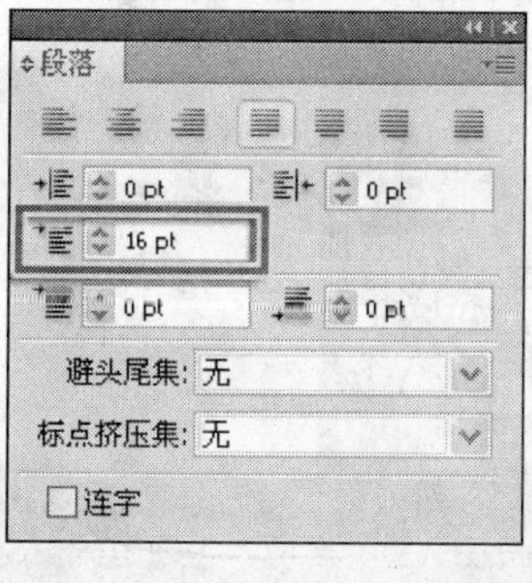

图 7-32　设置段落文本首行左缩进

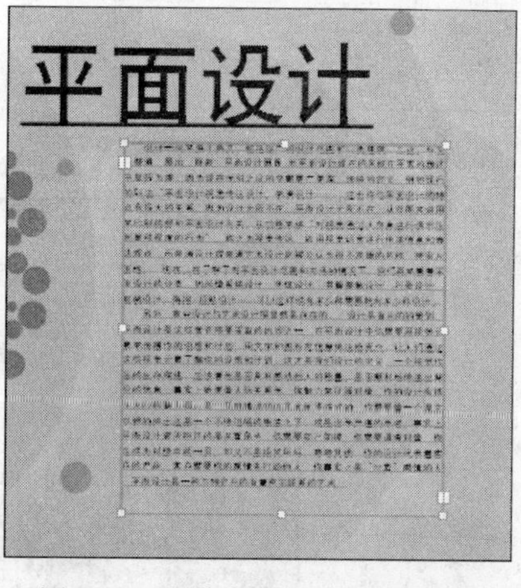

图 7-33　段落文本首行左缩进效果

提示　在“首行左缩进”文本框内，当输入的数值为正数时，相对于段落的左边界向左缩排，当输入的数值为负数时，相对于段落的左边界向外凸出。

（4）在“段落”调板中，参照图 7-34 所示设置“避头尾集”选项，使文本避免每行的开头和结尾出现错误的标点符号，效果如图 7-35 所示。

（5）参照图 7-36 所示在“段落”调板中，设置“段前间距”参数栏中的数值，调整每一段的开始和前一段之间的距离，效果如图 7-37 所示。

（6）最后参照图 7-38 所示设置文本颜色，完成本实例的制作。

图 7-34 设置段落文本的避头尾集

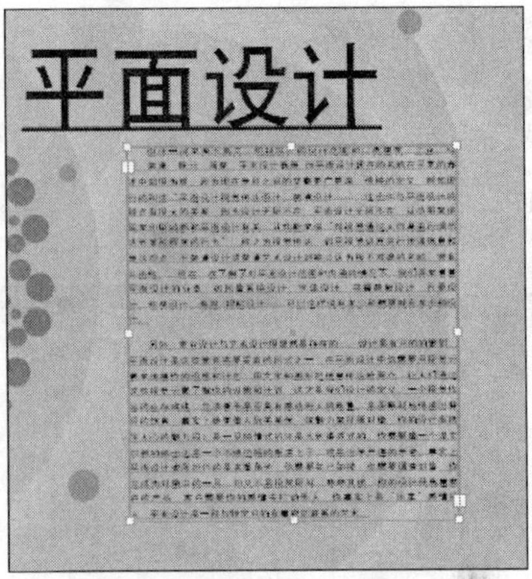

图 7-35 段落文本避头尾集效果

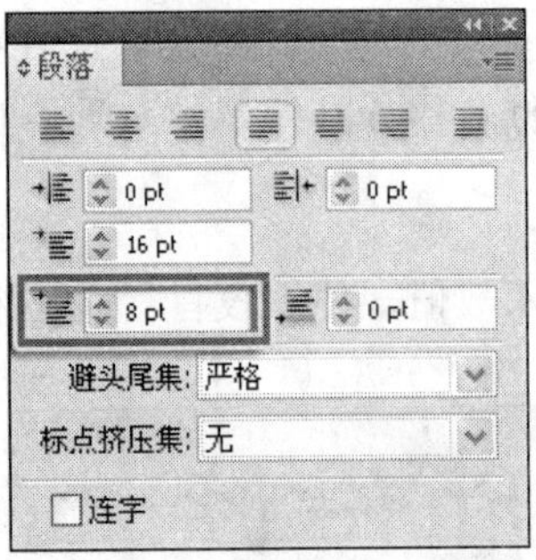

图 7-36 设置段落的段前间距

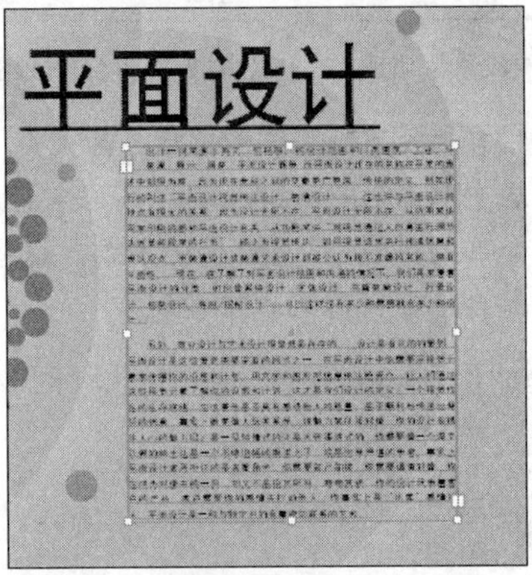

图 7-37 设置段落文本段前间距效果

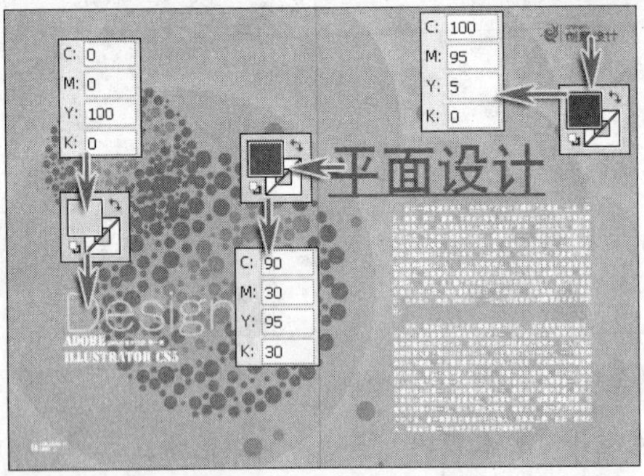

图 7-38 设置文本颜色

7.3 实例：日历（设置制表符）

制表符是一个较为特殊的对齐功能，可以指定任意位置将文本对齐。

下面通过日历实例的制作，详细介绍用制表符对齐文本位置的方法。制作完成后的日历效果如图 7-39 所示。

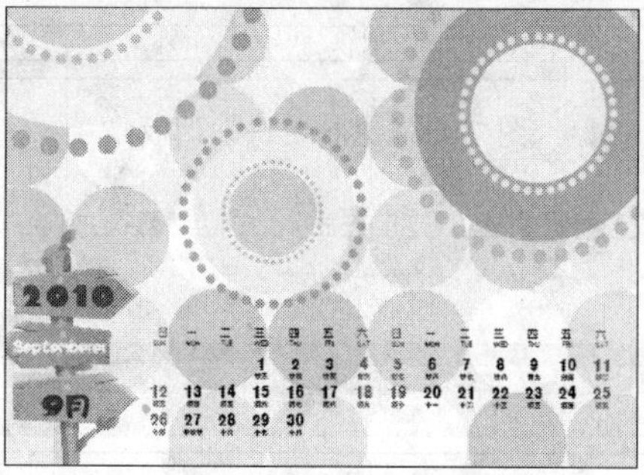

图 7-39　完成效果

设置制表符

（1）执行“文件”|“打开”命令，打开配套素材\Chapter-07\“橙色背景.ai”文件，如图 7-40 所示。

（2）选择“文字工具”T，在页面中单击并拖动鼠标创建段落文本，在文本框中输入日期文字，并在每个日期文字前加入一个 Tab 空格，如图 7-41 所示。

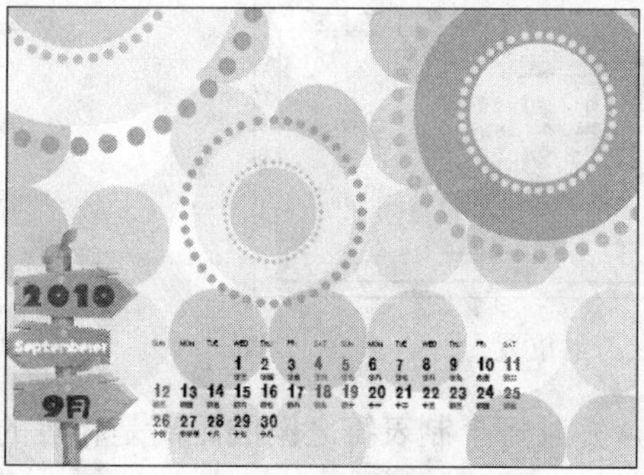

图 7-40　素材文件

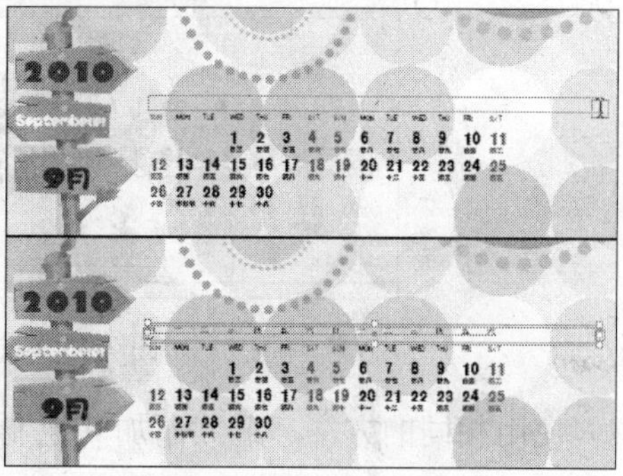

图 7-41　创建段落文本

（3）参照图 7-42 所示，设置文字的字体和大小，并将部分文字的颜色设置为红色（C：0、M：100、Y：100、K：0）。

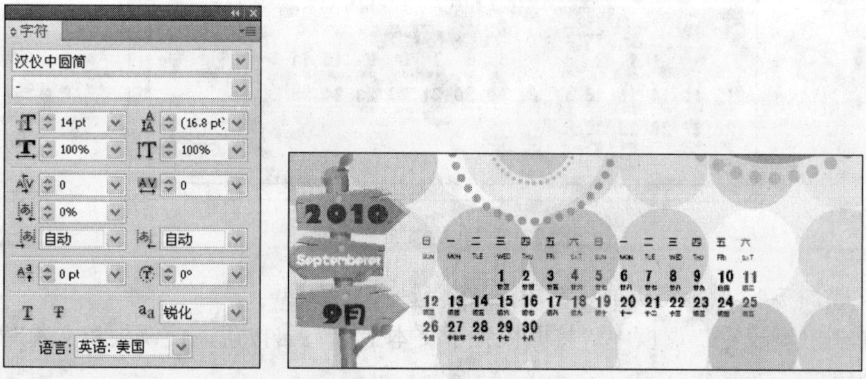

图 7-42　设置文本

（4）执行“窗口”|“文字”|“制表符”命令，打开“制表符”调板，如图 7-43 所示。

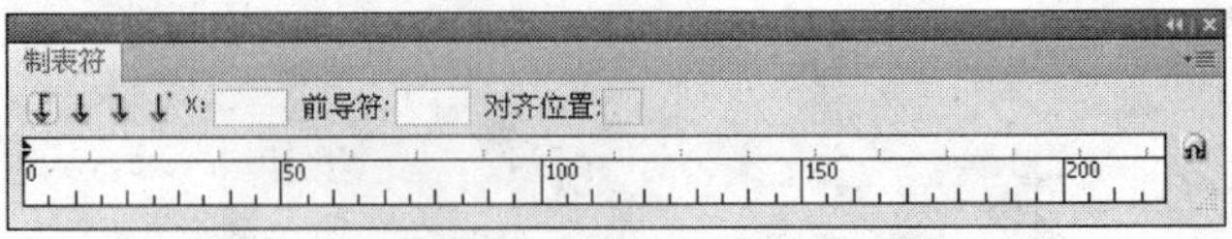

图 7-43 “制表符”调板

（5）单击“制表符”调板中的“居中对齐制表符”按钮，并在标尺上单击创建第 1 个制表符，如图 7-44 所示。

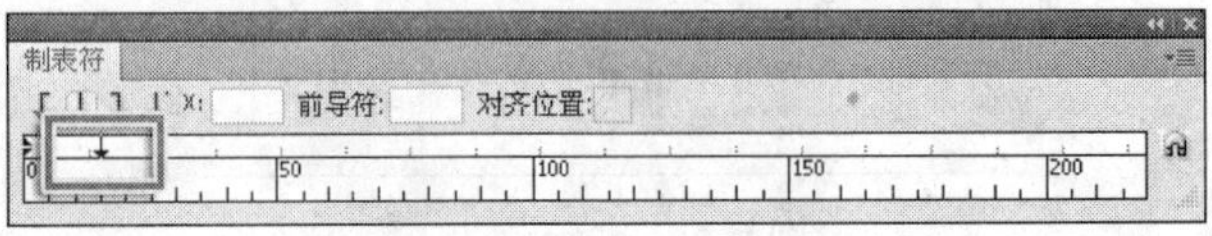

图 7-44 创建第 1 个制表符

（6）在“制表符”调板中，参照图 7-45 所示，设置【X】参数栏中的数值，使第 1 个 Tab 空格与第 1 个制表符对齐。

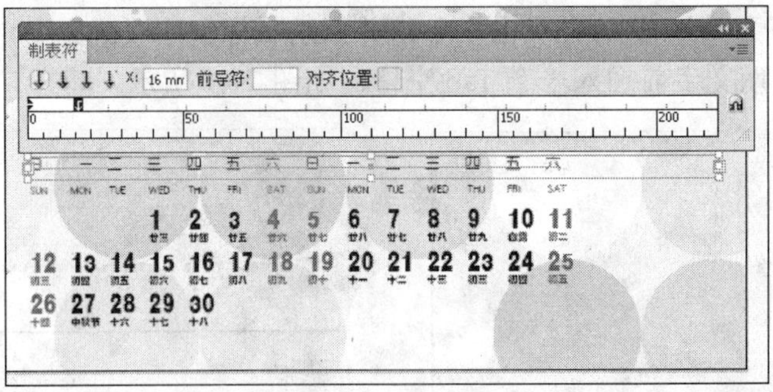

图 7-45 设置制表符的位置

（7）使用相同的方法，继续添加其他制表符，并且每个制表符之间的距离是相等的，如图 7-46 所示。

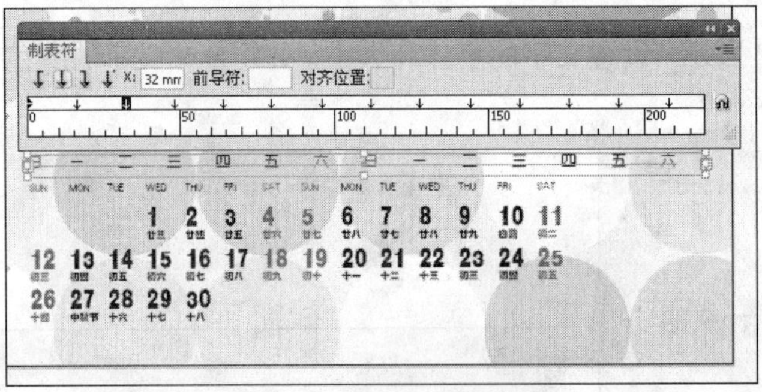

图 7-46 重复添加制表符

（8）参照图 7-47 所示将页面中的段落文本选中。

（9）单击“制表符”调板中“将面板置于文本上方”按钮，使调板和文本对齐，效果如图 7-48 所示。

（10）使用相同的方法，继续使用“制表符”调板，将其他文本框中的文本对齐，效果如图 7-49 所示。

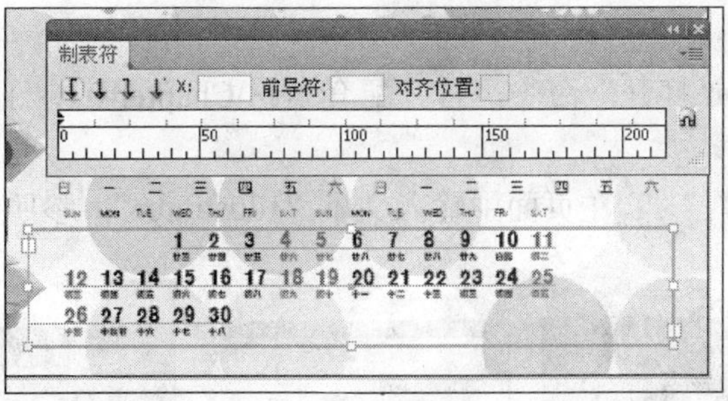

图 7-47　选中段落文本

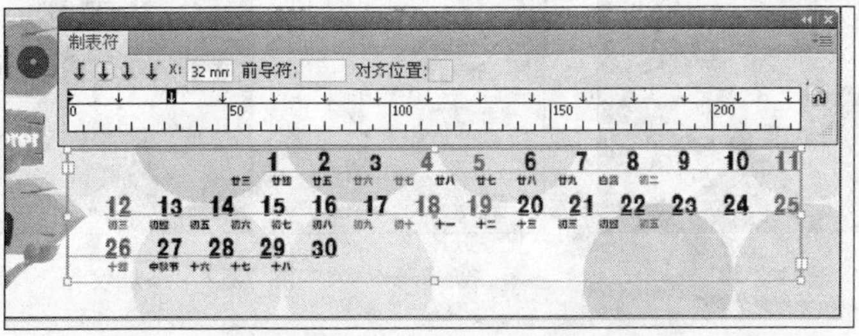

图 7-48　使用制表符对齐文本

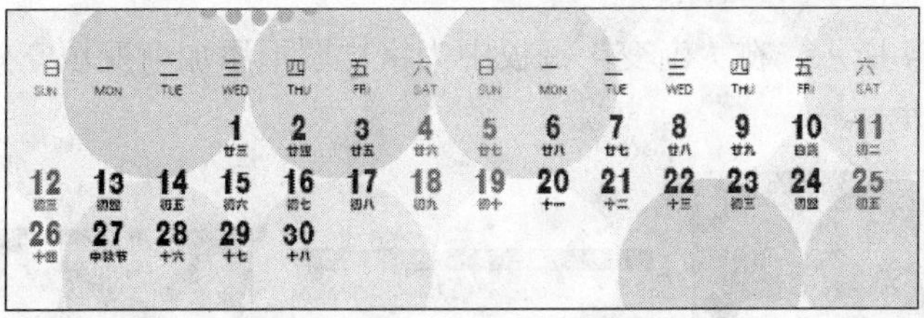

图 7-49　对齐其他文本框中的文本

7.4　实例：图案设计（将文本转换为轮廓）

将文本转化为轮廓后，可以像其他图形对象一样进行渐变填充、编辑外观等操作，从而可以创建更多的特殊效果。

接下来通过图案设计实例的制作，讲述将文本转换为轮廓命令的使用方法。本实例制作完成后的效果如图 7-50 所示。

图 7-50　完成效果

文本转换为轮廓

（1）执行“文件”|“打开”命令，打开配套素材\Chapter-07\“蓝色背景.ai”文件，如图 7-51 所示。

（2）使用“文字工具” T 在页面中输入文本“Illustrator”，参照图 7-52 所示设置文本的字体和字号大小。

图 7-51 素材文件

图 7-52 添加文字

（3）选择文本，执行“文字”|“创建轮廓”命令，将文本转换为图形，如图 7-53 所示效果。

（4）参照图 7-54 所示，在“渐变”调板中为字样图形添加渐变填充效果，并调整图形位置，效果如图 7-55 所示。

图 7-53 将文本转换为图形

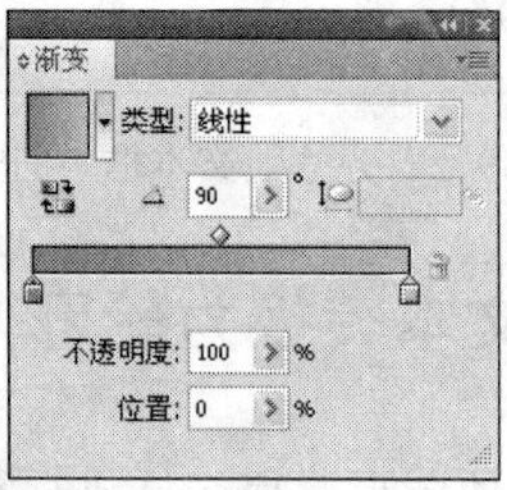

图 7-54 “渐变”调板

图 7-55 为字样图形添加渐变填充效果

注意 当文本转换为图形后，字样图形为群组状态，如果需要对单个的文字进行编辑，只有取消群组后才可以执行其他操作。

（5）执行“文件”|“打开”命令，打开配套素材\Chapter-06\“肌理图形.ai”文件，如图 7-56 所示。

（6）将素材文件中的所有图形复制到“蓝色背景.ai”文档中，调整副本图形的位置，如图 7-57 所示。

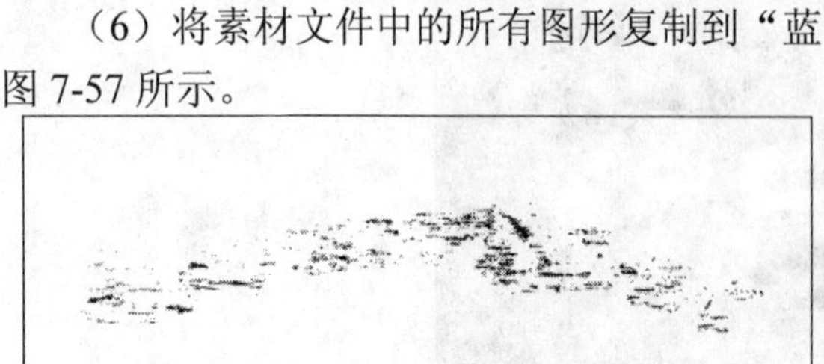

图 7-56 素材文件

图 7-57 复制图形

（7）选取页面中部分图形，单击“路径查找器”调板中的“减去顶层”按钮，修剪图形，效果如图 7-58 所示。

（8）使用相同的方法，继续修剪其他图形，得到图 7-59 所示效果。

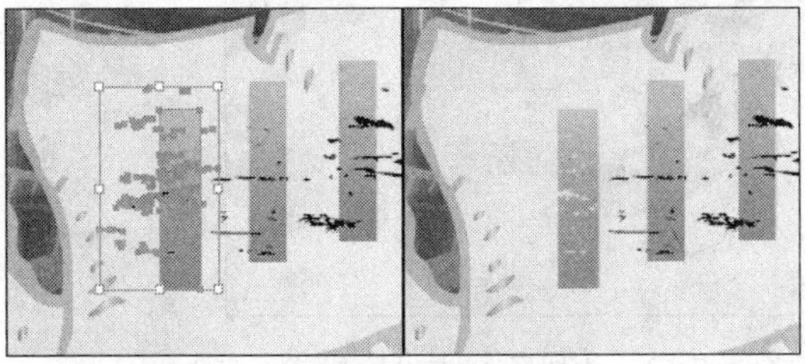

图 7-58　修剪图形

图 7-59　继续修剪图形

7.5　实例：宣传广告（文本链接和分栏）

如果段落文本的文本框过小，将不能显示所有的文本，这时文本框的出口显示为一个红色的加号⊞，此时创建文本链接可以显示这些隐藏的文本。这些文本框为链接状态时，设置第 1 个文本框的大小后，其他文本框中的内容也会改变。

接下来通过制作宣传广告的实例，来详细讲述链接文本的方法。该实例的制作完成效果如图 7-60 所示。

文本链接

（1）执行“文件”|“打开”命令，打开配套素材\Chapter-07\“广告背景.ai”文件，如图 7-61 所示。

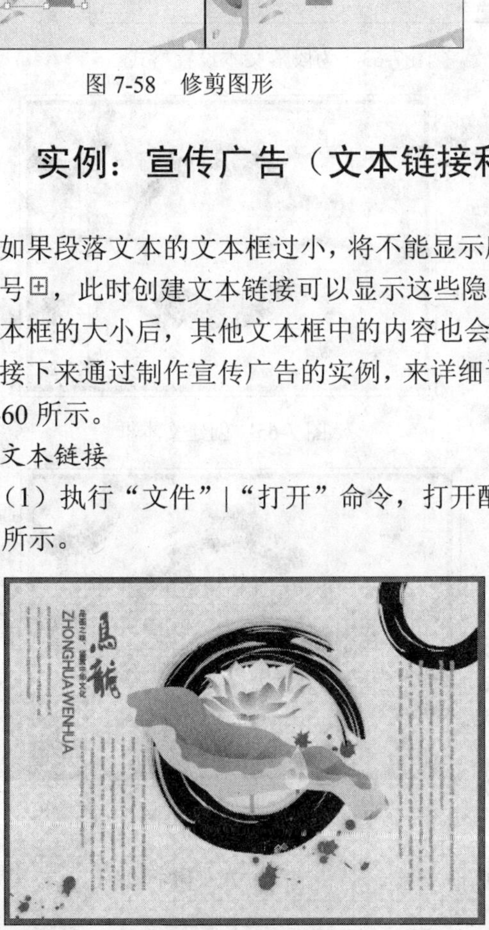

图 7-60　完成效果

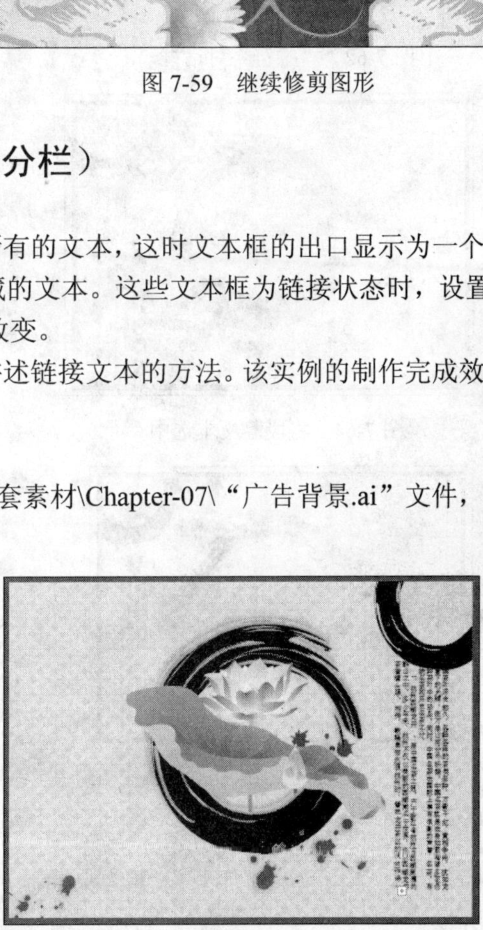

图 7-61　素材文件

（2）选中页面中的段落文本，参照图 7-62 所示在“字符”调板中设置段落文本的格式，得到图 7-63 所示效果。

（3）保持页面中的段落文本为选择状态，参照图 7-64 所示在段落文本中单击红色加号，这时鼠标指针变为状态。

（4）参照图 7-65 所示，在页面相应位置单击创建新的文本框，这时文本框将显示隐藏的文本，效果如图 7-66 所示。

（5）单击并拖动文本框的控制柄，调整文本框的大小，效果如图 7-67 所示。

（6）使用以上相同的方法，将其他隐藏的文本显示，如图 7-68 所示。

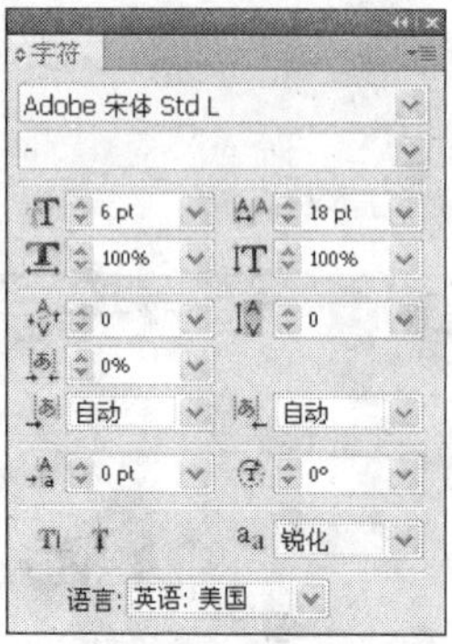

图 7-62 “字符”对话框

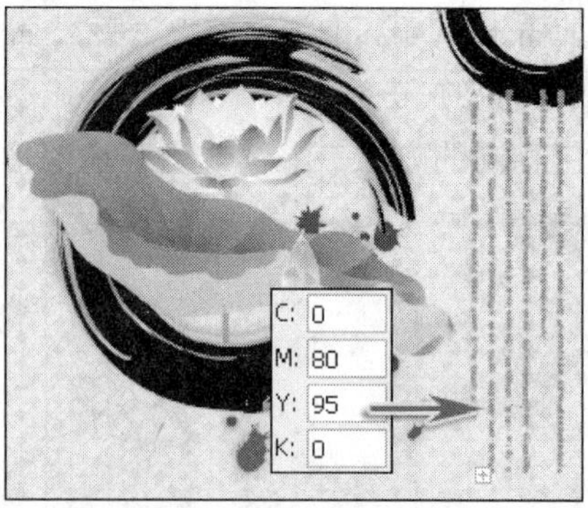

图 7-63 为段落文本设置格式

图 7-64 将段落文本选中

图 7-65 创建文本框

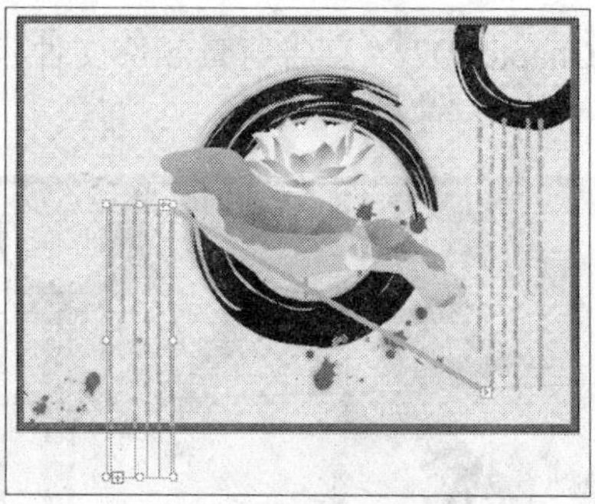

图 7-66 文本链接效果

图 7-67 调整文本框的大小

（7）最后使用“文字工具” T 为页面添加其他文本，并对部分文本进行编辑，效果如图 7-69 所示。

图 7-68 显示其他隐藏文本

图 7-69 添加文本

注意　选择需要设置的文本框，执行“文字”|“区域文字选项”命令，打开“区域文字选项”对话框，如图 7-70 所示。在该对话框中可以对文本框或路径中的文本进行设置。

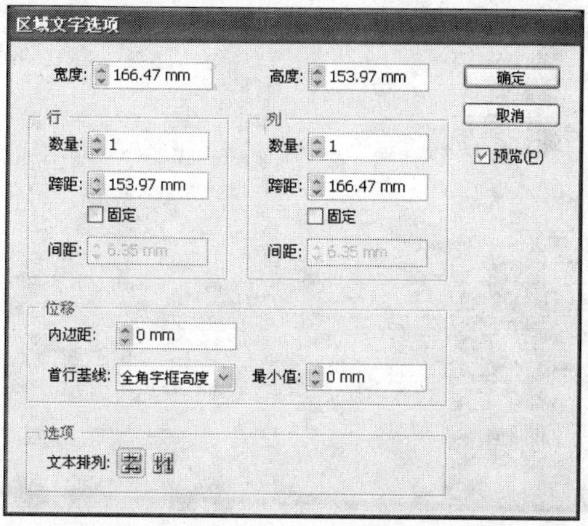

图 7-70　“区域文字选项”对话框

“区域文字选项”对话框的选项介绍如下。

宽度：设置文本框的宽度。

高度：设置文本框的高度。

数量：设置文本框中分栏的栏数。在“行”选项组中设置竖排文本分栏的栏数，在“列”选项组中设置横排文本分栏的栏数，如图 7-71 所示。

跨距：设置每一栏的宽度，如图 7-72 所示。

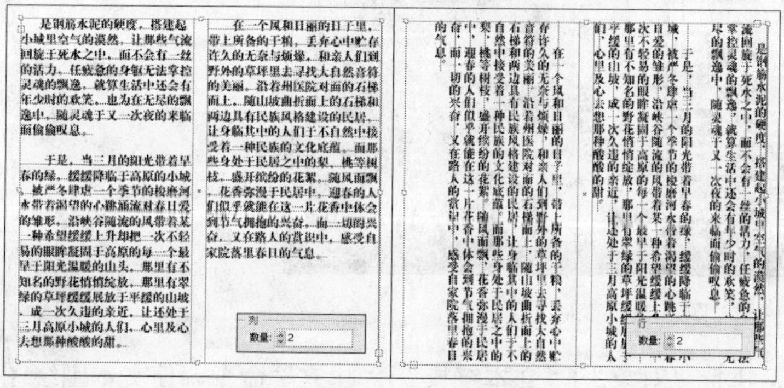

图 7-71　设置文本的栏数

图 7-72　设置栏宽

间距：设置栏与栏之间的距离。

内边距：设置文本和文本框的距离。

文本排列：当“行”和“列”组中“数量”的参数都不大于 1 时，设置各个栏的排列顺序。

7.6　实例：儿童刊物（设置文本样式和图文混排）

文本样式可以对多个不同的文本快速应用同一个样式。对样式进行设置可以更改与其相关联的文本外观。文本样式包括“字符样式”和“段落样式”。“字符样式”存储文字的样式，“段落样式”存储段落的样式。

下面通过儿童刊物实例的制作，详细介绍存储和应用文本样式的方法。该实例的完成效果如图 7-73 所示。

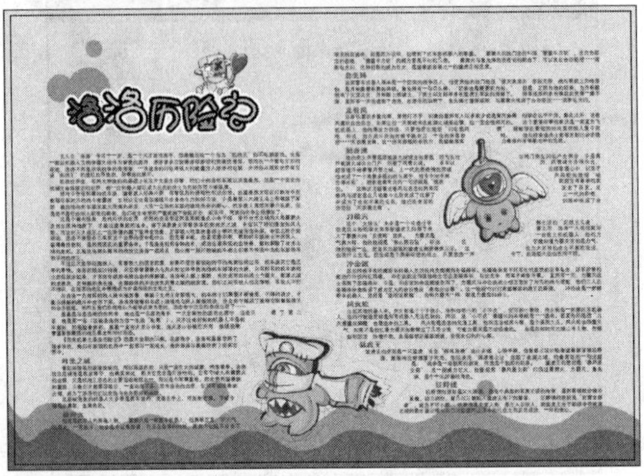

图 7-73　完成效果

1. 图文混排

（1）执行“文件”|“打开”命令，打开配套素材\Chapter-07\“刊物.ai”文件，如图 7-74 所示。

图 7-74　素材文件

（2）选取页面中相应的图形，执行“对象”|“文本绕排”|“建立”命令，使文本围绕图形排列，如图 7-75 所示。

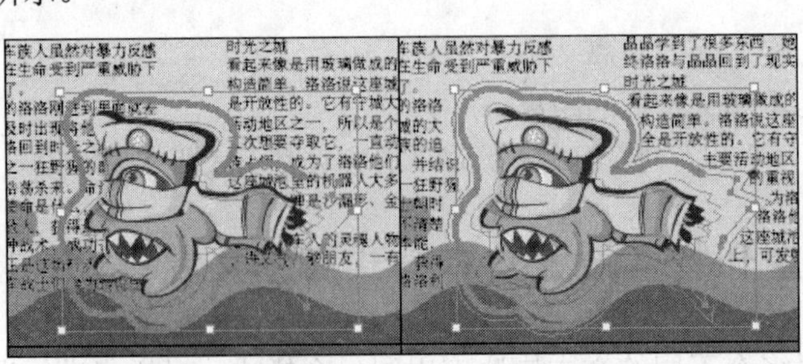

图 7-75　创建文本绕排

（3）保持图形的选择状态，执行“对象”|“文本绕排”|“文本绕排选项”命令，打开“文本绕排选项”对话框，参照图 7-76 所示设置参数，调整文字和图形之间的距离，得到图 7-77 所示效果。

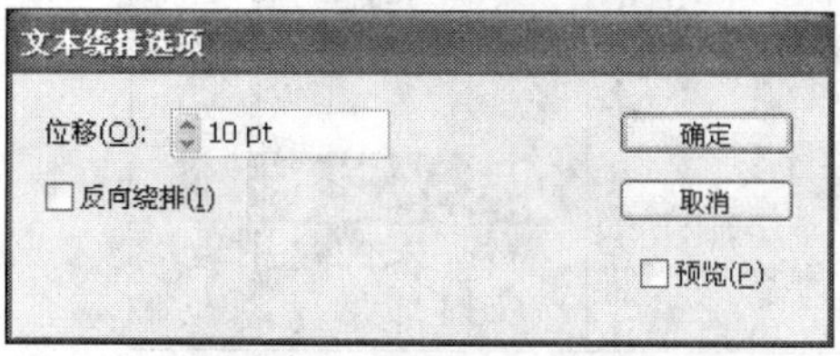

图 7-76　“文本绕排选项”对话框

图 7-77　设置效果

（4）使用相同的方法，为其他图形添加文本绕排效果，如图 7-78 所示。

图 7-78　创建的文本绕排效果

2. 设置字符样式

（1）选中页面中所有的文本框，参照图 7-79 所示设置字号的大小。

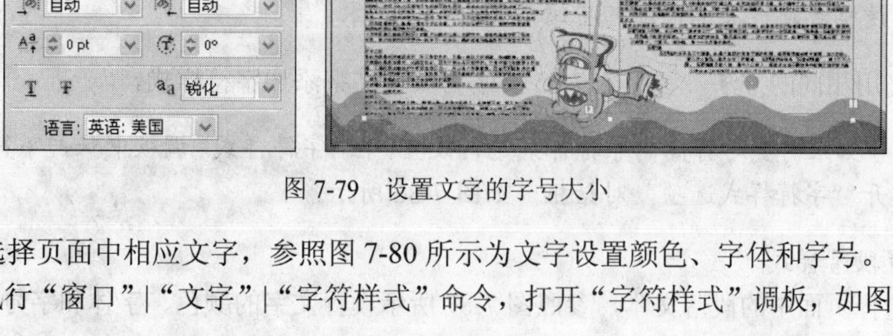

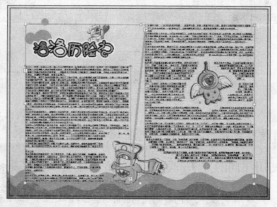

图 7-79　设置文字的字号大小

（2）选择页面中相应文字，参照图 7-80 所示为文字设置颜色、字体和字号。

（3）执行“窗口”|“文字”|“字符样式”命令，打开“字符样式”调板，如图 7-81 所示。

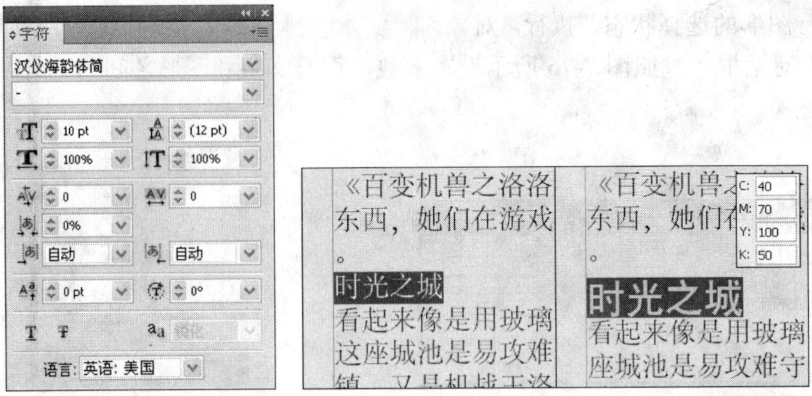

图 7-80　设置文字格式

（4）保持“时光之城”文字的被选择状态，单击“字符样式”调板底部的“创建新样式”按钮，如图 7-82 所示，新建“字符样式 1”。

图 7-81　“字符样式”调板

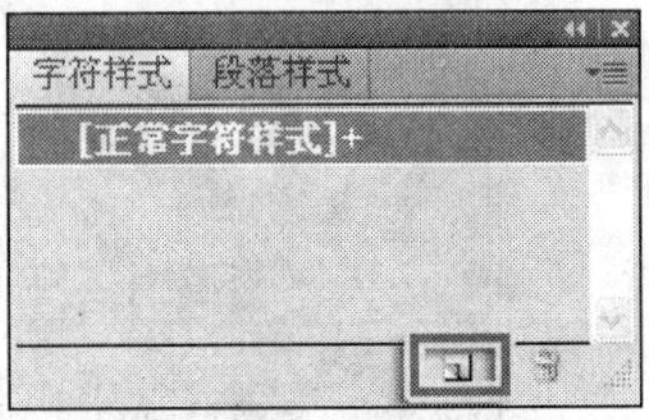

图 7-82　创建字符样式

提示　在创建新字符样式时，如果需要将设置好的文字定义为新字符样式，单击“创建新样式”按钮之前，一定要确定文字是被选择的。

（5）选择页面中相应文字，单击“字符样式”调板中新建的“字符样式 1”，如图 7-83、图 7-84 所示为文字添加存储的样式。

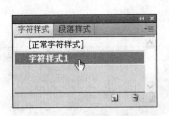

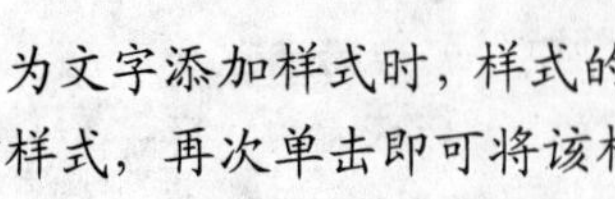

图 7-83　“字符样式”调板

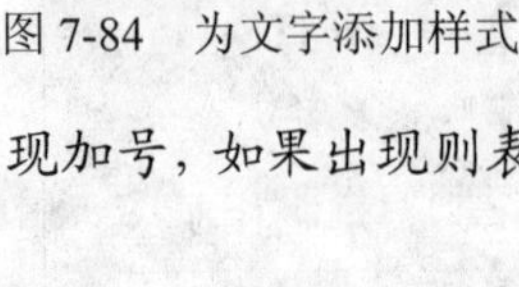

图 7-84　为文字添加样式

注意　为文字添加样式时，样式的名称中不可以出现加号，如果出现则表示没有完全应用该样式，再次单击即可将该样式应用于文本。

（6）使用相同的方法，参照图 7-85 所示为其他文字添加字符样式。

注意　如果需要对存储的字符样式进行设置，在“字符样式”调板中双击字符样式名称，打开“字符样式选项”对话框，如图 7-86 所示。

3. 设置段落样式

（1）选择页面中的段落文本，参照图 7-87 所示设置文字的颜色、字体和字号。

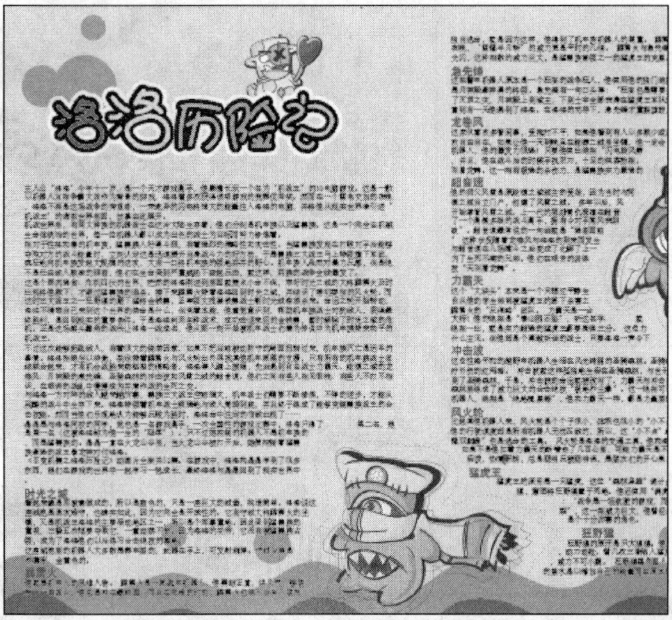

图 7-85　应用字符样式

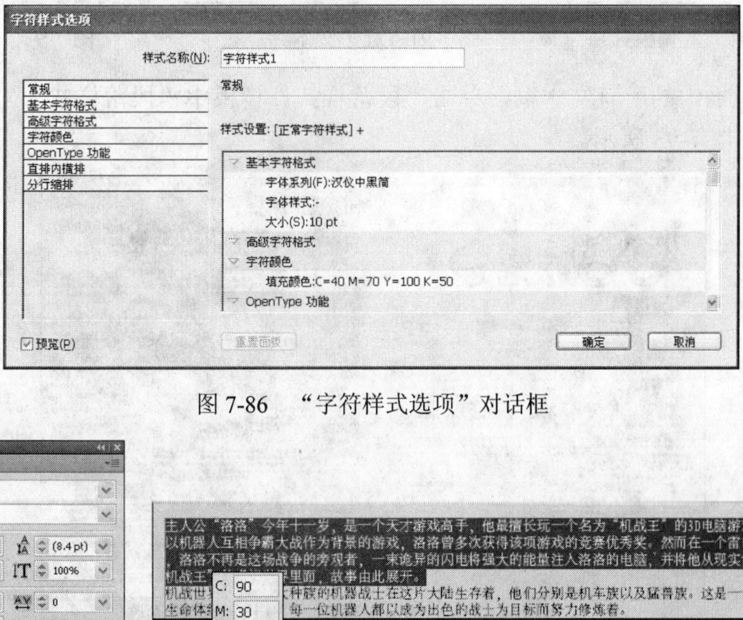

图 7-86　“字符样式选项”对话框

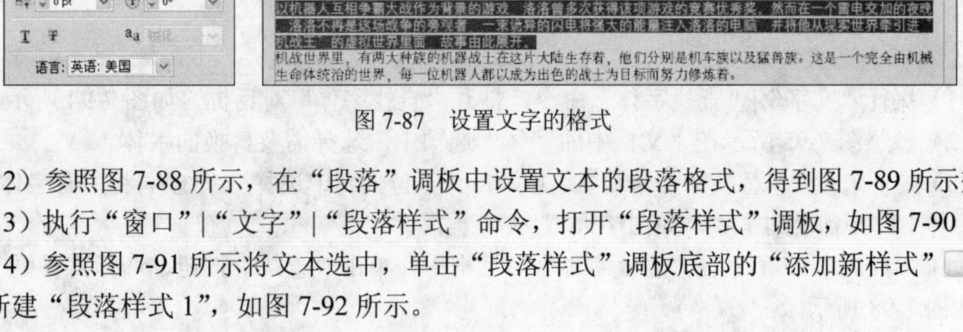

图 7-87　设置文字的格式

（2）参照图 7-88 所示，在“段落”调板中设置文本的段落格式，得到图 7-89 所示效果。

（3）执行“窗口”|“文字”|“段落样式”命令，打开“段落样式”调板，如图 7-90 所示。

（4）参照图 7-91 所示将文本选中，单击“段落样式”调板底部的“添加新样式”按钮，新建“段落样式 1”，如图 7-92 所示。

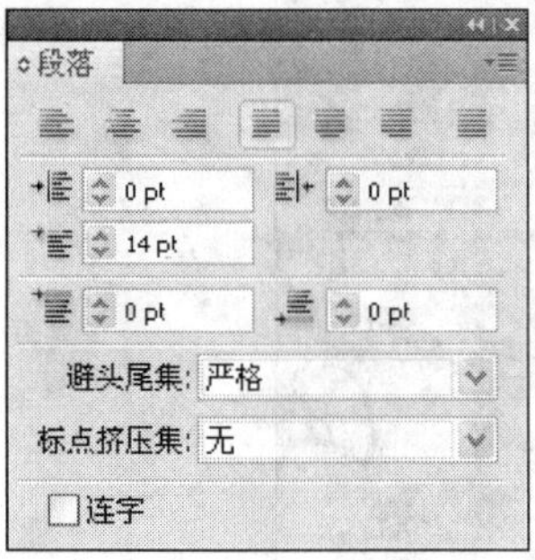

图 7-88 “段落”调板

图 7-89 设置文本的格式

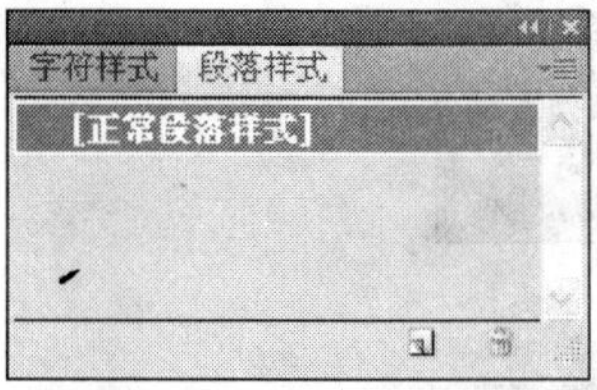

图 7-90 “段落样式”调板

图 7-91 选中文本

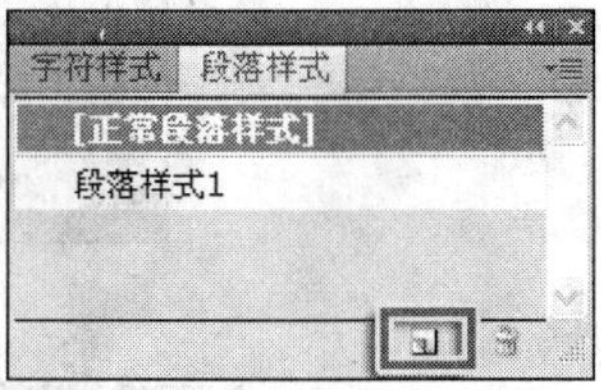

图 7-92 创建段落样式

（5）选择页面中的所有文本框，单击“段落样式”调板中“段落样式 1”，为文本添加段落样式效果，如图 7-93 所示。

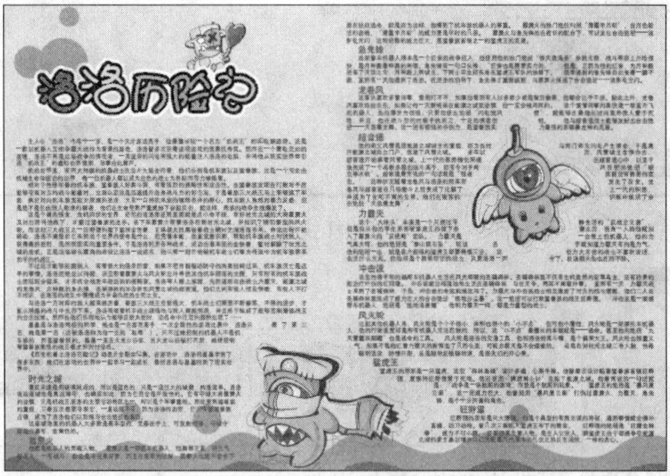

图 7-93 为文本添加段落样式的效果

4. 查找和替换字体

（1）执行“文字”|“查找字体”命令，打开“查找字体”对话框，如图 7-94 所示。

（2）参照图 7-95 所示在“文档中的字体”选项中，选择需要替换的字体。

（3）接下来设置“替换字体来自”选项，在其下拉列表中选择“系统”，将所有字体显示，并在字体中选择需要的字体，如图 7-96 所示。

（4）参照图 7-97 所示在“查找字体”对话框中，单击“查找”按钮，选择需要更改的文字，如图 7-98 所示。

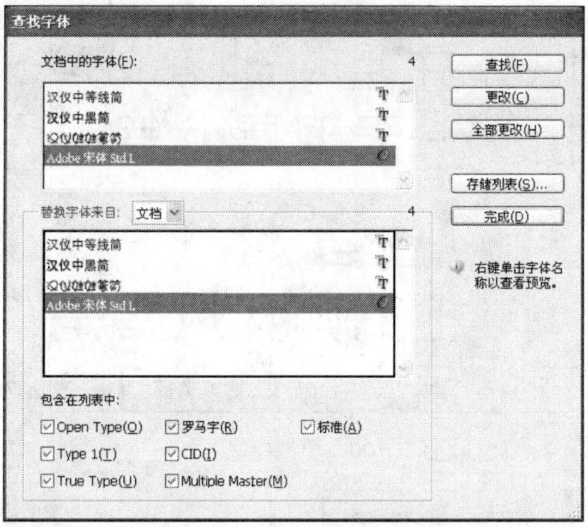

图 7-94　“查找字体”对话框

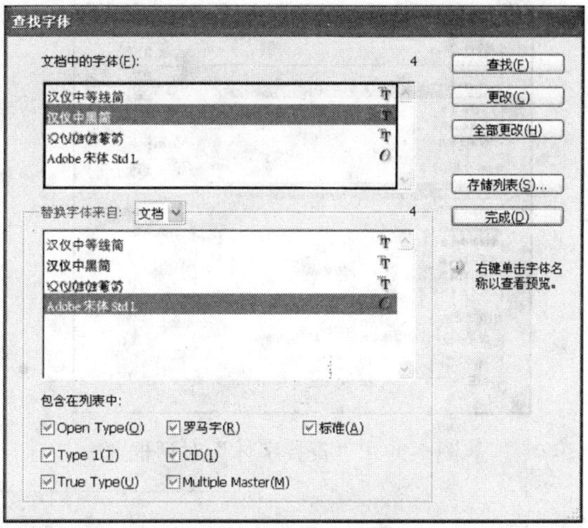

图 7-95　设置替换字体

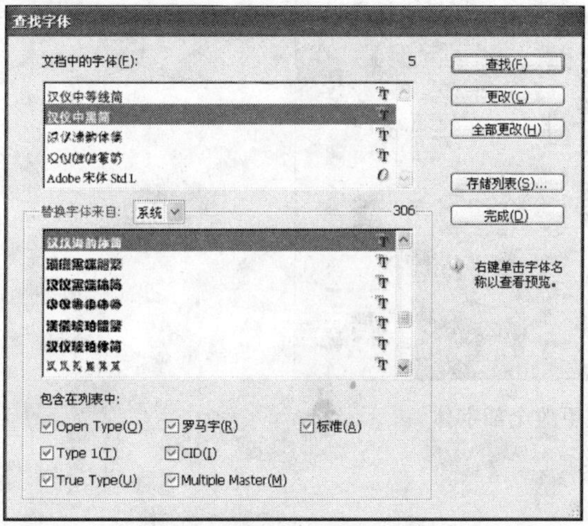

图 7-96　选择需要的字体

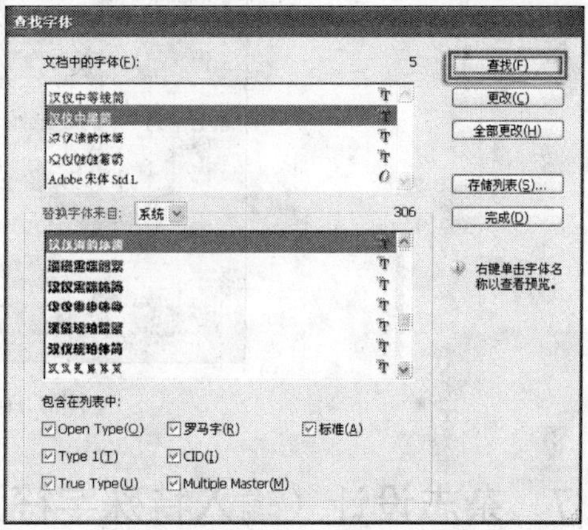

图 7-97　单击“查找”按钮

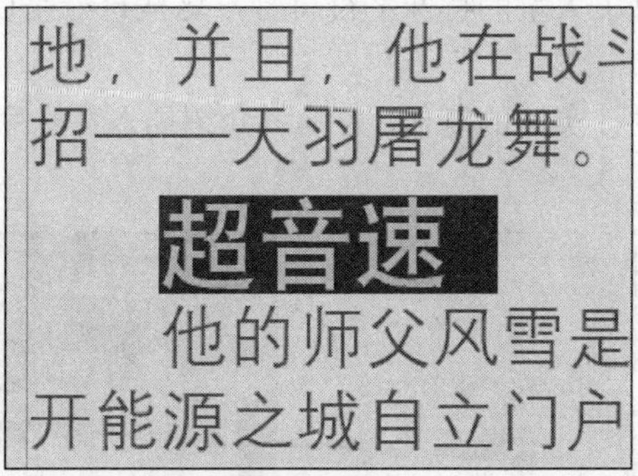

图 7-98　选择文字

（5）单击“查找字体”对话框中的“更改”按钮，如图 7-99 所示，更改当前文本的字体，然后选择下一个需要更改字体的文本，效果如图 7-100 所示。

（6）单击“查找字体”对话框中的“全部更改”按钮，将文档中所有需要更改字体的文本更改，如图 7-101 所示。更改完成后，单击“完成”按钮，关闭对话框，完成本实例的制作。

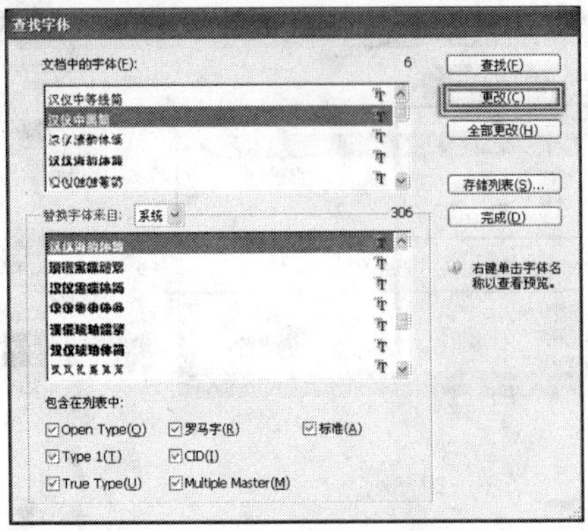

图 7-99 “查找字体”对话框

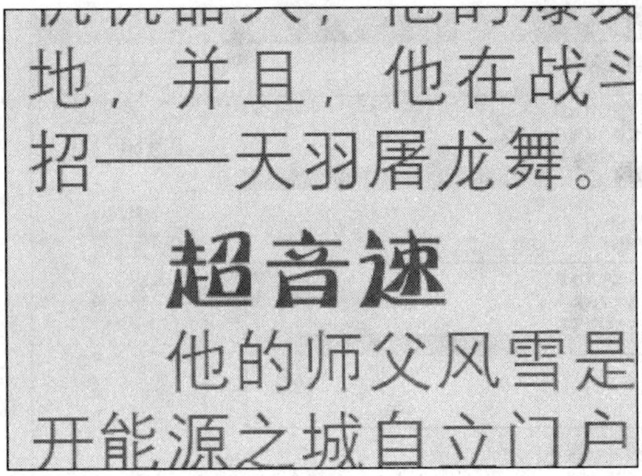

图 7-100 更改字体

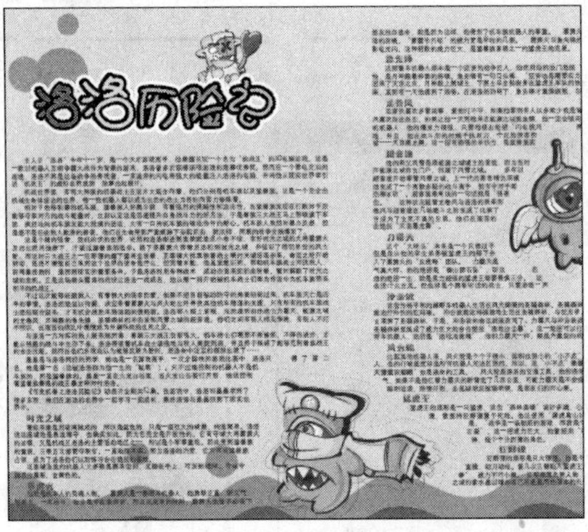

图 7-101 更改全部字体

7.7 杂志设计（输入特殊字符）

“字符”调板中提供了大量的特殊字符符号，这些符号是以文本的形式输入到文档中的，具有文本的属性。

下面通过女性杂志设计实例的制作，为读者介绍插入特殊字符的方法。该实例的完成效果如图 7-102 所示。

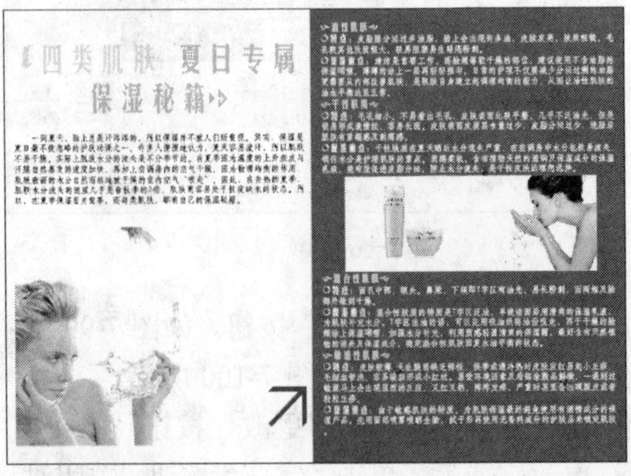

图 7-102 完成效果

输入特殊符号

（1）执行“文件”|“打开”命令，打开配套素材\Chapter-07\“女性杂志内页.ai”文件，如图 7-103 所示。

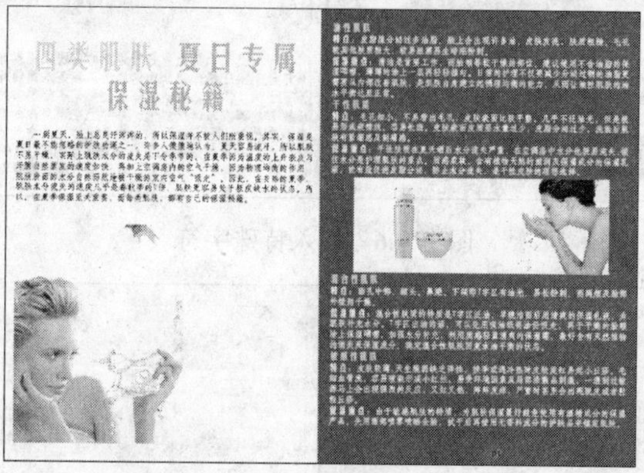

图 7-103　素材文件

（2）执行“文字”|“显示隐藏字符”命令，将文档中隐藏的字符符号显示出来，如图 7-104 所示，其中¶符号为回车符，▪符号为全角空格。这时可以看到文档中有多余的回车符，将其删除即可。

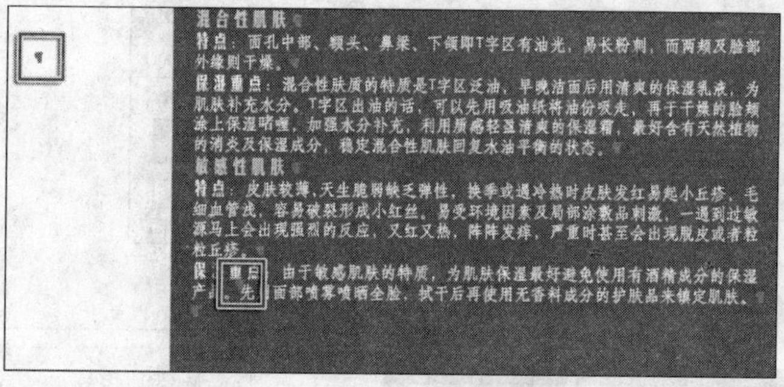

图 7-104　显示隐藏字符

（3）使用“文字工具”T在文本框中单击，插入光标，执行“文字”|“字形”命令，打开“字形”调板，双击其中的一个特殊字符，即可将字符插入到文本中，如图 7-105、如图 7-106 所示。

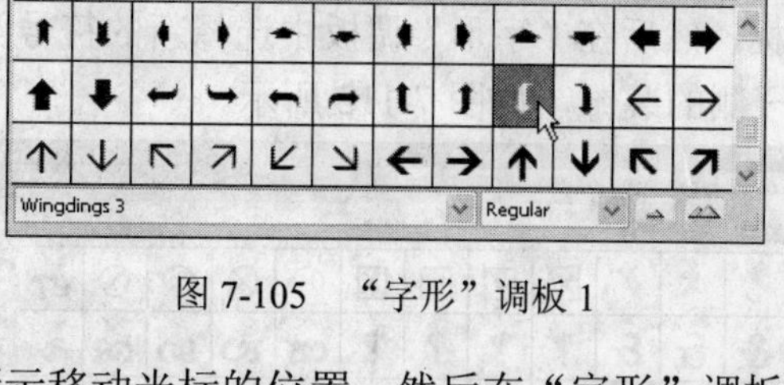

图 7-105　“字形”调板 1

（4）参照图 7-107 所示移动光标的位置，然后在“字形”调板中继续选择特殊字符，如图 7-108 所示。然后双击以插入字符。

（5）在“字形”调板中继续选择特殊字符，然后双击以插入字符，如图 7-109、图 7-110 所示。

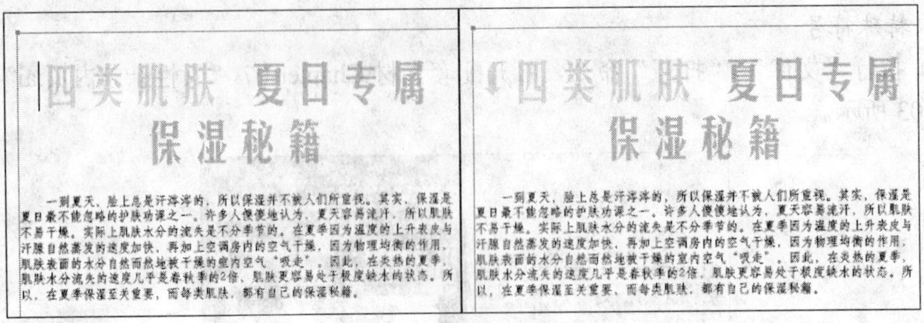

图 7-106　插入特殊字符

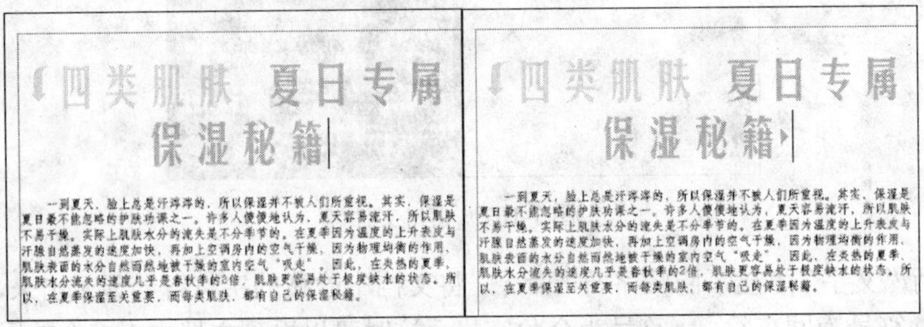

图 7-107　插入特殊字符的效果

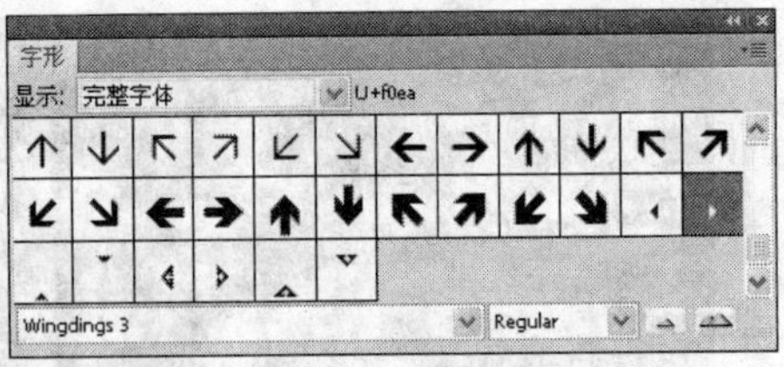

图 7-108　“字形”调板 2

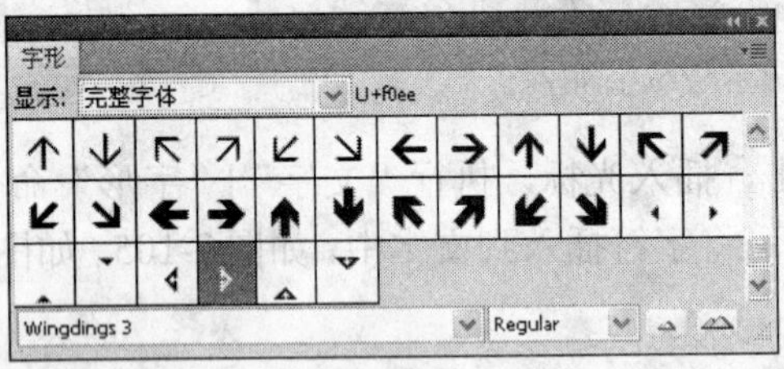

图 7-109　“字形”调板 3

图 7-110　插入特殊字符的效果

（6）在页面中定位光标，然后在“字形”调板中选择新的符号类型，如图 7-111 所示。这里选择的符号将作为文字一侧的装饰，如图 7-112 所示。

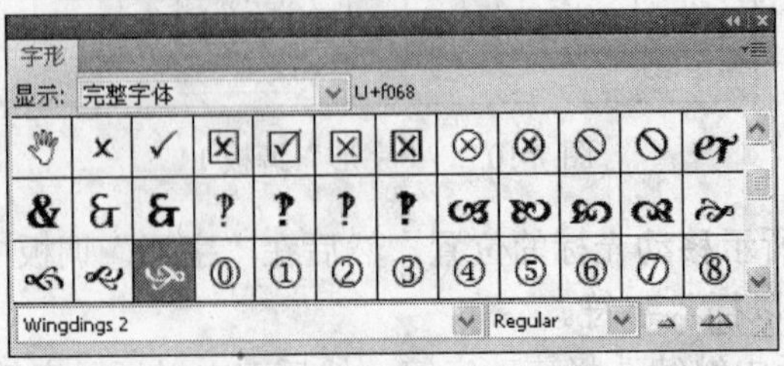

图 7-111　“字形”调板

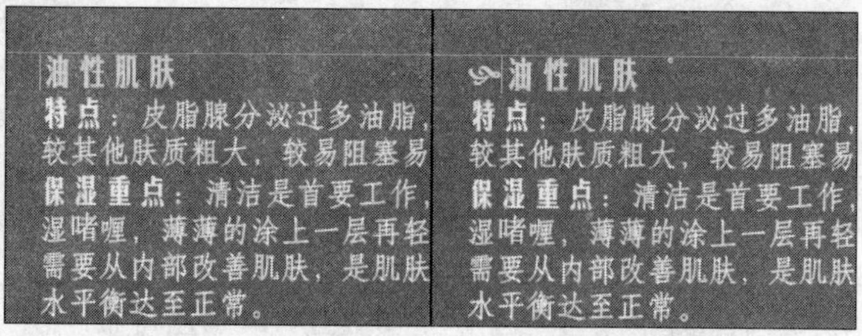

图 7-112　插入特殊字符

（7）参照图 7-113、图 7-114 所示继续在文字的另一侧插入特殊字符作为装饰。

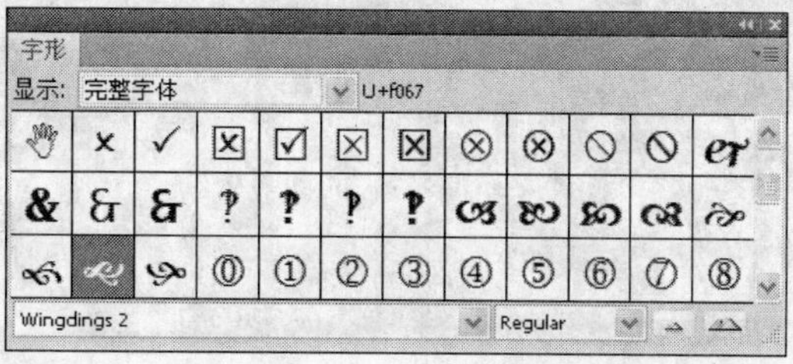

图 7-113　“字形”调板

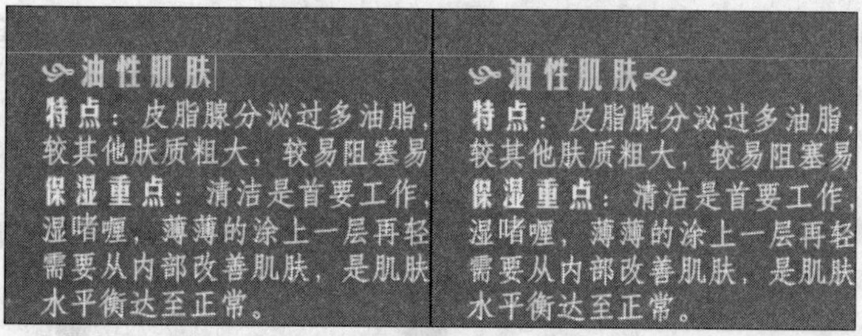

图 7-114　插入特殊字符

（8）使用相同的方法为其他黄色的标题文字两侧添加特殊符号作为装饰，如图 7-115 所示。

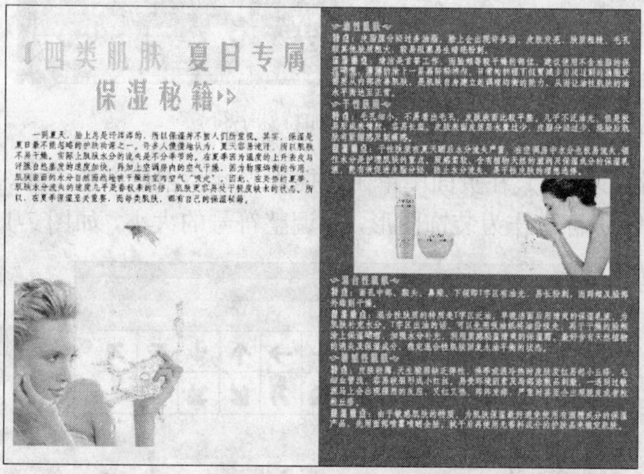

图 7-115　继续添加特殊符号

（9）将光标定位在白色的描述性文字位置，然后在“字形”调板中选择特殊符号作为文字的项目符号，如图 7-116、图 7-117 所示。

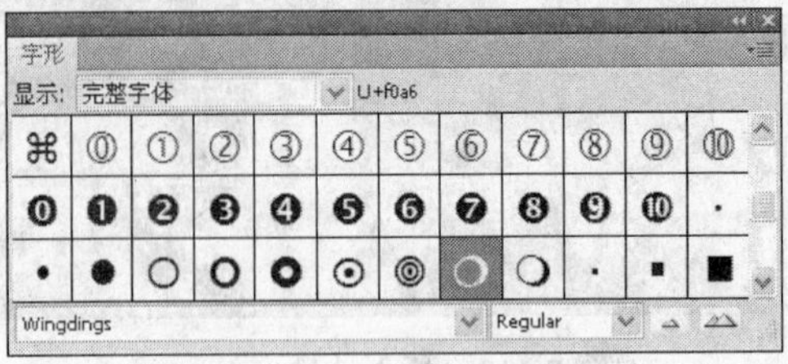

图 7-116 “字形”调板

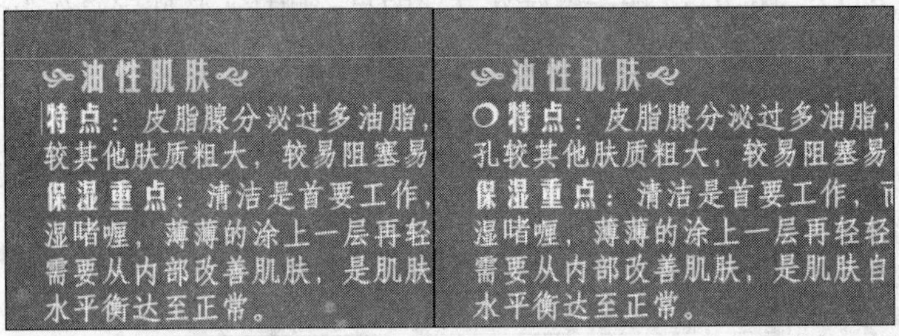

图 7-117 插入特殊符号

（10）使用相同的方法为其他描述性文字添加相同的特殊符号，效果如图 7-118 所示。

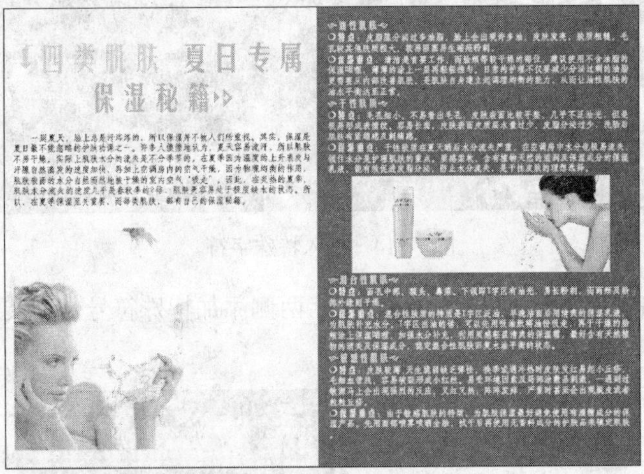

图 7-118 添加特殊字符

（11）使用“文字工具” T 在页面中单击，插入光标，创建新的文本，然后在“字形”调板中选择箭头形状的特殊符号作为装饰图形，并调整符号的大小，如图 7-119～图 7-121 所示。

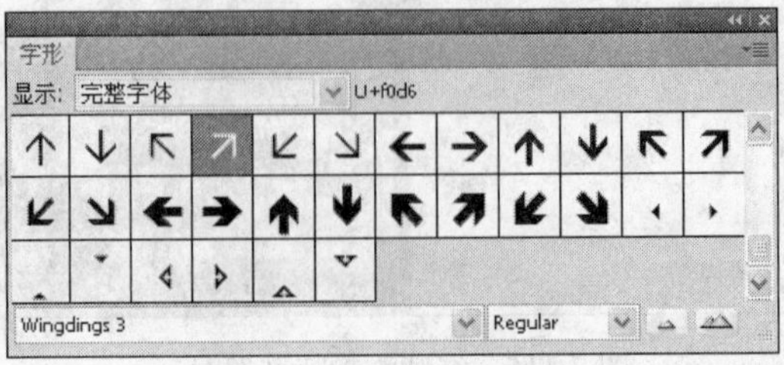

图 7-119 “字形”调板

图 7-120　“字符”调板

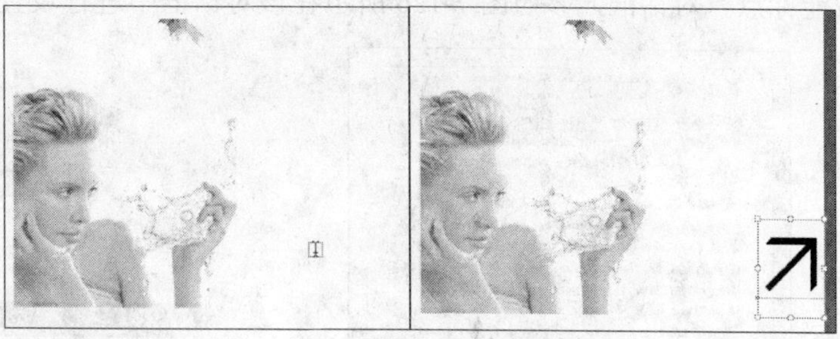

图 7-121　输入特殊字符

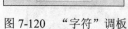

（12）参照图 7-122 所示，设置字符的颜色，完成特殊字符的添加。

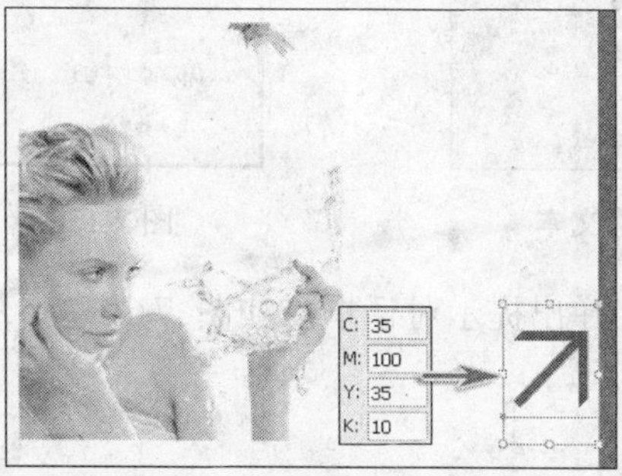

图 7-122　调整特殊字符的颜色

7.8　书籍排版（智能标点命令）

“文字”菜单中的“智能标点”命令可搜索键盘标点字符，并将其替换为相同的印刷体标点字符。此外，如果字体包括连字符和分数符号，便可以使用“智能标点”命令统一插入连字符和分数符号。

下面通过书籍排版实例的制作，为读者介绍如何使用智能标点命令。该实例的完成效果如图 7-123 所示。

智能标点命令

（1）执行“文件”|“打开”命令，打开配套素材\Chapter-07\“英文书籍内页.ai”文件，如图 7-124 所示。

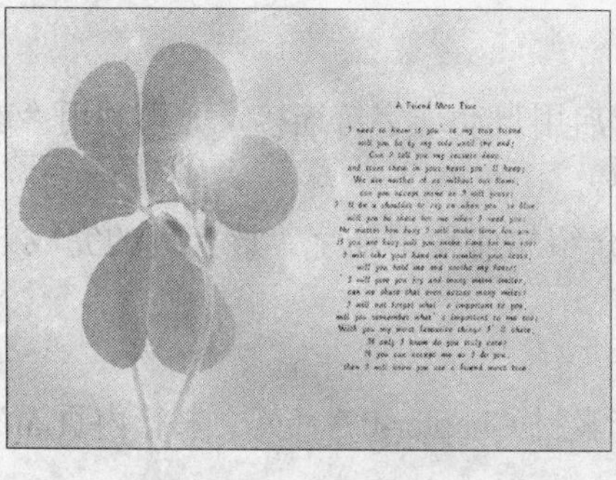

图 7-123　完成效果

图 7-124　素材文件

（2）选中页面中的段落文本，如图 7-125 所示，执行“文字”|“智能标点”命令，打开“智能标点”对话框，参照图 7-126 所示在该对话框中进行设置。

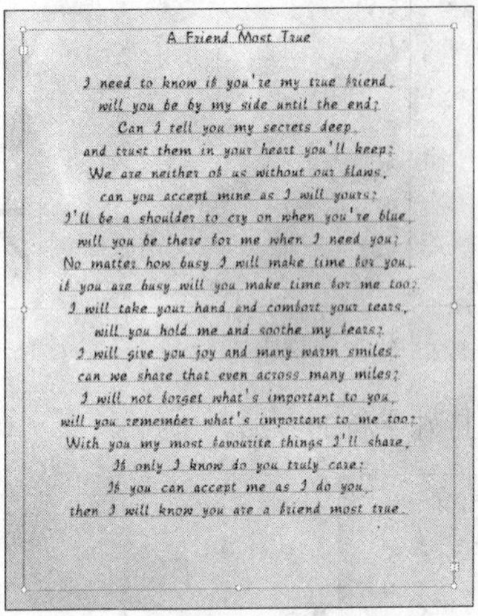

图 7-125 选中段落文本

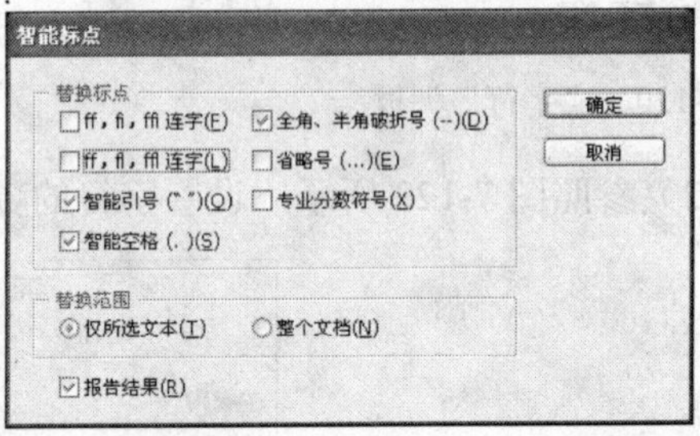

图 7-126 “智能标点”对话框

（3）单击“确定”按钮，弹出提示对话框，如图 7-127 所示。再单击“确定”按钮，完成标点的转换，如图 7-128 所示。

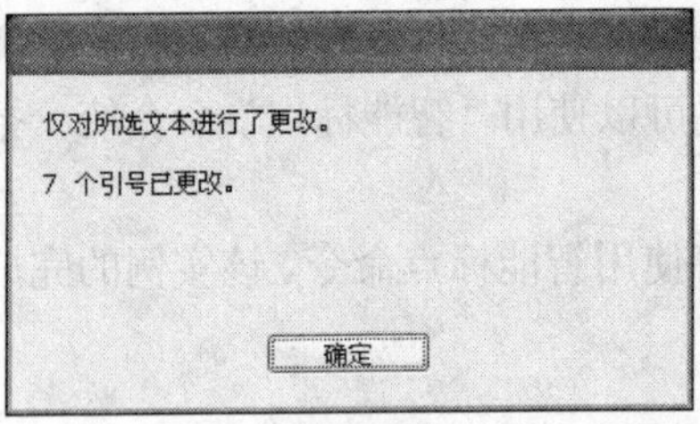

图 7-127 提示对话框

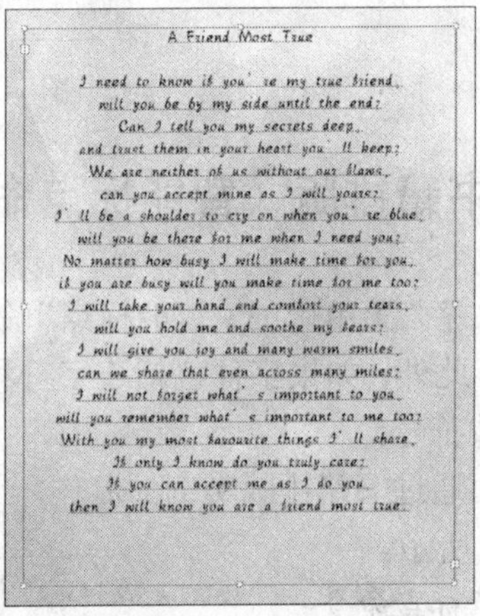

图 7-128 转换标点

7.9 排版英文书籍（使用连字）

在“段落”调板中勾选“连字”复选框，即可启用自动连字符连接，如果利用“连字”对话框，则可以进行更为详细的设置。

下面通过排版英文书籍实例的制作，为读者介绍如何使用连字。该实例的完成效果如图 7-129 所示。

使用连字

（1）执行“文件”|“打开”命令，打开配套素材\Chapter-07\“英文书籍内页.ai”文件，如图 7-130 所示。

图 7-129　完成效果

图 7-130　素材文件

（2）选中页面中的段落文本，执行“窗口”|“文字”|“段落”命令，打开“段落”调板，单击调板右上角的▾≡按钮，在弹出的菜单中选择“连字”命令，打开“连字”对话框，设置参数后，然后单击“确定”按钮，使段落文本产生连字效果，如图 7-131～图 7-133 所示。

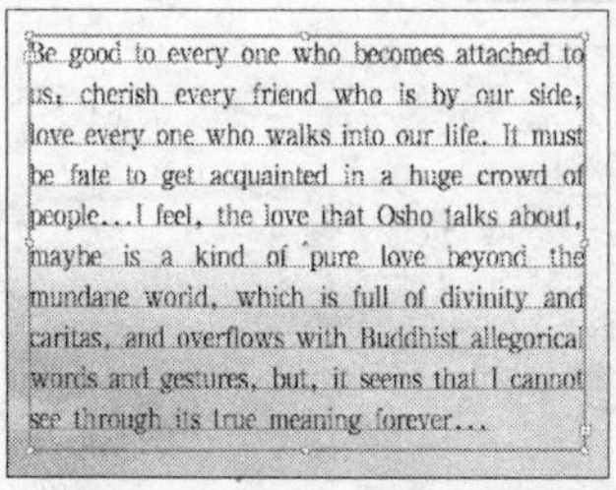

图 7-131　选中段落文本

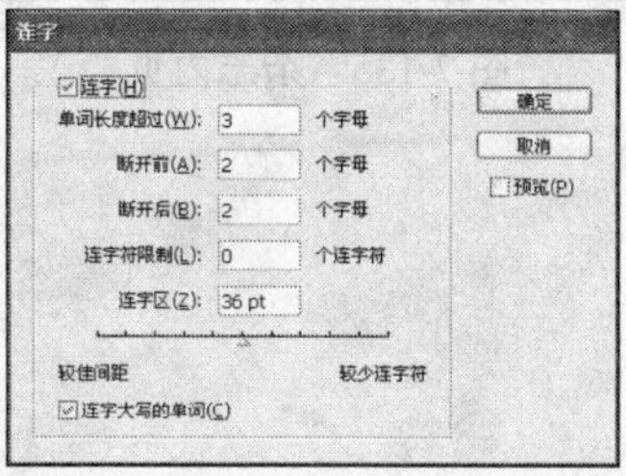

图 7-132　“连字”对话框

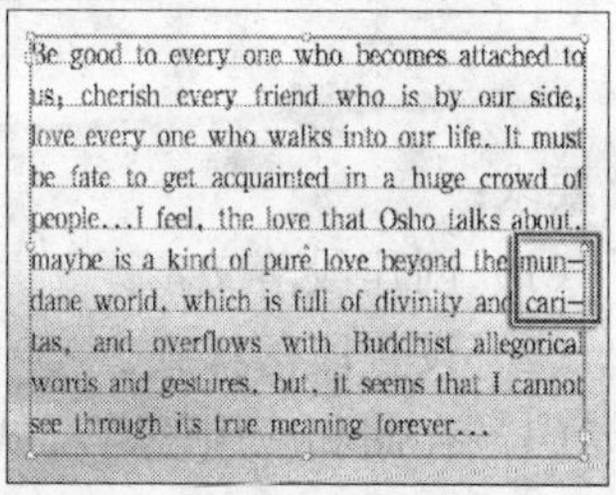

图 7-133　连字效果

课后练习

1．设计制作宣传页，效果如图 7-134 所示。

图 7-134　宣传页

要求：

（1）创建点文字。

（2）将文本转换为图形。

（3）设置文字的样式。

（4）应用和存储字符样式。

2．设计制作杂志内页，效果如图 7-135 所示。

图 7-135 杂志内页

要求：

（1）创建段落文本。

（2）设置段落样式。

（3）存储和应用段落样式。

（4）图文混排。

第 8 课

图表的编辑

本课知识结构

在对各种数据进行统计和比较时，为了获得更加精确、直观的效果，可以用图表的方式来表述。Illustrator CS5 提供了多个不同的图表工具，利用这些工具可以创建出相应类型的图表，并可以在创建图表后进行进一步的编辑，如定义图表的坐标轴，为图表设置图例的位置、设置图表颜色属性，等等。

就业达标要求

☆ 创建各种图表　　☆ 对图表进行设置
☆ 为图表设置颜色　　☆ 为图表添加图案

8.1 实例：工作量统计表（创建图表）

在工具箱中包括 9 个图表工具，这些工具可以创建 9 种不同的图表。工具的使用方法相同，都是先设置图表的大小，再输入数据。这里不再一一介绍每个工具的使用方法，仅以“柱形工具”为例详细介绍创建图表的方法。

下面以创建工作量统计表为例，为读者详细介绍创建图表的方法和设置图表颜色的方法。该实例的完成效果如图 8-1 所示。

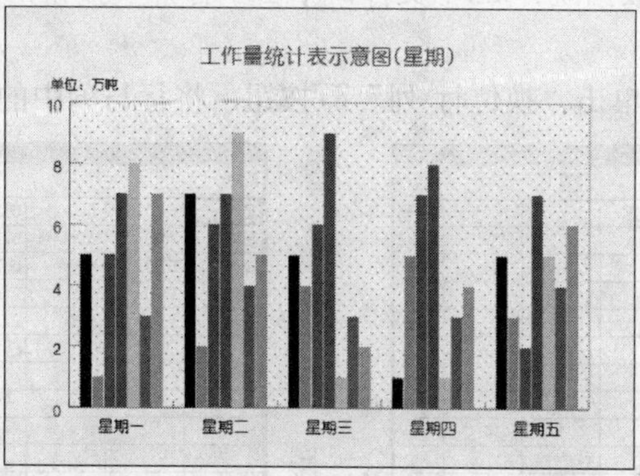

图 8-1　完成效果

1. 图表工具

（1）在 Illustrator CS5 中，执行“文件”|“打开”命令，打开本书配套素材\Chapter-08\

“素材 01.ai”文件，如图 8-2 所示。

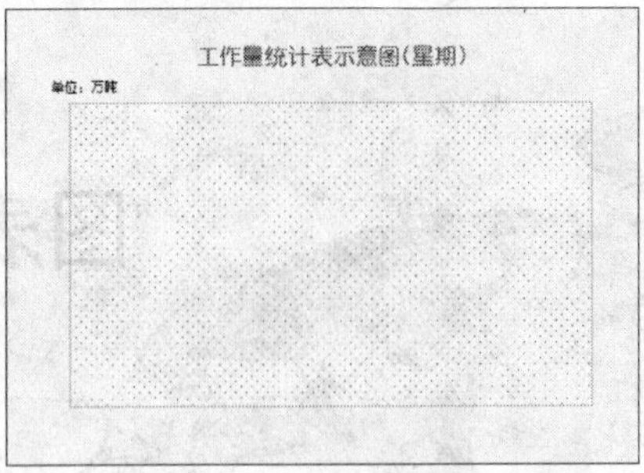

图 8-2　素材文件

（2）选择工具箱中的“柱形图工具”，在页面上单击，打开“图表”对话框，设置图表的宽度和高度，如图 8-3 所示。单击“确定”按钮，这时弹出“图表数据输入”对话框，如图 8-4 所示。

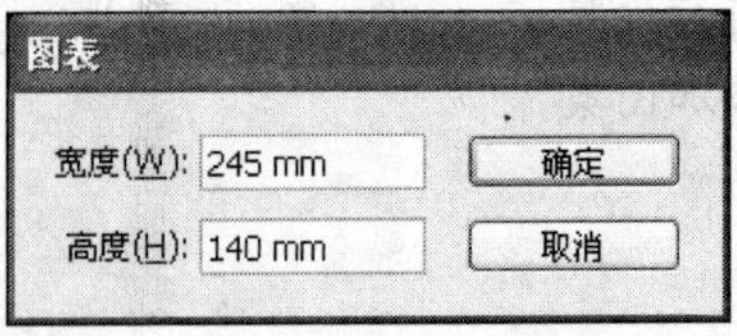

图 8-3　“图表”对话框

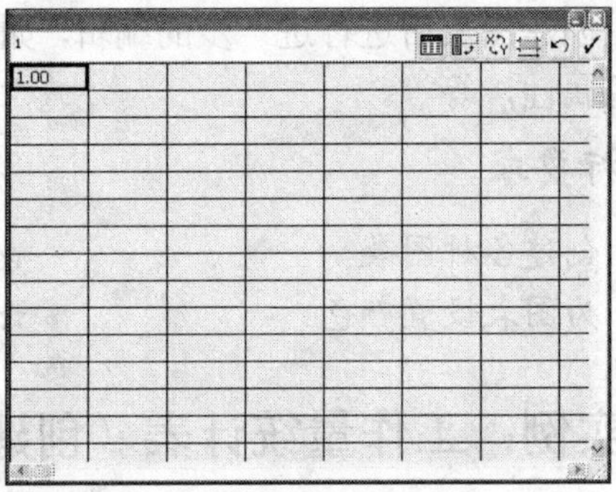

图 8-4　图表数据输入框

注意　创建后的图表不可以调整图表大小。如果需要调整图表的大小，需要将图表扩展。

（3）单击对话框顶部的“导入数据”按钮，打开“导入图表数据”对话框，选择配套素材\Chapter-08\“工作量数据统计.txt”文件，单击“打开”按钮，将工作量数据统计导入到图表数据中，如图 8-5 所示。

（4）参照图 8-6 所示单击“换位行\列”按钮，将行与列中的数据对换。

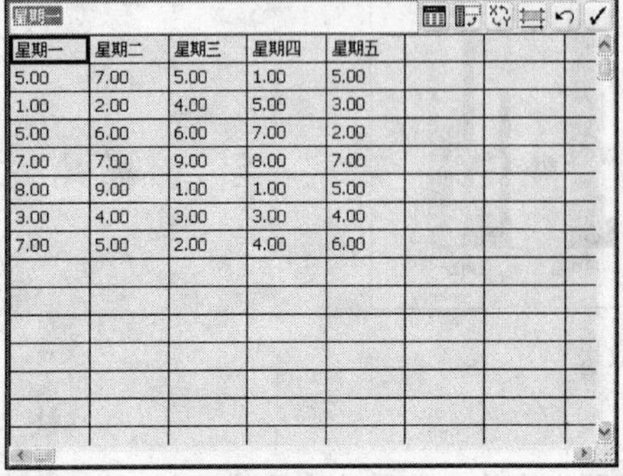

星期一
星期一 星期二 星期三 星期四 星期五
5.00 7.00 5.00 1.00 5.00
1.00 2.00 4.00 5.00 3.00
5.00 6.00 6.00 7.00 2.00
7.00 7.00 9.00 8.00 7.00
8.00 9.00 1.00 1.00 5.00
3.00 4.00 3.00 3.00 4.00
7.00 5.00 2.00 4.00 6.00

图 8-5　导入数据

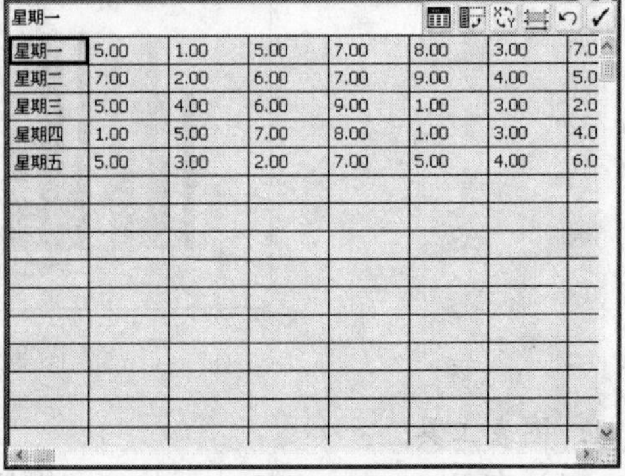

星期一
星期一 5.00 1.00 5.00 7.00 8.00 3.00 7.0
星期二 7.00 2.00 6.00 7.00 9.00 4.00 5.0
星期三 5.00 4.00 6.00 9.00 1.00 3.00 2.0
星期四 1.00 5.00 7.00 8.00 1.00 3.00 4.0
星期五 5.00 3.00 2.00 7.00 5.00 4.00 6.0

图 8-6　调整数据位置

（5）单击右上角的“应用” ✓ 按钮，将数据应用到图表中，并关闭该对话框，效果如图 8-7 所示。

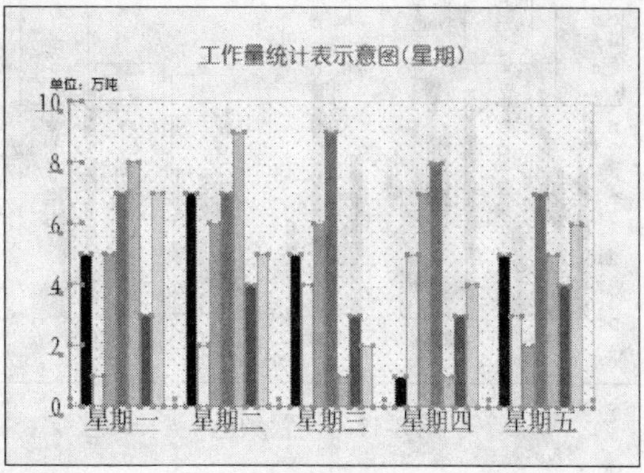

图 8-7　将数据应用到图表中

（6）选择“编组选择工具”，在数值文本上单击两次，将数值轴上的数值选中，参照图 8-8 所示设置文字的字体和字号。

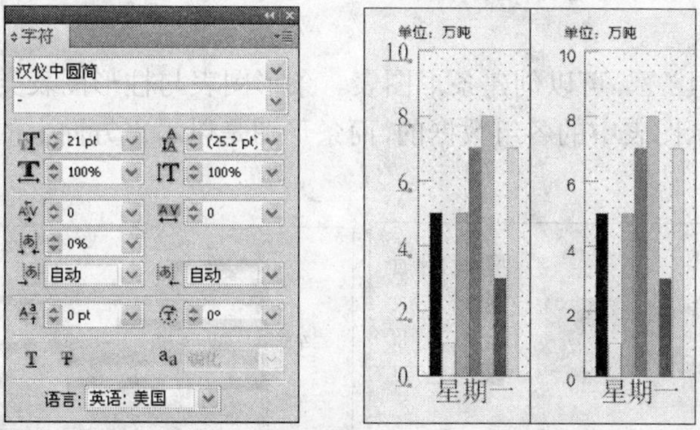

图 8-8　设置文字的格式

（7）使用相同的方法和参数，继续为类别轴上的文本设置格式，如图 8-9 所示。

（8）在图形上单击两次，将图表中颜色相同的矩形选中，参照图 8-10 所示设置图形的颜色和描边。

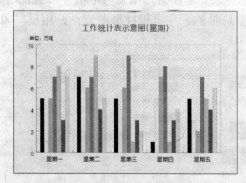

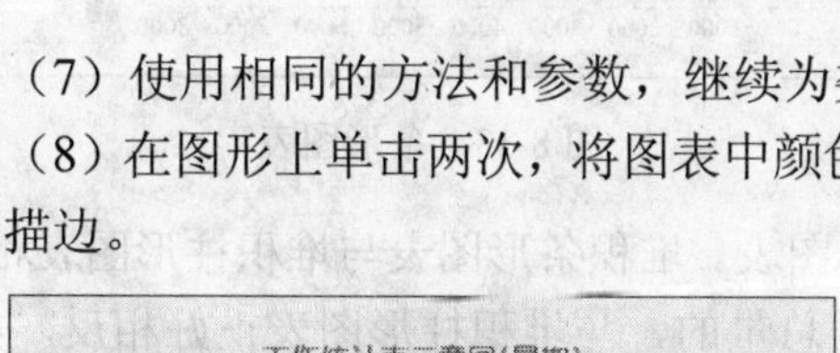

图 8-9　继续设置文字的格式

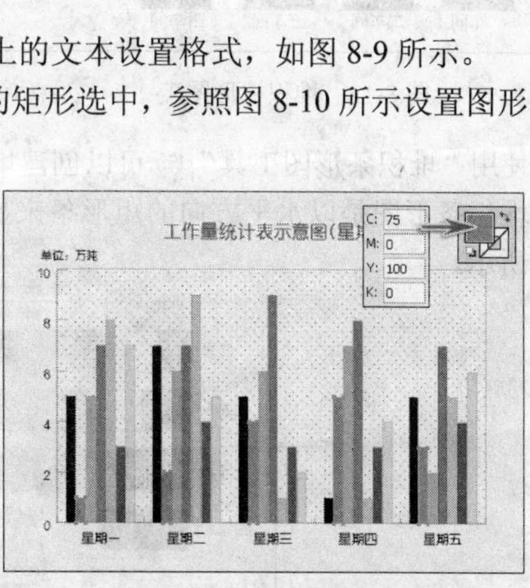

图 8-10　设置图形颜色

（9）使用相同的方法，设置其他图形的颜色和描边颜色，如图 8-11 所示。

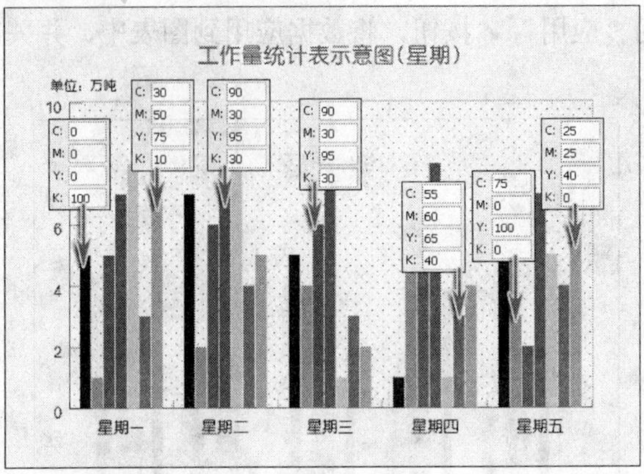

图 8-11　设置颜色

2. 图表类型

使用“堆积柱形图工具” 可以创建堆积柱形图表。堆积柱形图表与柱形图表都可以显示出相同数量的信息，只是显示的方式不同。柱形图表显示的是单一数据的比较，而堆积柱图表则是全部的数据总和，并将总数进行比较，如图 8-12 所示。因此，在进行数据总量比较时，多用堆积柱形图表来表示。

使用“条形图工具” 可以创建条形图表。条形图表与柱形图表类似，只是柱形图是以垂直方向上的矩形显示图表中的各组数据的，而条形图是以水平方向上的矩形来显示图表中数据的，如图 8-13 所示。

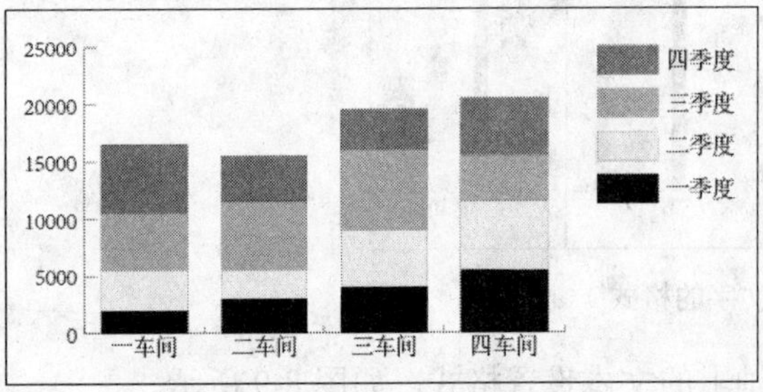

图 8-12　堆积柱形图表

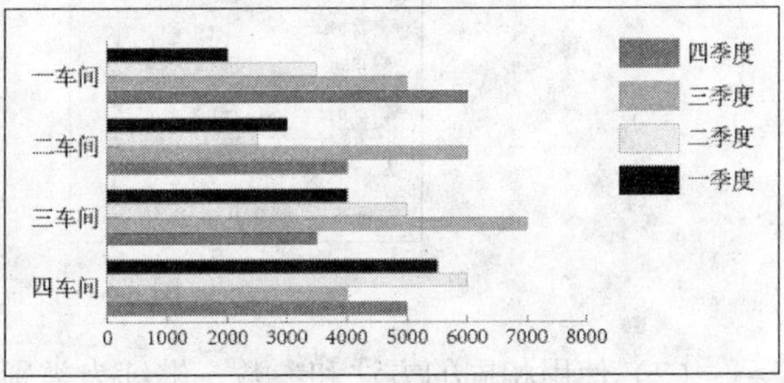

图 8-13　条形图表

使用“堆积条形图工具” 可以创建堆积条形图表。堆积条形图表与堆积柱形图表相似，但是堆积条形图是以水平方向的矩形条来显示数据总量的，与堆积柱形图表正好相反，如图 8-14 所示。

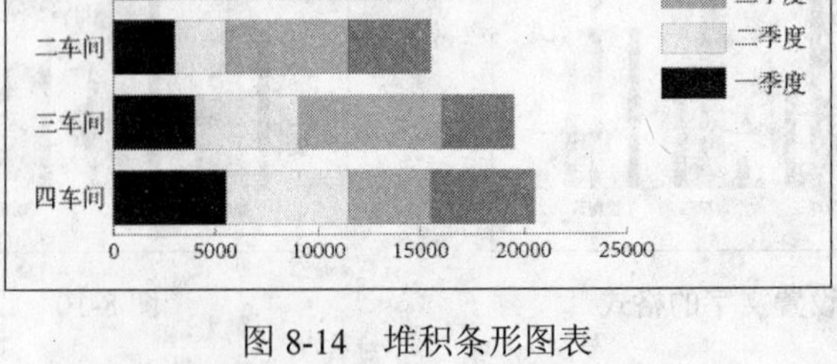

图 8-14　堆积条形图表

使用“折线图工具” 可以创建折线图表。折线图可以显示出某种事物随时间变化的发展趋势，并且能很明显地表现出数据的变化走向，这样可以了解事物发展过程的主要变化特性。折线图表也是一种比较常见的图表，如图 8-15 所示。实际生活中常用折线图表的如医院里的体温变化图和证券交易所中的股市行情图等。折线图表可以给人很直接、很明了的视觉效果。

使用“面积图工具”可以创建面积图表。面积图表可以用点来表示一组或多组数据，并用不同折线连接图表中所有的点，从而形成面积区域，并且将折线内部填充为不同的颜色。实质上面积图表就像是一个填充了颜色的折线图表，如图 8-16 所示。

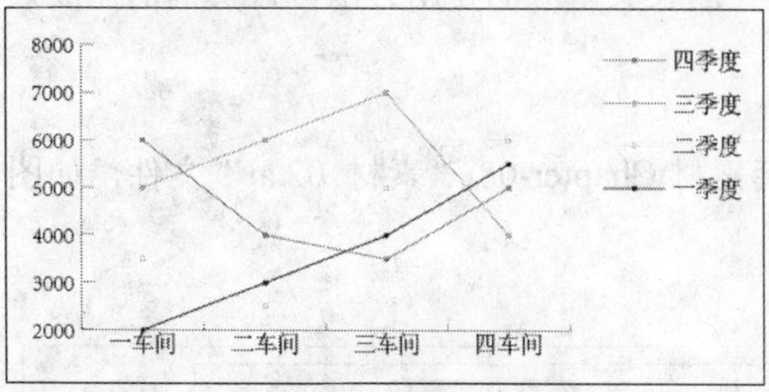

图 8-15　折线图表

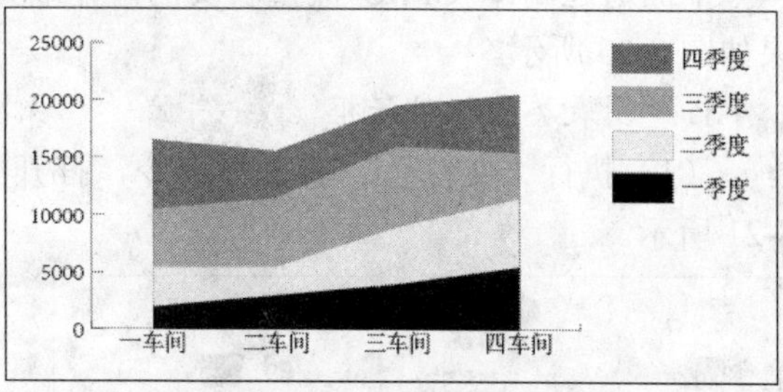

图 8-16　面积图表

使用“散点图工具”可以创建散点图表。散点图表和其他图表不太一样，散点图表可以将两种有对应关系的数据同时在一个图表中表现出来。散点图表的横坐标与纵坐标都是数据坐标，两组数据的交叉点形成了坐标点，如图 8-17 所示。“切换 X/Y”按钮是专为散点图设计的，可调整 *X* 轴和 *Y* 轴的位置。

使用“饼图工具”可以创建饼状的图表。饼图是一种常见的图表，适合于一个整体中各组成部分的比较，该类图表应用的范围比较广。饼图的数据整体显示为一个圆，每组数据按照其在整体中所占的比例，以不同颜色的扇形区域显示出来。但饼图不能准确地显示出各部分的具体数值，如图 8-18 所示。

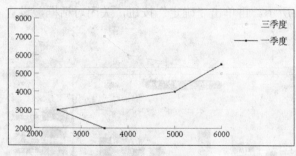

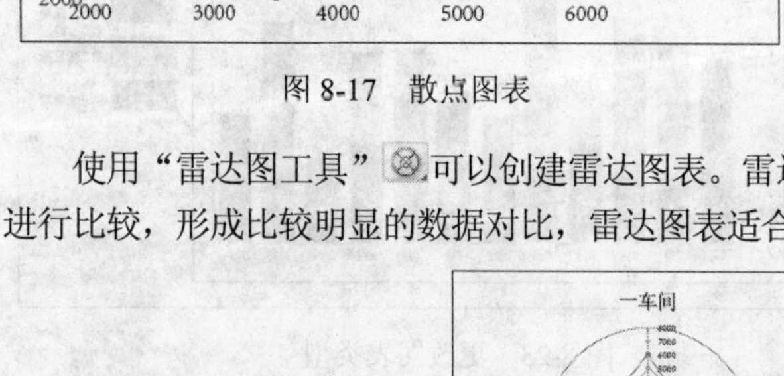

图 8-17　散点图表

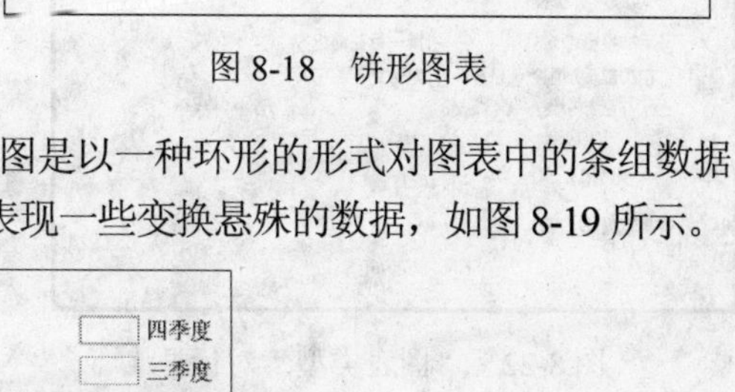

图 8-18　饼形图表

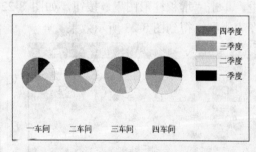

使用“雷达图工具”可以创建雷达图表。雷达图是以一种环形的形式对图表中的条组数据进行比较，形成比较明显的数据对比，雷达图表适合表现一些变换悬殊的数据，如图 8-19 所示。

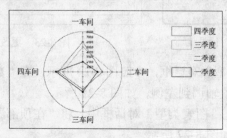

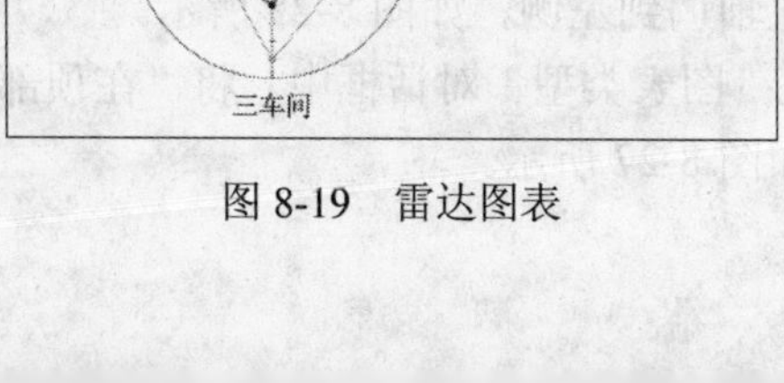

图 8-19　雷达图表

8.2 实例：GPRS 流量表（设置图表）

本节介绍设置图表的方法。对图表的设置主要在“图表类型”对话框中实现，在该对话框中不但可以设置图例的位置、数轴的刻度，还可以为图表添加投影、更改图表的类型，等等。

下面通过制作 GPRS 流量表实例，详细介绍“图表类型”的使用方法。该实例的完成效果如图 8-20 所示。

1. “图表类型”对话框

（1）执行“文件”|“打开”命令，打开配套素材\Chapter-08\“素材 02.ai”文件，如图 8-21 所示。

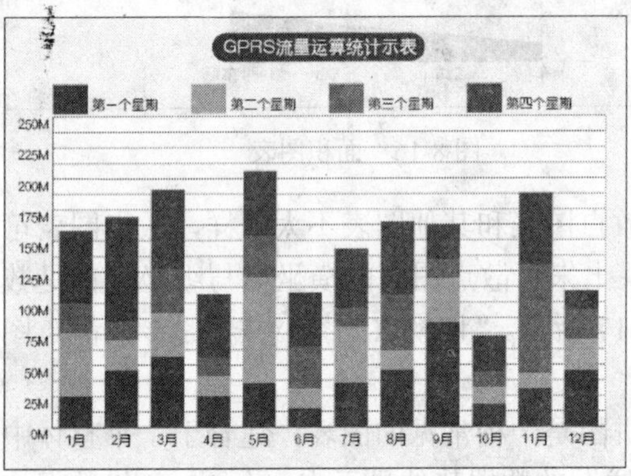

图 8-20　完成效果

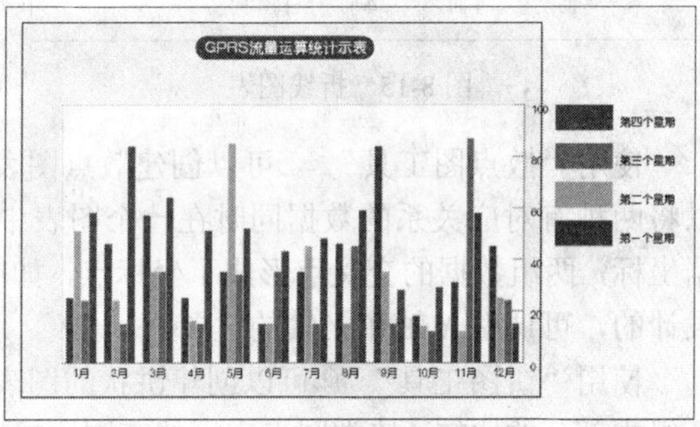

图 8-21　素材文件

（2）选中页面中的图表，执行“对象”|“图表”|“类型”命令，打开“图表类型”对话框，单击“堆积柱形图”按钮，如图 8-22 所示。再单击“确定”按钮，关闭对话框，设置图表类型，得到图 8-23 所示效果。

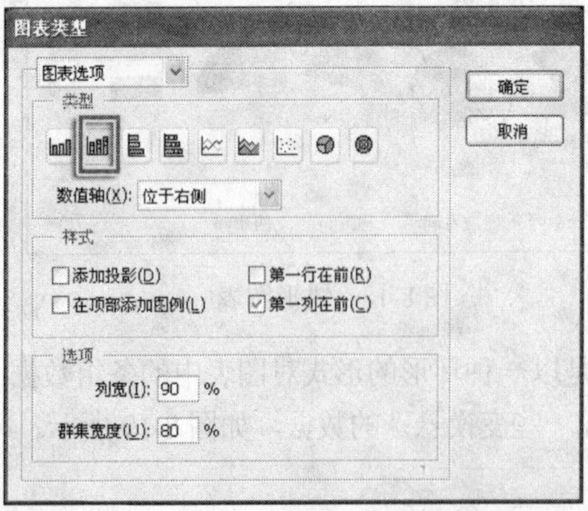

图 8-22　“图表类型”对话框 1

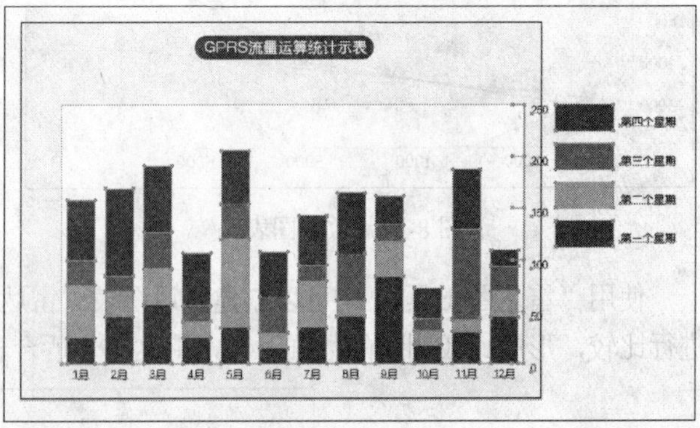

图 8-23　更改图表类型

（3）再次打开“图表类型”对话框，参照图 8-24 所示，在“数值轴”选项下拉列表中选择“位于左侧”命令，将数值轴调到左侧，如图 8-25 所示。

（4）参照图 8-26 所示在“图表类型”对话框中，将“在顶部添加图例”复选框勾选，使图例图形移到图表的顶部，如图 8-27 所示。

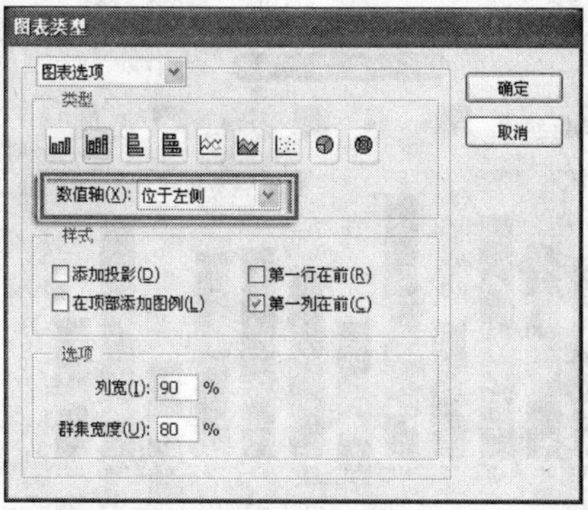

图 8-24　“图表类型”对话框 2

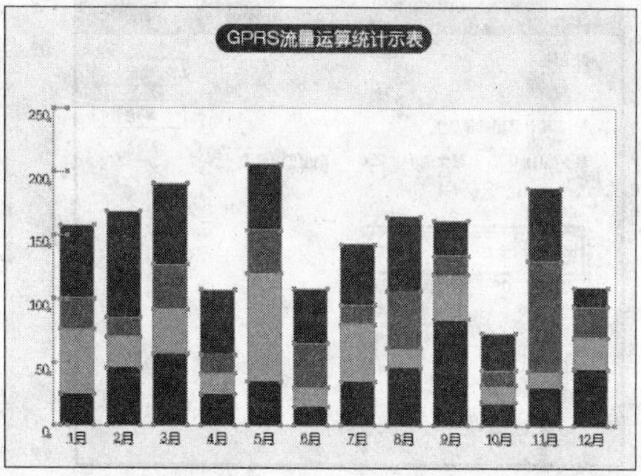

图 8-25　设置数值轴位于左侧

2. 设置坐标轴

（1）在“图表类型”对话框顶部下拉列表中选择“数值轴”选项，参照图 8-28 所示，勾选“忽略计算出的值”复选框，并设置“刻度”选项的参数，从而设置刻度显示的数量，效果如图 8-29 所示。

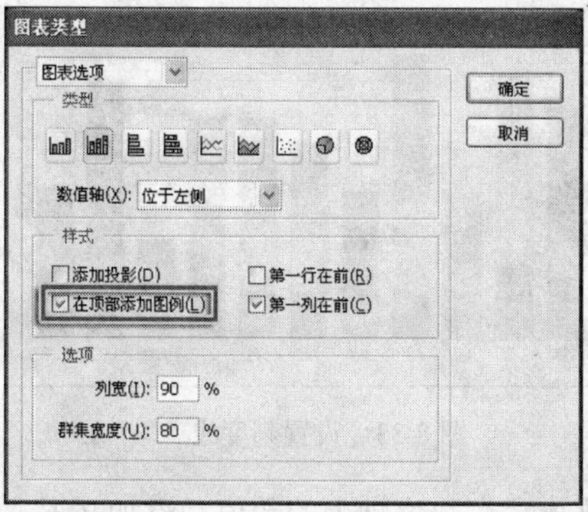

图 8-26　“图表类型”对话框 3

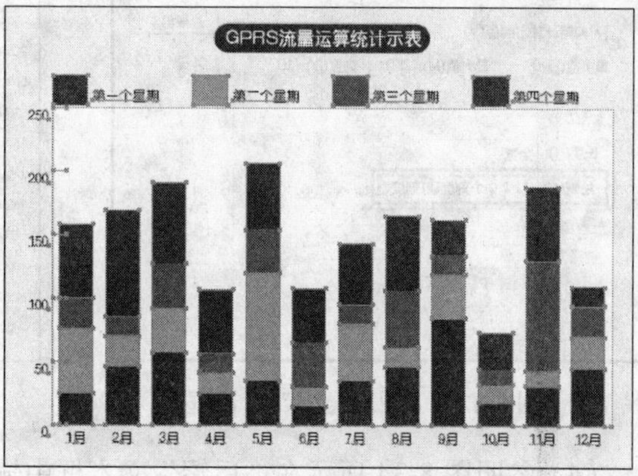

图 8-27　使图例图形移到图标的顶部

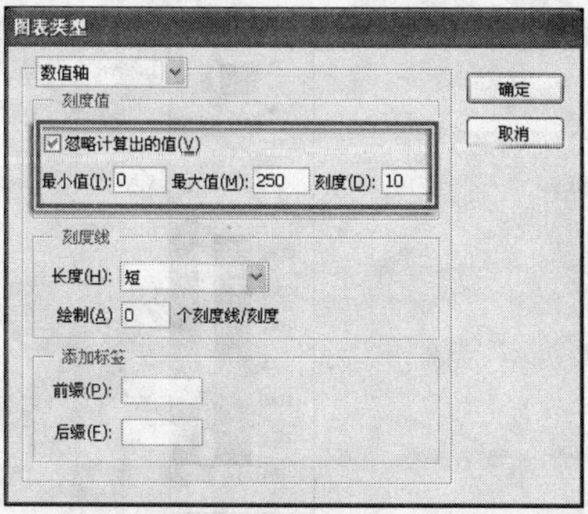

图 8-28　“图表类型”对话框 4

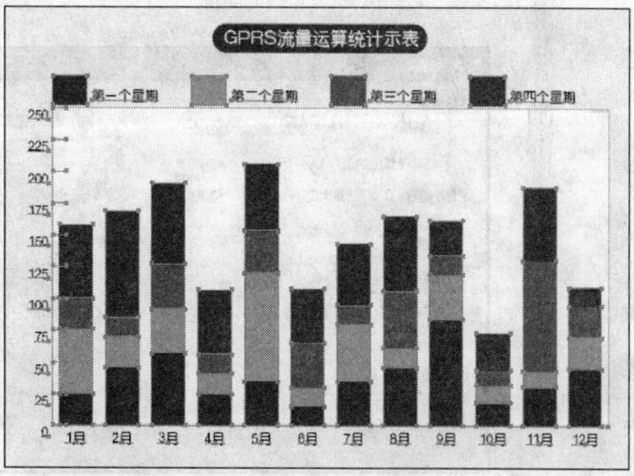

图 8-29　设置数值轴

（2）参照图 8-30 所示在“图表类型”对话框中，设置“长度”选项为“全宽”，使刻度线与图表的宽度相等，如图 8-31 所示。

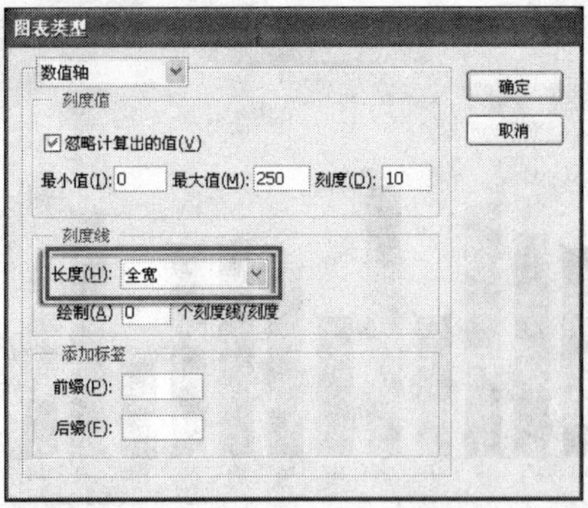

图 8-30 “图表类型”对话框 5

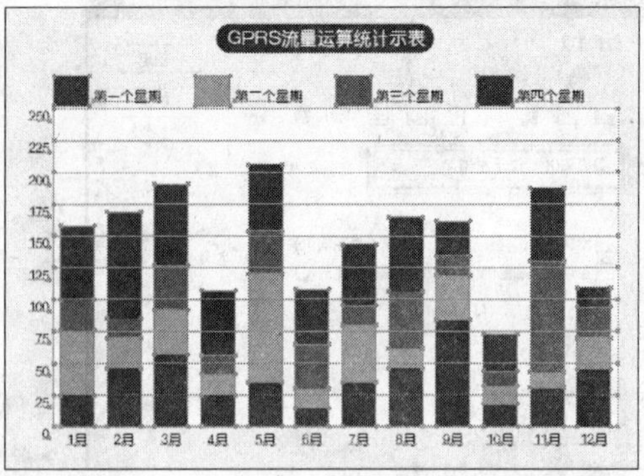

图 8-31 设置刻度线与图表的宽度相等

（3）接下来在“图表类型”对话框中，设置“绘制”选项的参数，如图 8-32 所示。设置刻度与刻度之间的刻度线，效果如图 8-33 所示。

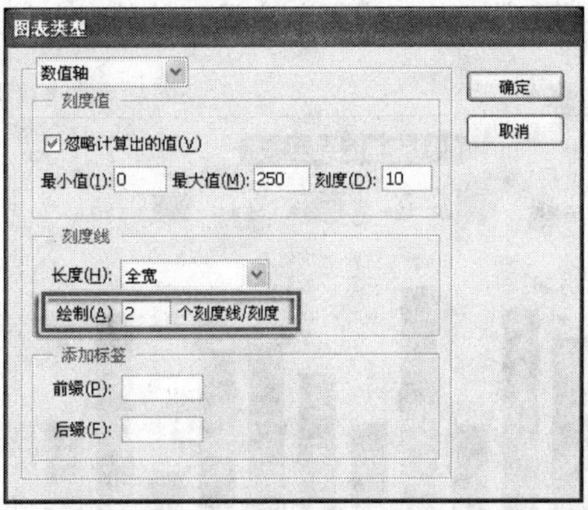

图 8-32 “图表类型”对话框 6

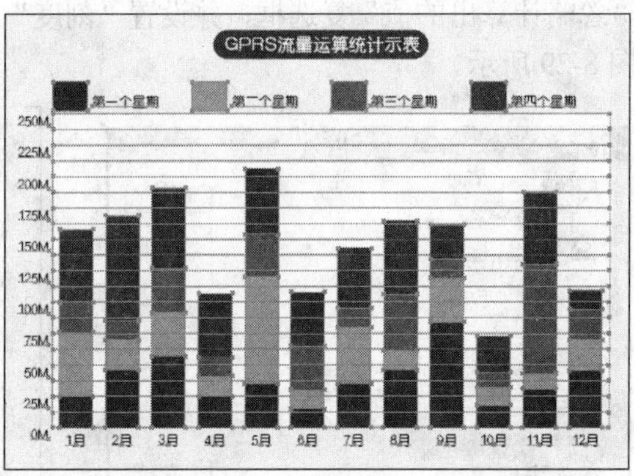

图 8-33 设置刻度线

（4）参照图 8-34 所示在“后缀”文本框中输入文本，在数值轴上的数值后添加文本，如图 8-35 所示。其中“前缀”选项，是在数值轴前面添加文本。

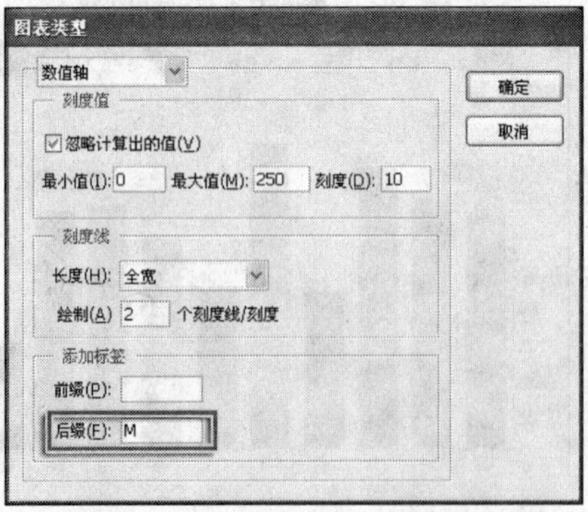

图 8-34 “图表类型”对话框 7

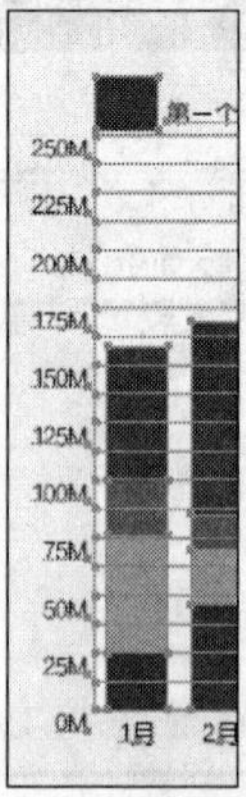

图 8-35 添加标签

（5）最后在“图表类型”对话框中，设置其他选项的参数，如图 8-36 所示，从而完成本实例的绘制，效果如图 8-37 所示。

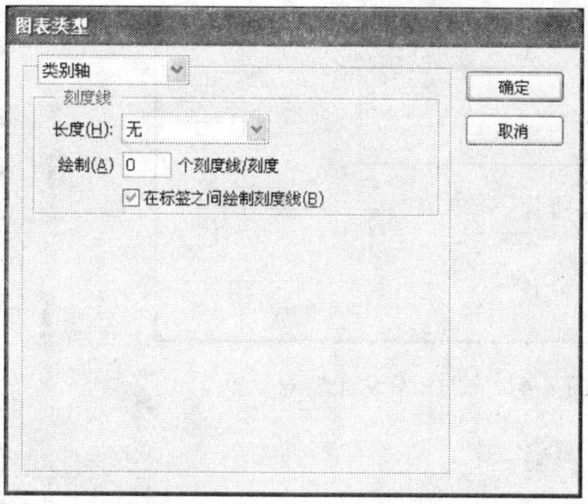

图 8-36　“图表类型”对话框 8

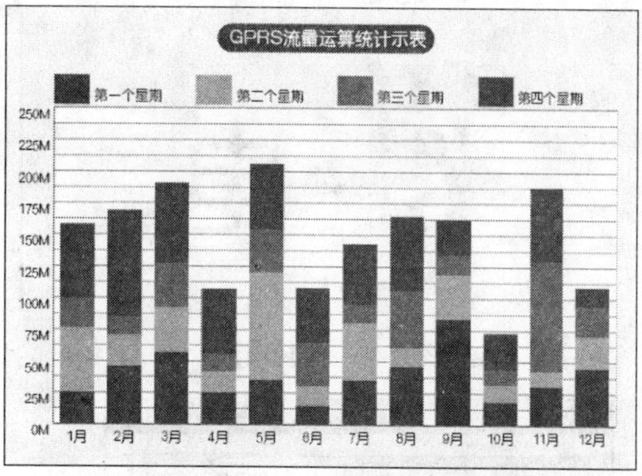

图 8-37　设置其他参数

8.3　实例：电子邮件数量统计表（图案图表）

通过执行“设计”命令可以将图形转换为图案，再执行“柱形图”命令将图案应用到图表中。要注意只有在柱形图表、堆积柱形图表、条形图表和堆积条形图表中才可以使用图案来显示数据。

下面通过制作电子邮件数量统计表实例，详细讲述使用图案装饰图表的方法。该实例的制作完成效果如图 8-38 所示。

1. 自定义图表图案

（1）执行“文件”|“新建”命令，打开配套素材\Chapter-08\“素材 03.ai”文件，如图 8-39 所示。

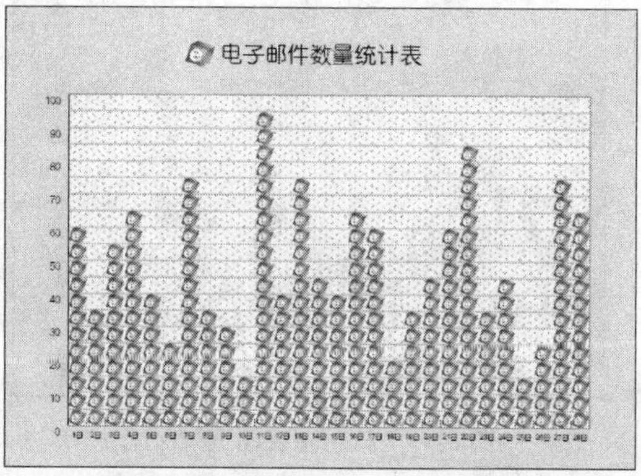

图 8-38　完成效果

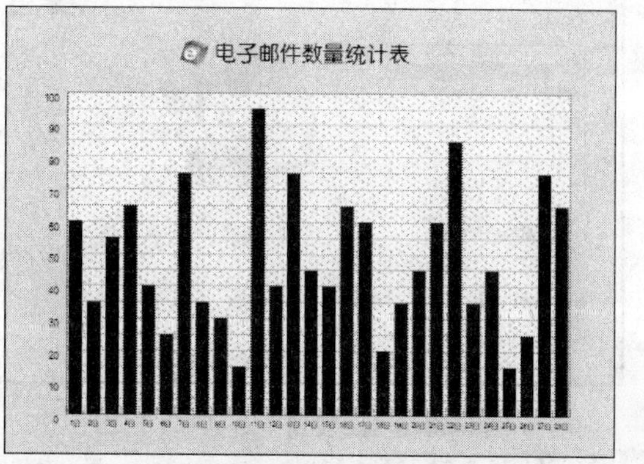

图 8-39　素材文件

（2）参照图 8-40 所示将页面中的图形选中。

（3）执行“对象”|“图表”|“设计”命令，打开“图表设计”对话框，如图 8-41 所示。

（4）在“图表设计”对话框中，单击“新建设计”按钮，将图形创建为图表图案，如图 8-42 所示。

（5）在“图表设计”对话框中，单击“重命名”按钮，打开“重命名”对话框，设置名称为“e 图案”，如图 8-43 所示，单击“确定”按钮完成名称的设置，并关闭“图表设计”对话框。

图 8-40 选择图形

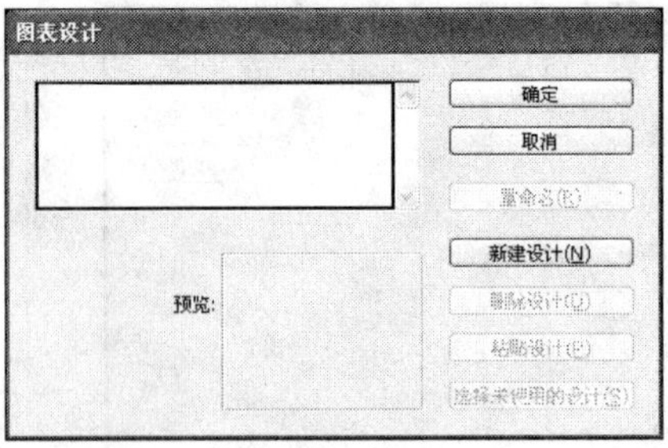

图 8-41 “图表设计”对话框

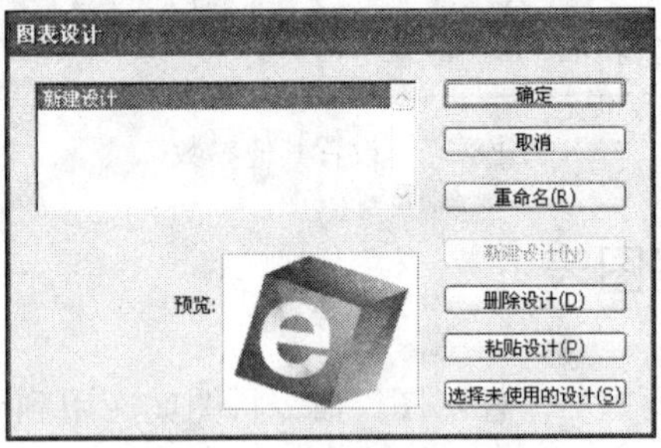

图 8-42 新建图表图案

图 8-43 设置图案名称

2. 应用图表图案

（1）选中页面中的图表，执行“对象”|“图表”|“柱形图”命令，打开“图表列”对话框，如图 8-44 所示，选择“e 图案”，并设置对话框中的参数。

（2）设置好参数后，单击“确定”按钮，将自定义图案应用到图表中，如图 8-45 所示。

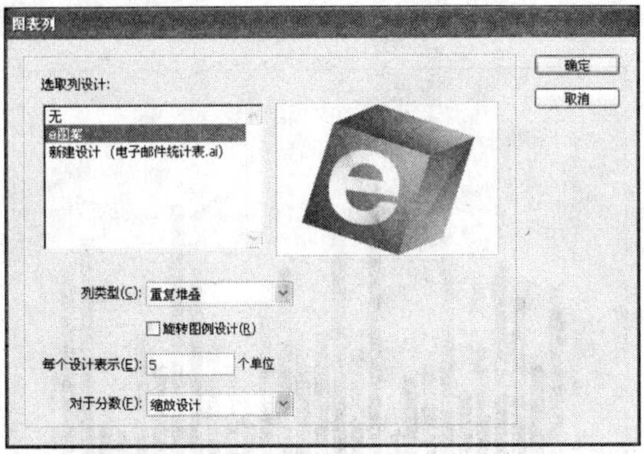

图 8-44 “图表列”对话框

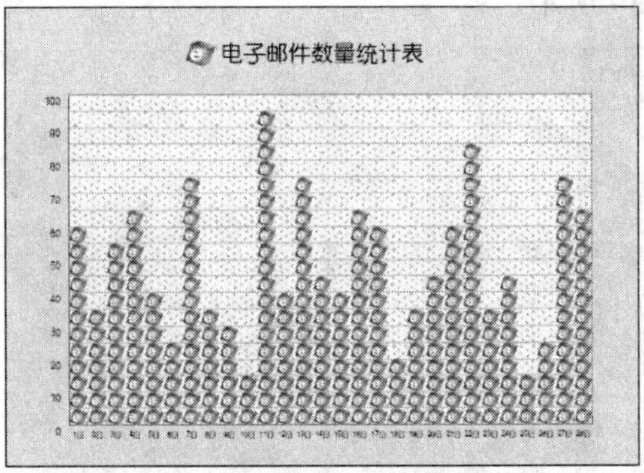

图 8-45 应用图表图案效果

课后练习

1. 设计制作水果产量图表，效果如图 8-46 所示。

要求：

（1）创建堆积柱形图表。

（2）对图表进行设置。

2. 设计制作上半年销售量报表，效果如图 8-47 所示。

要求：

（1）创建饼状图表。

（2）对图表进行设置。

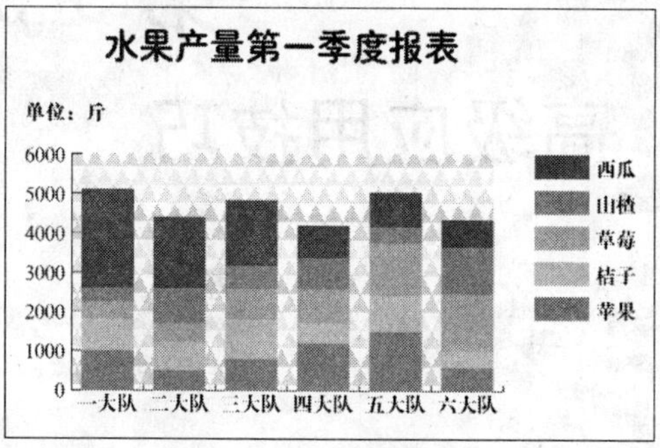

图 8-46　水果产量图表

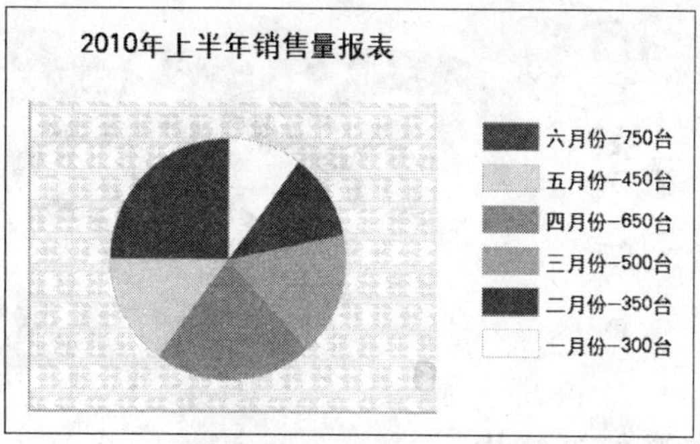

图 8-47　上半年销售量报表

第 9 课

高级应用技巧

本课知识结构

在 Illustrator CS5 中，包含了一些高级应用技巧，这些技巧相对于其他命令与工具的用法来说，具有一定的难度，其中涵盖了图层的基本操作，也涉及到了【动作】调板的使用方法，相信通过本课实例的具体操作与知识点的解析，读者可以快速、全面地掌握相关知识，并学以致用。

就业达标要求

- ☆ 隐藏和显示图层
- ☆ 锁定和解锁图层
- ☆ 复制图层
- ☆ 创建剪切蒙版
- ☆ 录制动作
- ☆ 创建混合效果
- ☆ 创建颜色混合效果
- ☆ 创建封套效果
- ☆ 编辑封套
- ☆ 应用动作

9.1 实例：汽车广告（图层）

图层就像透明的纸一样，通过叠在一起，组成页面中的最终效果。每个图层都可以包含任意数量的图形。上层的图形自动出现在其下层图形的前面。通过图层的创建和管理可以方便地将当前图层的对象进行编辑和组织。

下面通过汽车广告实例的制作，来详细介绍图层创建和管理的方法。汽车广告完成效果如图 9-1 所示。

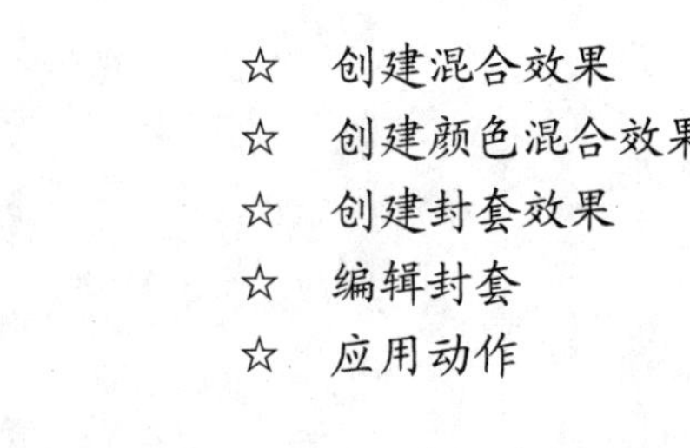

图 9-1 完成效果

1. 介绍“图层”调板

对图层的创建和管理都是在“图层”调板中进行的。执行“窗口”|“图层”命令，打开“图层”调板，如图 9-2 所示。

● 眼睛图标：在“图层”调板上，图层名的前面都有一个眼睛图标，表示该图层能在页面上显示出来，如果用鼠标单击眼睛图标，该层就会被隐藏起来，该层的内容便不能被编辑。

● 锁定图标：如果在图层眼睛图标后面有一个锁定图标，表示该层已经被锁定，不能再对其进行编辑工作。

● 创建新图层：用于创建一个新图层。

● 删除所选图层：用于删除一个选定的图层。

● 创建新子图层：用于在当前图层上新建一个子图层。

● 建立/释放剪切蒙版：用于在当前图层上创建或释放一个蒙版。

在“图层”调板中，单击右上角的调板按钮，弹出一个快捷菜单，在该菜单中包含了一些图层操作命令，如图 9-及图 9-4 所示。

图 9-2　“图层”调板 1

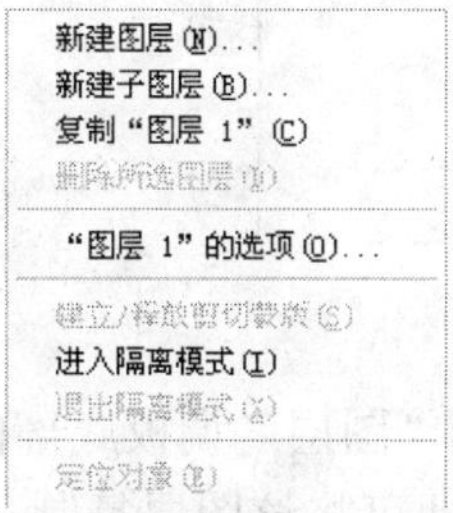

图 9-3　快捷菜单（上）

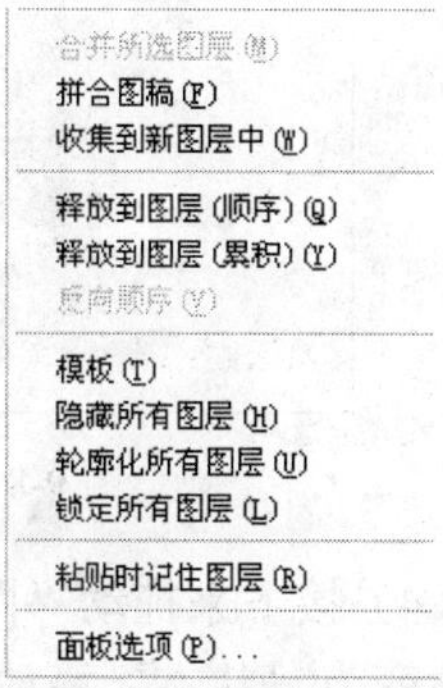

图 9-4　快捷菜单（下）

2. 图层的操作

（1）在 Illustrator CS5 中，执行“文件”|“打开”命令，打开本书配套素材\Chapter-09\“广告背景.ai”文件，如图 9-5 所示。

图 9-5　素材文件

（2）单击“图层”调板右上角的按钮，在弹出的快捷菜单中选择“新建图层”命令，打开“图层选项”对话框，保持对话框的默认状态，单击“确定”按钮，新建“图层 3”，如图 9-6、图 9-7 所示。

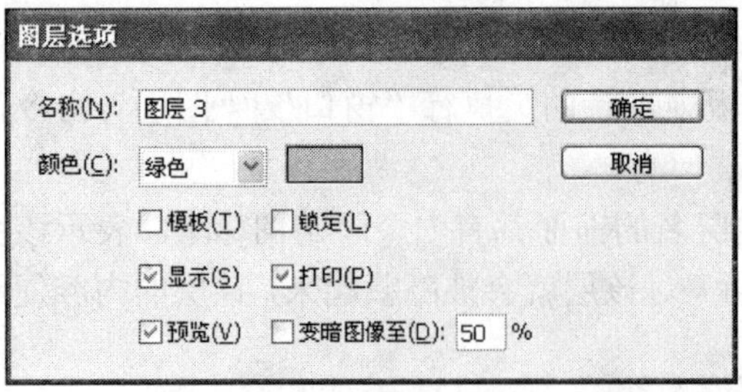

图 9-6 “图层选项”对话框

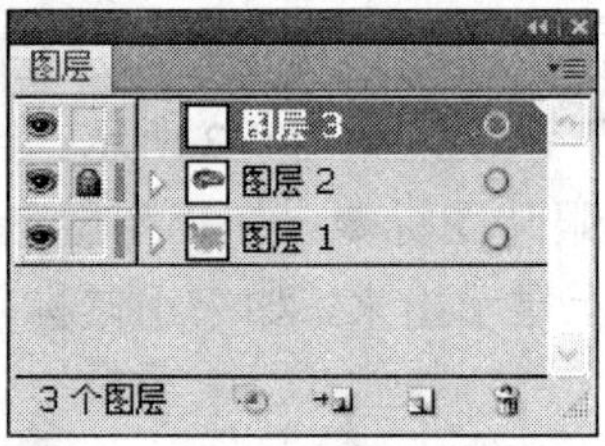

图 9-7 新建“图层 3”

注意 单击“图层”调板底部的“创建新图层”按钮，可以直接创建一个新图层。

（3）使用“文字工具” T 为页面添加文本，如图 9-8 所示。观察“图层”调板可以发现，添加的文本信息在新建的“图层 3”中，如图 9-9 所示。

图 9-8 添加文本

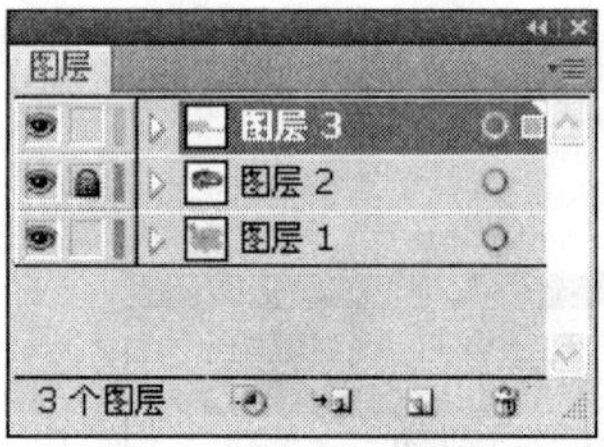

图 9-9 “图层”调板 2

（4）接下来拖动“图层 3”到“图层”调板底部的“创建新图层”按钮上，这时鼠标指针变为状态，释放鼠标后，即可将该图层复制，如图 9-10、图 9-11 所示。

（5）单击“图层 1”将其选中，如图 9-12 所示。按住键盘上 Ctrl 键的同时单击“图层 3”，可以将非连续的图层选中，如图 9-13 所示。

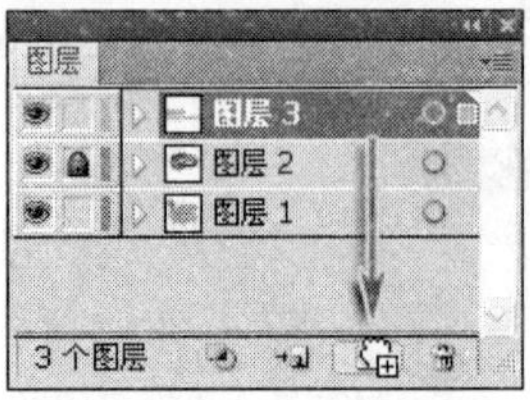

图 9-10 复制图层

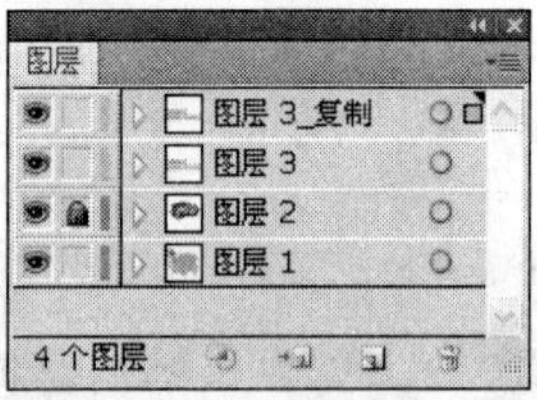

图 9-11 “图层”调板 3

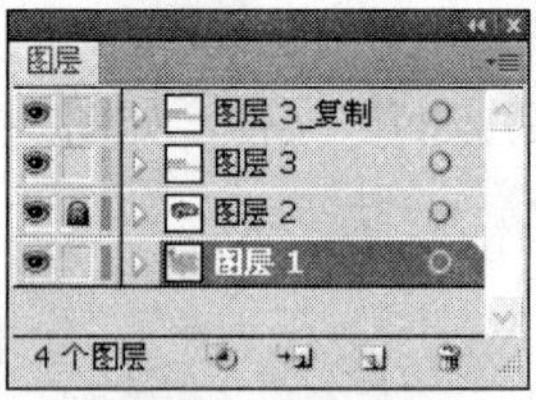

图 9-12 选择“图层 1”

（6）参照图 9-14 所示，选择“图层 2”，按住键盘上的 Shift 键单击“图层 3_复制”图层，可以将“图层 2”和“图层 3_复制”图层之间的图层全部选中，如图 9-15 所示。

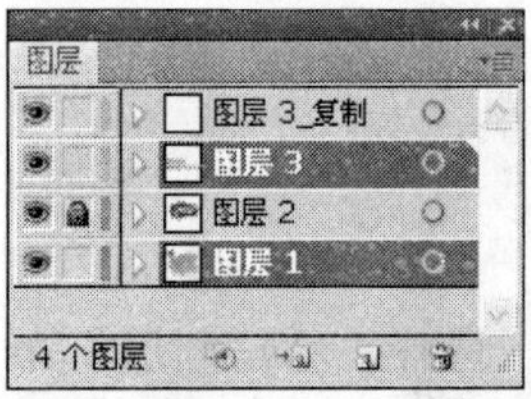

图 9-13 选择多个不连续的图层

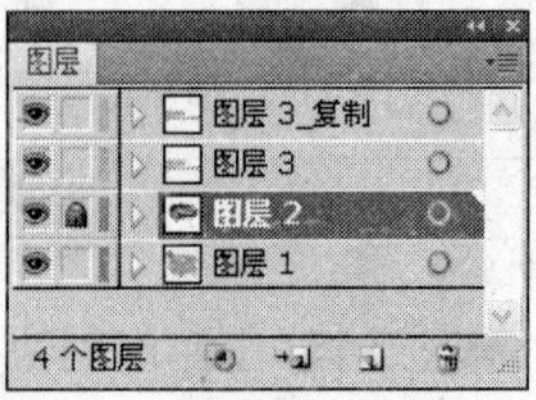

图 9-14 选择“图层 2”

图 9-15 选择多个连续的图层

（7）在“图层”调板中，拖动“图层 1”到“图层 2”的上方位置，调整图层顺序，如图 9-16、图 9-17 和图 9-18 所示的效果。

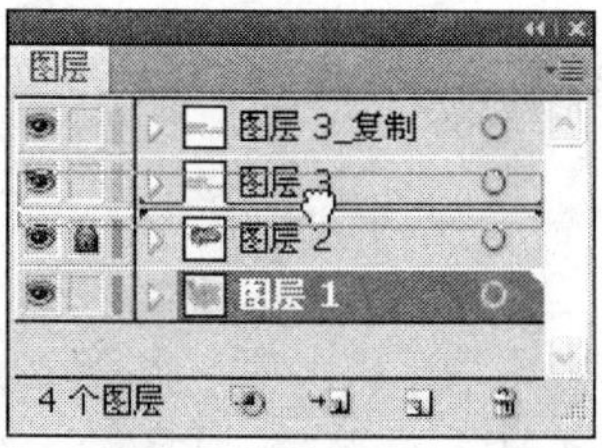

图 9-16　移动图层

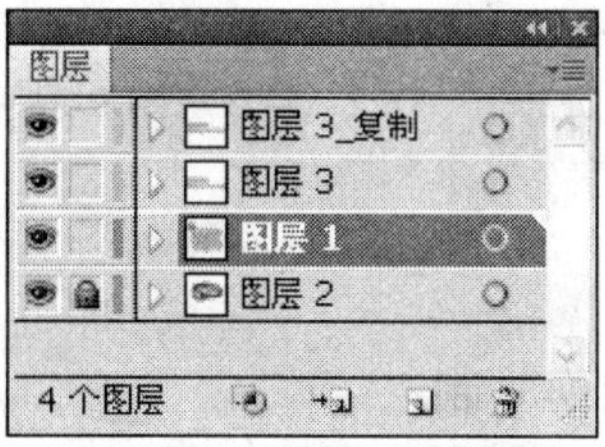

图 9-17　“图层”调板 4

图 9-18　移动图形效果

（8）选中“图层 2”和“图层 3”，单击“图层”调板右上角的按钮，在弹出的快捷菜单中选择“合并所选图层”命令，将两个图层中的图形合并到一个图层中，如图 9-19、图 9-20 所示。

（9）选择“图层 3_复制”图层，单击“图层”调板底部“删除所选图层”按钮，这时弹出提示对话框，单击“是”按钮，将图层删除，如图 9-21、图 9-22 所示。

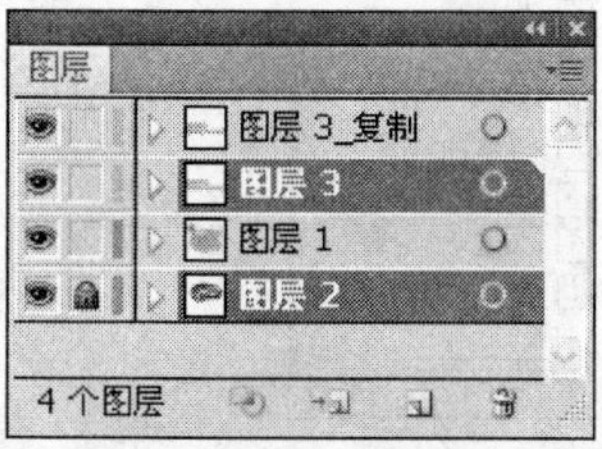

图 9-19　选择图层

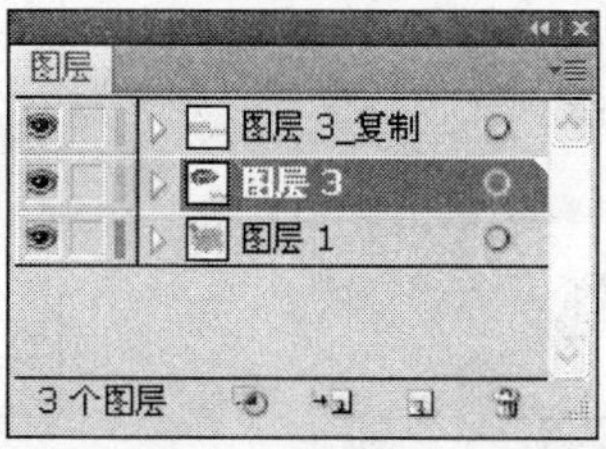

图 9-20　合并图层

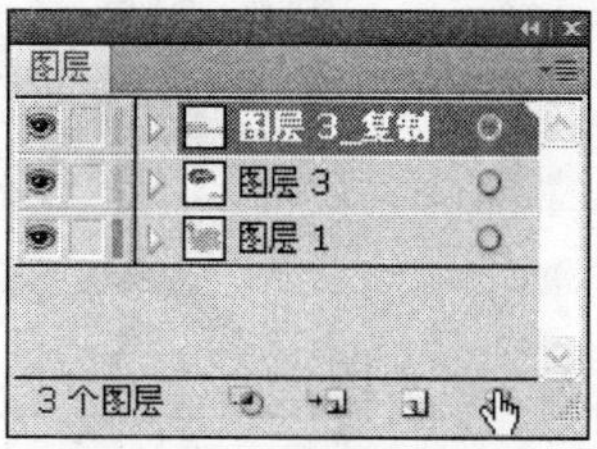

图 9-21　“图层”调板 5

（10）参照图 9-23 所示选取页面中相应的图形，此时在“图层”调板中“图层 1”右侧将出现彩色方块，如图 9-24 所示。

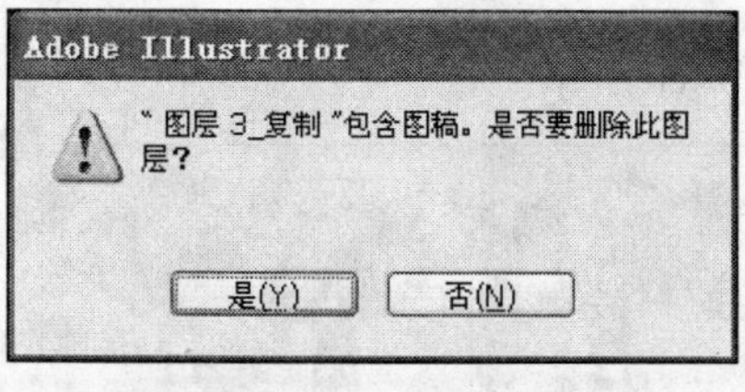

图 9-22　删除图层

图 9-23　选择图形

图 9-24　“图层”调板 6

（11）拖动“图层 1”右侧彩色方块到“图层 3”中，将“图层 1”中的图形移动到“图层 3”图层中，如图 9-25、图 9-26 所示。

3. “图层”调板菜单中的命令

下面介绍“图层”调板菜单中各个命令的作用。

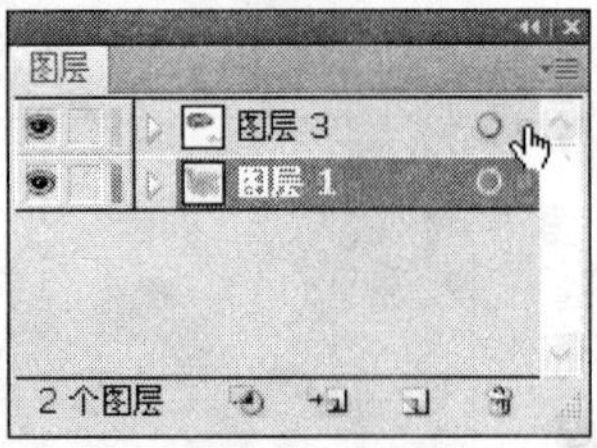

图 9-25 移动图形

图 9-26 完成效果

- 新建图层：创建新图层。
- 新建子图层：创建新的子图层。
- 复制所选图层：将当前选择的图层复制。
- 删除所选图层：将所选图层删除。
- 所选图层的选项：更改当前图层的属性。
- 定位对象：展开图层中的图形，显示当前选择图形的位置，如图 9-27、图 9-28 所示。

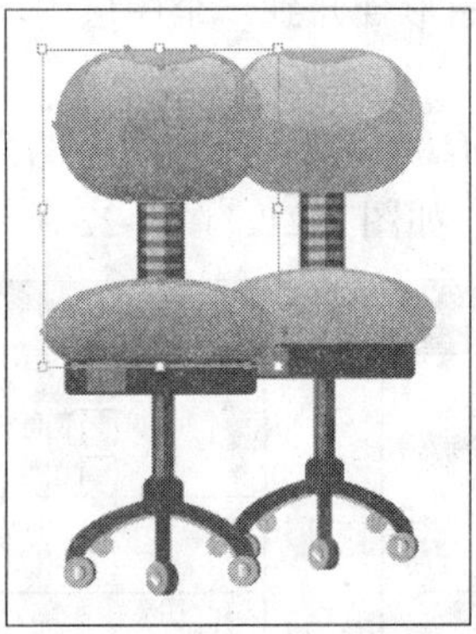

图 9-27 选择的图形

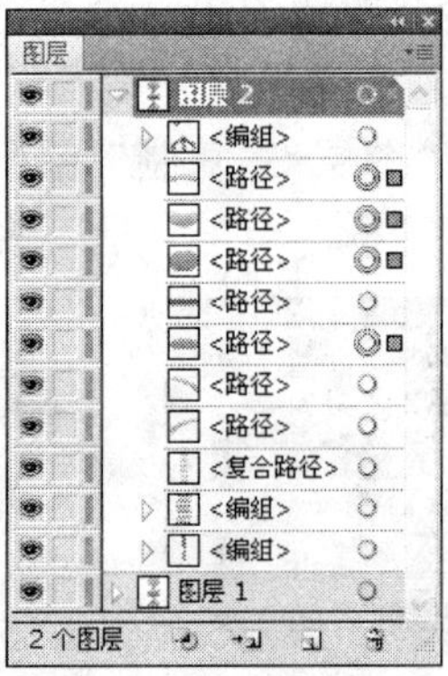

图 9-28 定位对象效果

- 合并所选图层：将两个以上的图层内容合并到顶层的图层中。
- 拼合图稿：执行该命令将当前文档中所有图层中的内容合并到同一个图层中，图 9-29 所示。
- 收集到新图层中：创建一个新的图层，并将当前选择的图层作为新图层的子图层。
- 释放到图层：将当前选择的图形，放置到新图层中。
- 反向顺序：将选择图层的顺序反转，如图 9-30、图 9-31 所示。

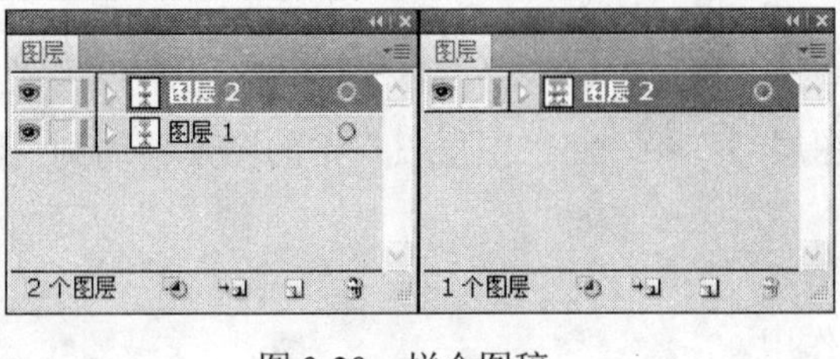

图 9-29 拼合图稿

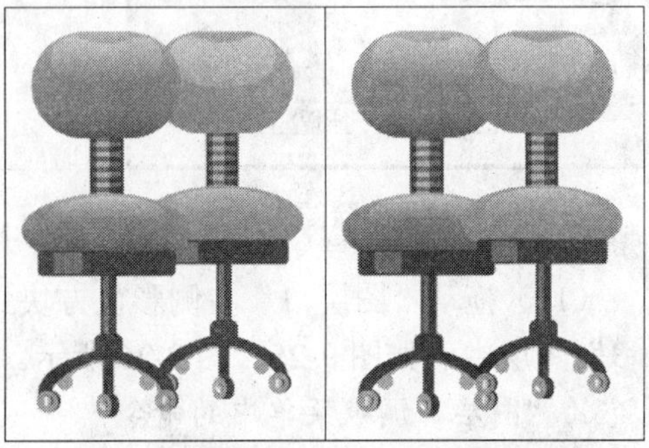

图 9-30 调整图层顺序

● 模板：将当前图层更改为模板图层。
● 隐藏其他图层：将未选择的图层隐藏。
● 轮廓化其他图层：只显示选择的图层，其他图层以轮廓的形式显示。
● 锁定其他图层：将未选择的图层锁定。
● 粘贴时记住图层：将副本图形粘贴到原图形所在的图层中。
● 面板选项：执行该选项，打开“图层面板选项”对话框，设置调板的属性，如图 9-32 所示。

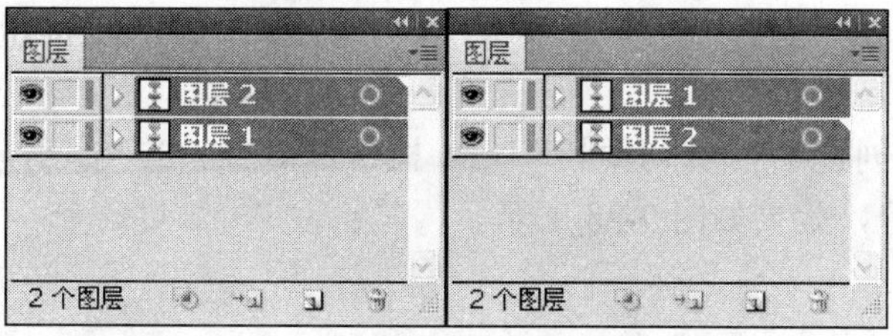

图 9-31　反向顺序

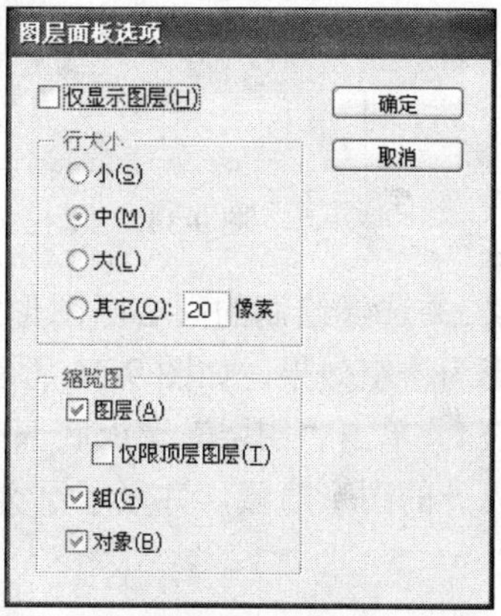

图 9-32　“图层面板选项”对话框

9.2　实例：光盘盘面设计（剪切蒙版）

剪切蒙版是一个可以用形状遮盖其他图形的对象，因此使用剪切蒙版，只能看到蒙版形状区域内的图形，从外观上来说，就是将图形裁剪为蒙版的形状。以编辑的方式不同，可以将剪切蒙版分为两种，一种是将选择的图形创建为蒙版，另一种是将整个图层创建为蒙版。

下面通过光盘盘面设计的制作，详细介绍剪切蒙版的创建方法。本实例的制作完成效果如图 9-33 所示。

图 9-33　完成效果

1. 图形剪切蒙版

（1）执行“文件”|“打开”命令，打开配套素材\Chapter-09\“卡通兔子.ai”文件，如图 9-34 所示。

（2）在“图层”调板中选择“图层 1”，使用“椭圆工具”绘制同心圆，如图 9-35 所示。

图 9-34 素材文件

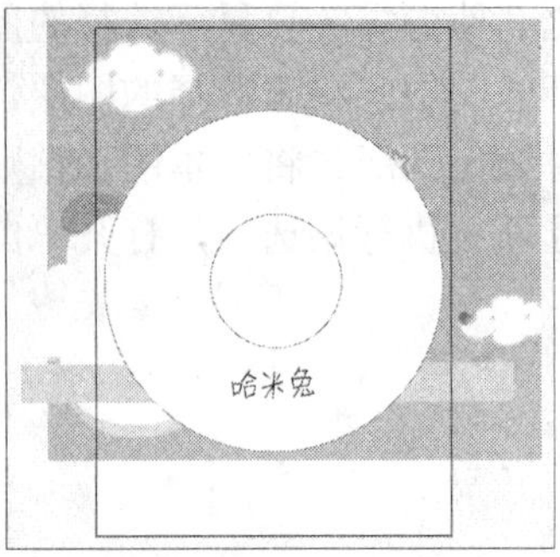

图 9-35 绘制图形

（3）选择绘制的同心圆图形，单击“路径查找器”调板中的“剪去顶层”按钮，修剪图形为镂空效果，如图 9-36 所示。

（4）单击“图层”调板底部的“创建/释放剪切蒙版”按钮，如图 9-37 所示，使该图形以外的图形隐藏，并显示重叠部分，效果如图 9-38 所示。

图 9-36 修剪同心圆

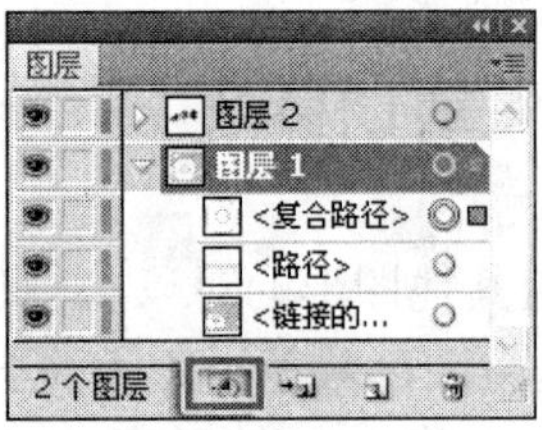

图 9-37 “图层”调板

图 9-38 显示的效果

2. 文本剪切蒙版

（1）选取“图层 2”中的对象，执行“对象”|“剪切蒙版”|“建立”命令，创建剪切蒙版，使文字以外的图形隐藏，得到图 9-39 所示效果。

（2）使用“椭圆工具”在光盘中心位置继续绘制图形，如图 9-40 所示。设置轮廓颜色为浅灰色（C：0、M：0、Y：0、K：40），完成光盘盘面的制作。

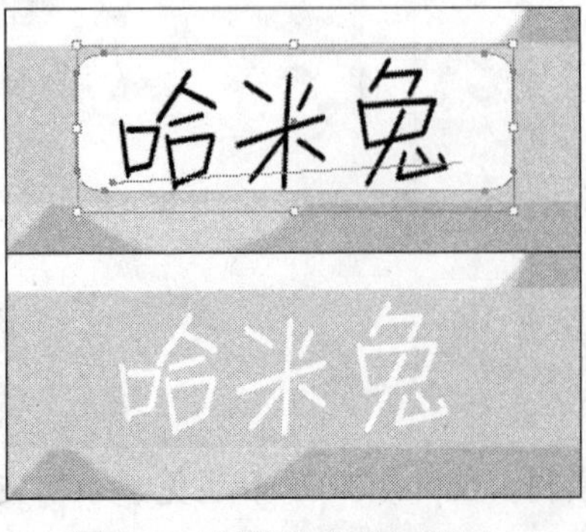

图 9-39 创建文本剪切蒙版

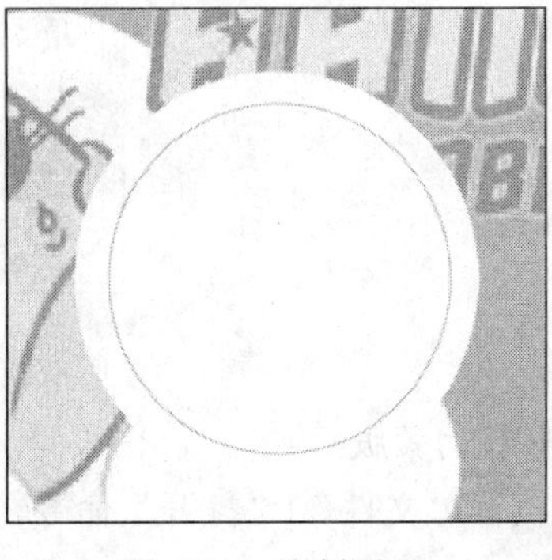

图 9-40 绘制图形

技巧　释放剪切蒙版的方法比较简单，选择蒙版图形，执行“对象”|“剪切蒙版”|“释放”命令，即可将剪切蒙版释放出来，如图 9-41 所示。

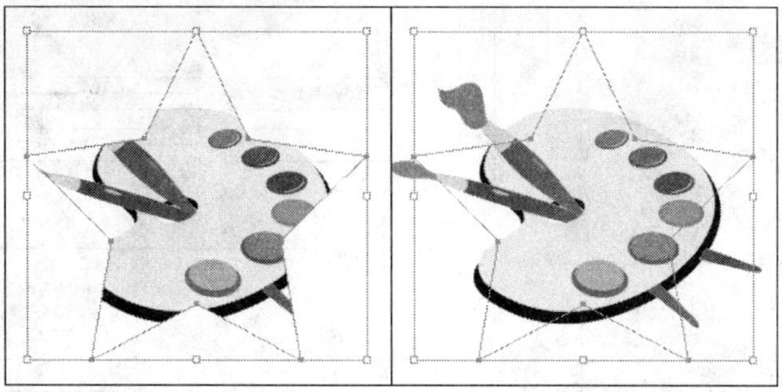

图 9-41　释放剪切蒙版的效果

9.3　实例：化妆品广告（混合效果）

混合效果可以将图形的形状、颜色同时混合，并且在两个图形之间平均分布图形，从而产生光滑过度的效果。

混合效果可以使用命令创建，也可以使用工具创建。下面通过化妆品广告实例的制作，来具体介绍混合效果的创建方法。该实例的制作完成效果如图 9-42 所示。

1. 创建混合图形

（1）执行“文件”|“打开”命令，打开配套素材\Chapter-09\“化妆品背景.ai”文件，如图 9-43 所示。

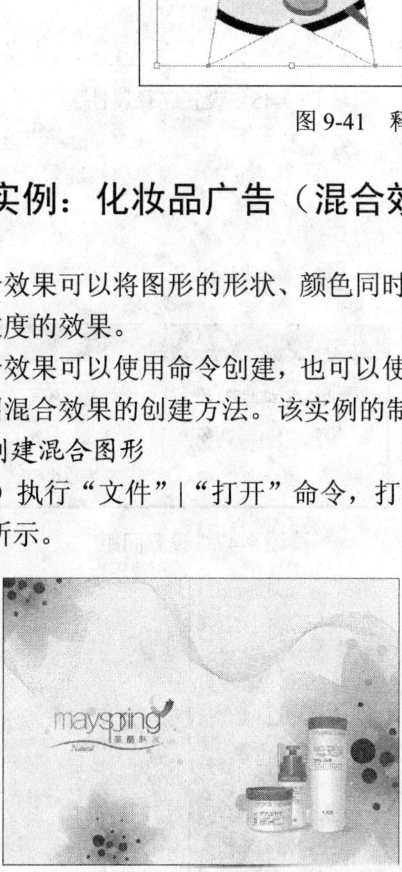

图 9-42　完成效果

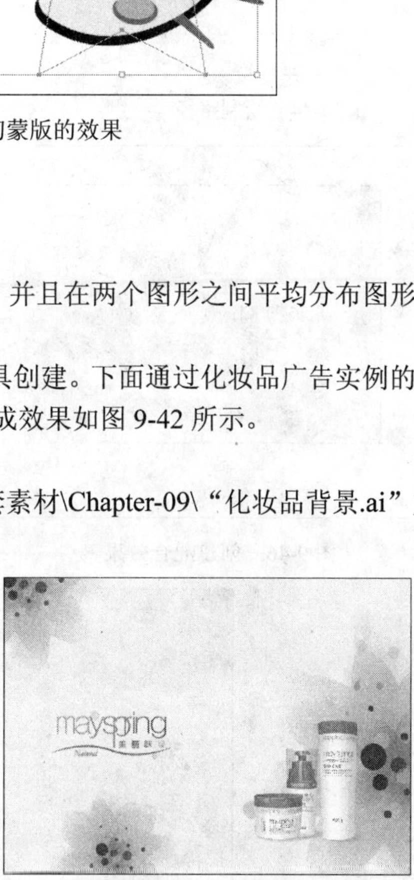

图 9-43　素材文件

（2）使用“钢笔工具”在页面中绘制两条路径，如图 9-44 所示。

（3）参照图 9-45 所示分别设置路径颜色、粗细和透明度。

（4）选取两条路径，执行“对象”|“混合”|“建立”命令，创建混合效果，为方便读者查看，暂时更改路径颜色与粗细，如图 9-46 所示。

2. 设置混合图形

选取两条路径，执行“对象”|“混合”|“混合选项”命令，打开“混合选项”对话框，参照图 9-47 所示设置参数，单击“确定”按钮，调整混合效果，效果如图 9-48 所示。

提示　在“混合选项”对话框中，“取向”选项设置混合图形对齐的方式，该选项中包括两个按钮，“对齐页面”按钮和“对齐路径”按钮，如图 9-49 所示。

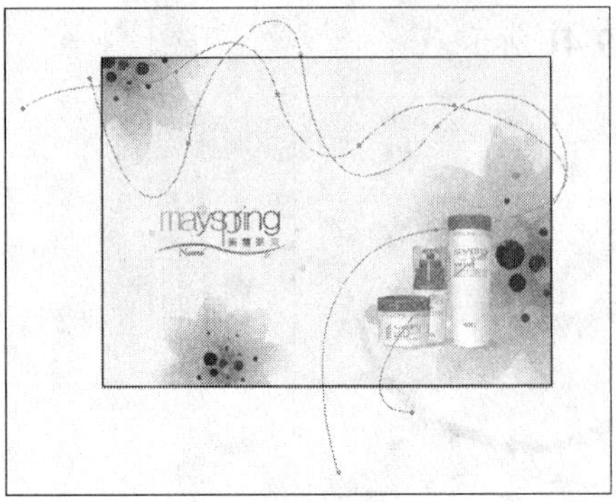

图 9-44　绘制路径

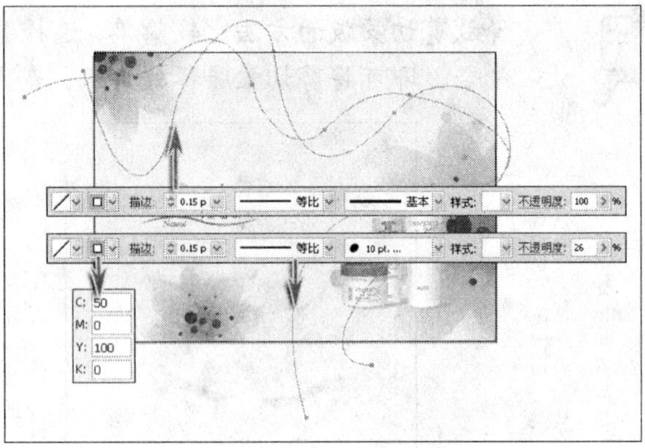

图 9-45　设置路径属性

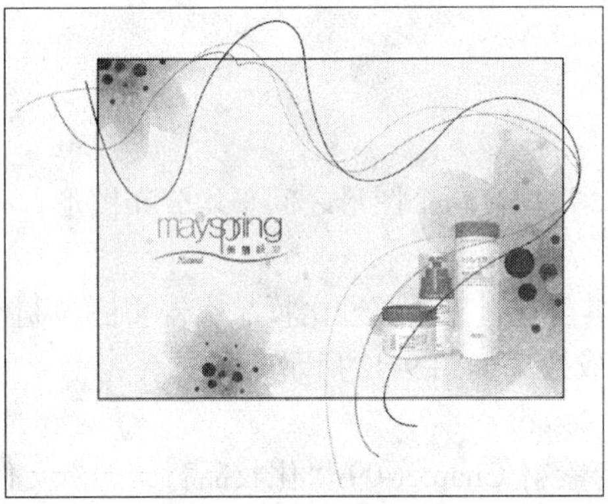

图 9-46　创建混合效果

图 9-47　设置间距

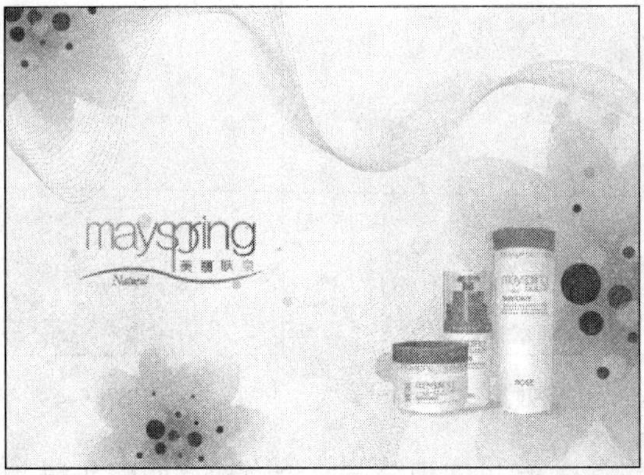

图 9-48　设置间距后的效果

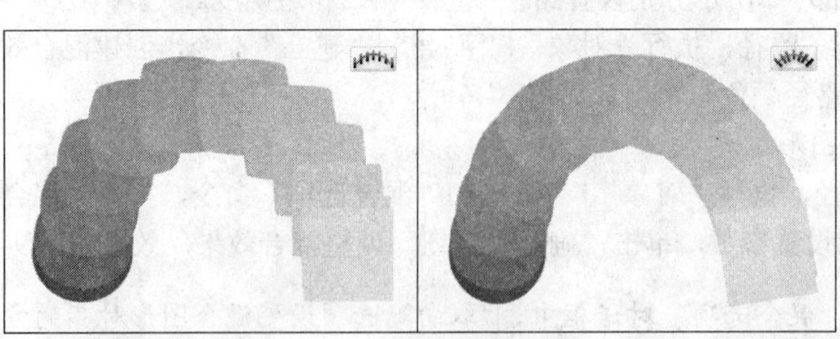

图 9-49　“取向”选项中的按钮

3. 编辑混合图形

（1）参照图 9-50 所示绘制一个圆形和星形图形，分别设置图形的颜色和透明度。

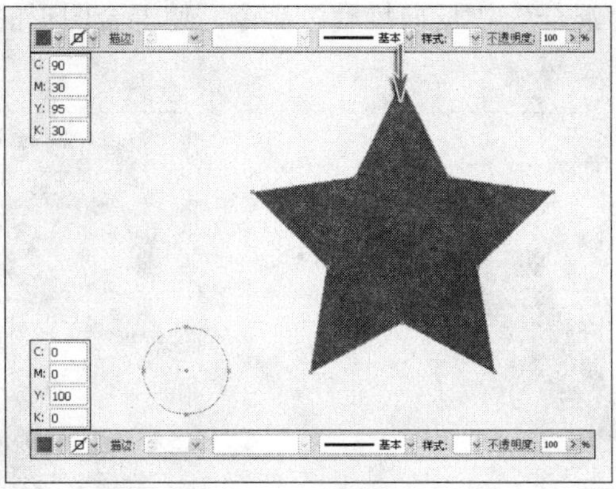

图 9-50　绘制图形

（2）选择“混合工具”，移动鼠标到其中一个图形上，鼠标指针变为后单击，接着移动鼠标到另一个图形上，鼠标指针变为时单击，即可使两个图形产生混合效果，如图 9-51 所示。

提示　使用“混合工具”可以将多个图形混合，混合的方法和混合两个图形的方法相同，如图 9-52 所示。

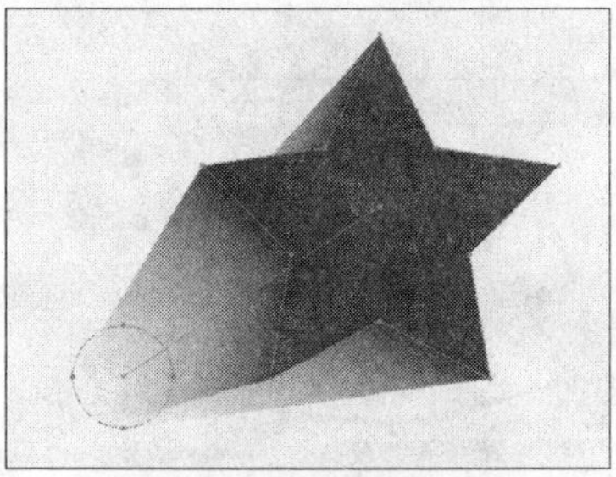

图 9-51　创建混合图形

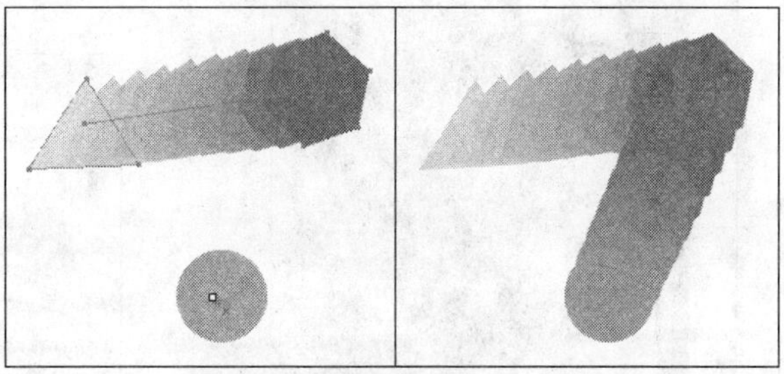

图 9-52　混合多个图形

（3）使用“钢笔工具”在页面中绘制如图 9-53 所示的心形图形。

（4）选择以上创建的混合图形和心形图形，执行“对象”|“混合”|“替换混合轴”命令，将混合的图形路径替换为新建的路径，如图 9-54 所示。

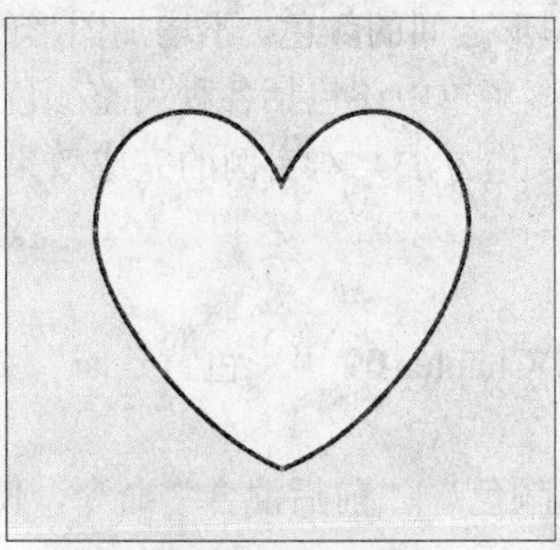

图 9-53　绘制图形

图 9-54　替换混合轴

（5）保持图形的选择状态，执行“对象”|“混合”|“反向混合轴”命令，使图形混合的顺序反转，如图 9-55 所示。

（6）执行“对象”|“混合”|“反向堆叠”命令，使混合图形的堆叠顺序反转，如图 9-56 所示。

图 9-55　反向混合轴

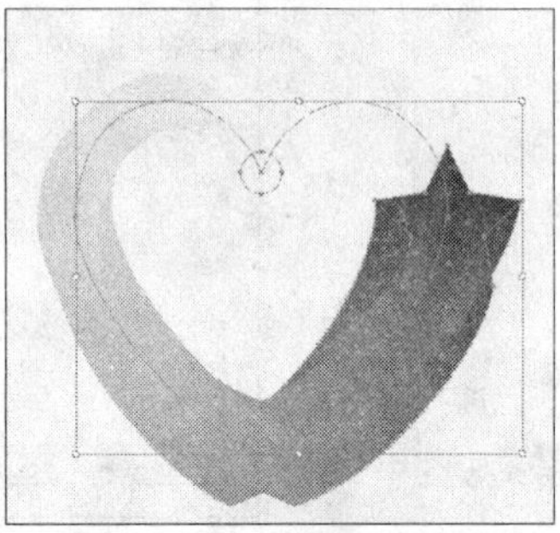

图 9-56　反向堆叠图形

4. 扩展混合图形

（1）确认混合的图形为选择状态，执行“对象”|“混合”|“扩展”命令，将混合图形扩展，如图 9-57 所示。

（2）使用“编组选择工具”选取混合图形中的部分图形，将其删除并调整混合图形的位置，效果如图 9-58 所示。

图 9-57　扩展混合图形

图 9-58　删除并调整图形的效果

9.4 实例：插画（混合颜色）

混合颜色和混合效果不太相同，混合颜色只混合图形之间的颜色，不增加图形的数量。混合颜色的命令都在“编辑”|“编辑颜色”菜单中，在该菜单中还包括各种调整颜色的命令。

下面通过插画实例的制作，详细介绍混合颜色的操作方法。本实例的完成效果如图 9-59 所示。

1. 前后混合命令

（1）执行“文件”|“打开”命令，打开配套素材\Chapter-09\“彩色背景.ai”文件，如图 9-60 所示。

（2）保持图形被选择状态，执行“编辑”|“编辑颜色”|“前后混合”命令，使选中的图形按照图层顺序的前后混合图形的颜色，效果如图 9-61 所示。

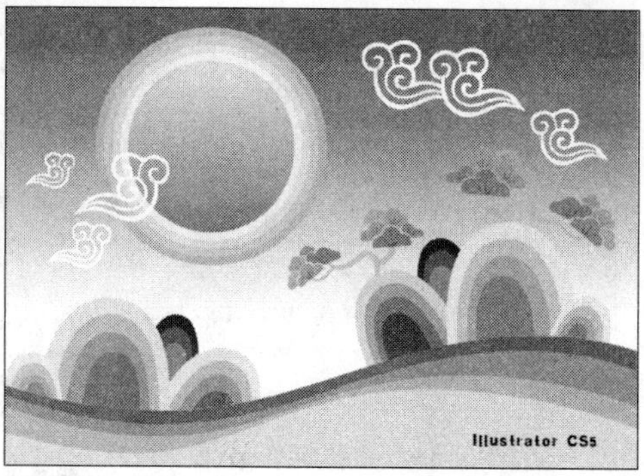

图 9-59　完成效果

图 9-60　选中图形

（3）使用相同的方法继续为其他图形进行颜色混合，如图 9-62 所示。

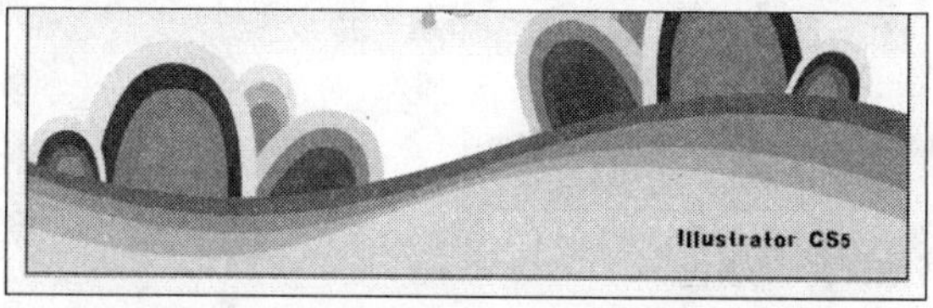

图 9-61　前后混合效果

图 9-62　继续设置图形颜色

2. 反相颜色命令

（1）选中页面中部分图形，执行“编辑”|“编辑颜色”|“反相颜色”命令，将选择的图形颜色反转，如图 9-63 所示。

（2）使用相同的方法为其他图形反相颜色，效果如图 9-64 所示。

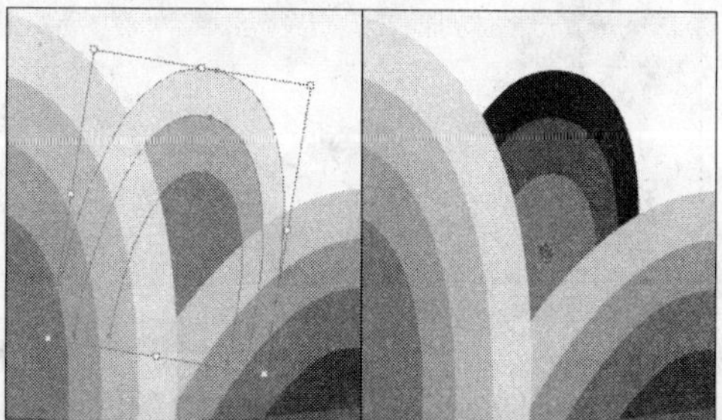

图 9-63　反相颜色效果

图 9-64　编辑图形颜色

3. 垂直混合命令

（1）选中页面中的树叶图形，如图 9-65 所示。

（2）保持图形被选择状态，执行“编辑”|“编辑颜色”|“垂直混合”命令，将选择的图形颜色按照页面中的顺序上下垂直混合，如图 9-66 所示。

图 9-65 选择图形

图 9-66 垂直混合效果

（3）使用相同的方法为其他图形垂直混合颜色，如图 9-67 所示。

图 9-67 混合其他图形、颜色

4. 水平混合命令

（1）选中页面中的树叶图形，执行“编辑”|“编辑颜色”|“水平混合”命令，将选择的图形按照页面中的顺序左右混合颜色，如图 9-68 所示。

（2）使用相同的方法为其他图形混合颜色，如图 9-69 所示。

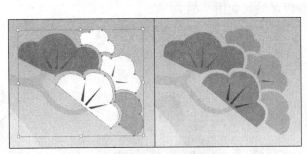

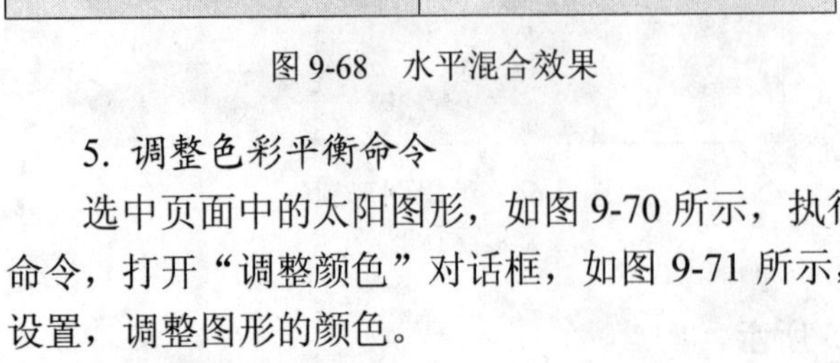

图 9-68 水平混合效果

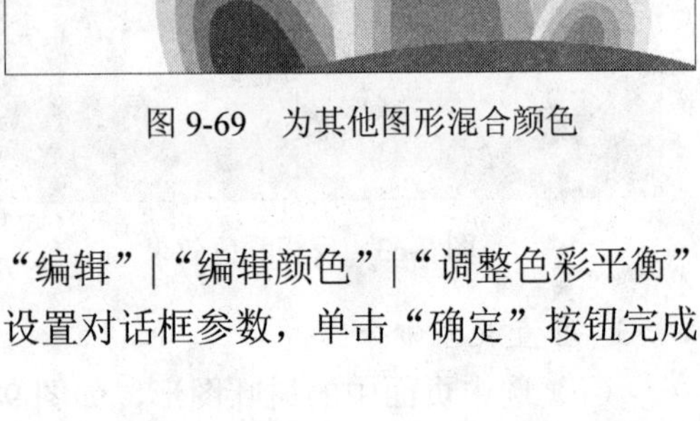

图 9-69 为其他图形混合颜色

5. 调整色彩平衡命令

选中页面中的太阳图形，如图 9-70 所示，执行“编辑”|“编辑颜色”|“调整色彩平衡”命令，打开“调整颜色”对话框，如图 9-71 所示，设置对话框参数，单击“确定”按钮完成设置，调整图形的颜色。

6. 调整饱和度命令

参照图 9-72 所示选中页面中相应图形，执行“编辑”|“编辑颜色”|“调整饱和度”命令，

打开“调整饱和度”对话框，如图 9-73 所示，设置对话框参数，单击“确定”按钮完成设置，调整图形饱和度。

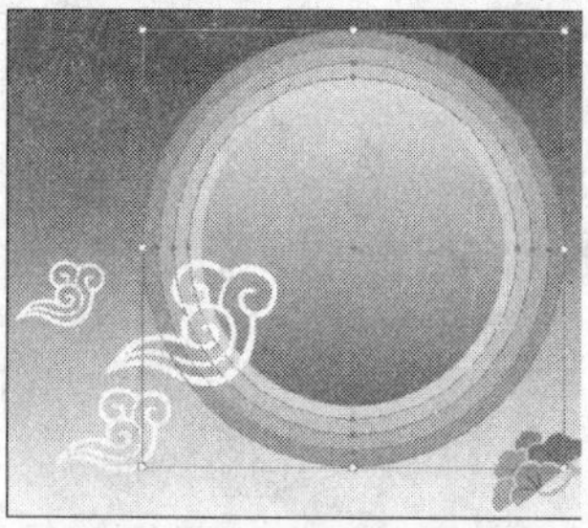

图 9-70　选中太阳图形

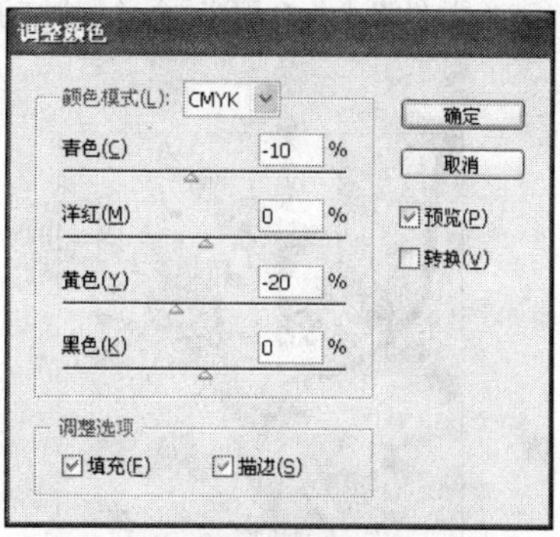

图 9-71　“调整颜色”对话框

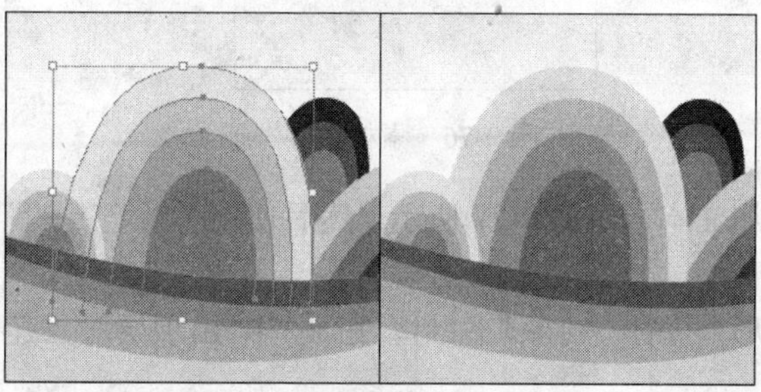

图 9-72　调整饱和度效果

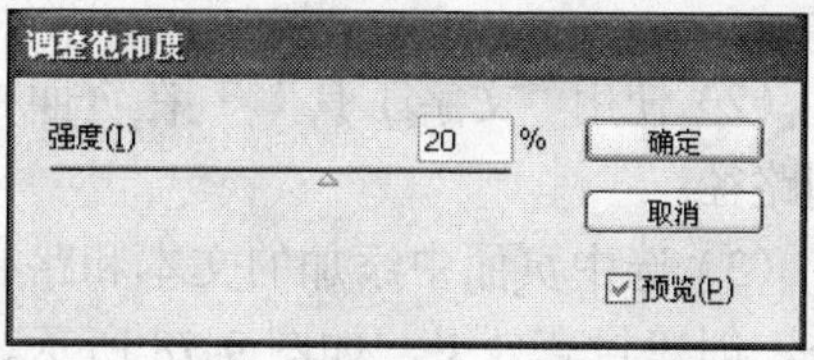

图 9-73　“调整饱和度”对话框

7. 转换为灰度命令

选中页面中相应图形，执行“编辑”|“编辑颜色”|“转换为灰度”命令，将选择的图形转换为灰度效果，得到如图 9-74 所示效果。

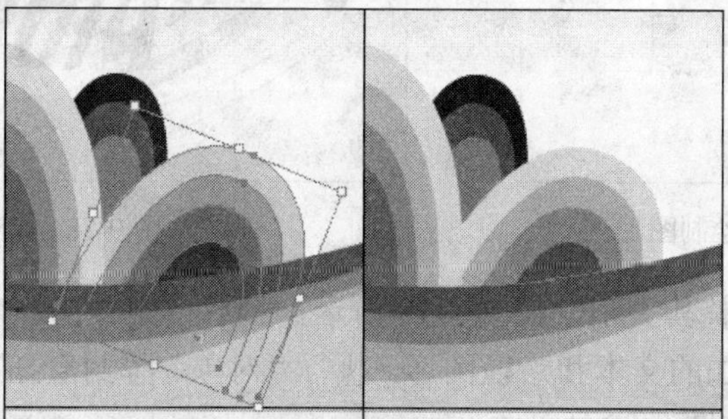

图 9-74　将图形转换为灰度效果

9.5　实例：跳动的音符（封套效果）

封套为改变图形形状提供了一种简单有效的方法，封套通过使用鼠标移动节点和调整控制柄的方法改变图形的形状。用户不但可以利用绘制好的图形制作封套，系统还提供了各种各样的封套效果，可以在任何图形上使用封套，除了图表、参考线或链接对象外。

下面通过跳动的音符实例的制作，来为读者介绍为图形添加封套和编辑封套的方法。本实例的完成效果如图 9-75 所示。

1. 创建封套

（1）执行“文件”|“打开”命令，打开配套素材\Chapter-09\“音符.ai”文件，如图 9-76 所示。

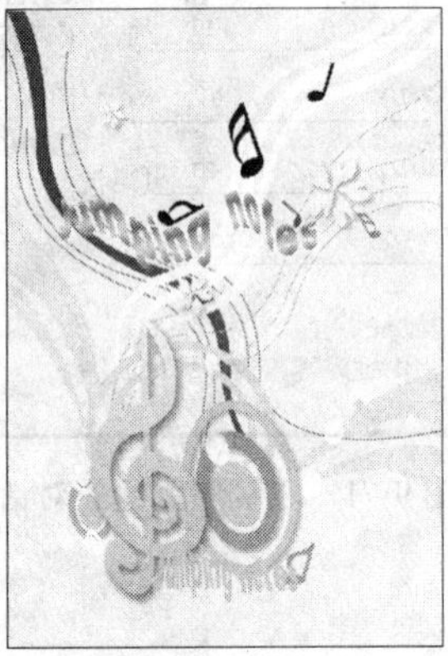

图 9-75　完成效果

图 9-76　素材文件

（2）使用“文字工具” T 在页面中添加文本，如图 9-77 所示，然后使用“钢笔工具”绘制路径。

（3）选中页面中添加的文本和路径图形，执行“对象”|“封套扭曲”|“用顶层对象建立”命令，创建封套效果，如图 9-78 所示。

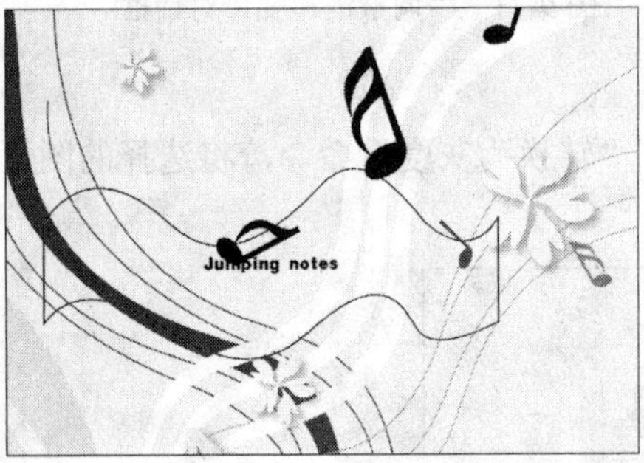

图 9-77　添加文字并绘制图形

图 9-78　创建封套

（4）复制文字并调整其大小，如图 9-79 所示，然后使用“钢笔工具”绘制路径。

（5）选中页面中添加的文本和路径图形，执行“对象”|“封套扭曲”|“用顶层对象建立”命令，创建封套效果，如图 9-80 所示。

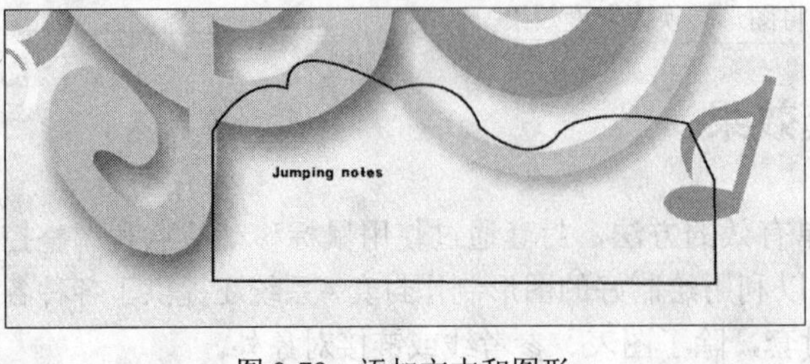

图 9-79　添加文本和图形

图 9-80　再次创建封套

提示　执行“对象”|“封套扭曲”|“用变形建立”命令，打开“变形选项”对话框，如图9-81所示，在该对话框中可以为图形添加系统预设的封套效果。

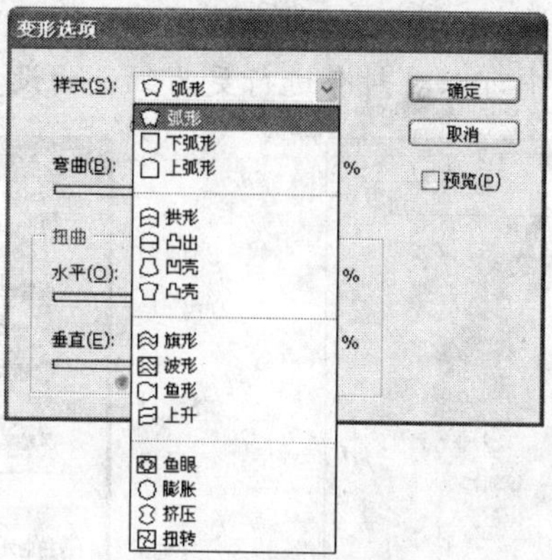

图9-81　“变形选项”对话框

2. 编辑封套内容

（1）选择第一次创建的封套，单击属性栏中的“编辑内容”按钮，即可编辑封套内的文本，参照图9-82所示为文本设置渐变色。

图9-82　设置文字颜色

（2）执行“效果”|“风格化”|“投影”命令，打开“投影”对话框，参照图9-83所示在该对话框中进行设置，然后单击“确定”按钮，为封套中的文字添加投影效果，如图9-84所示。

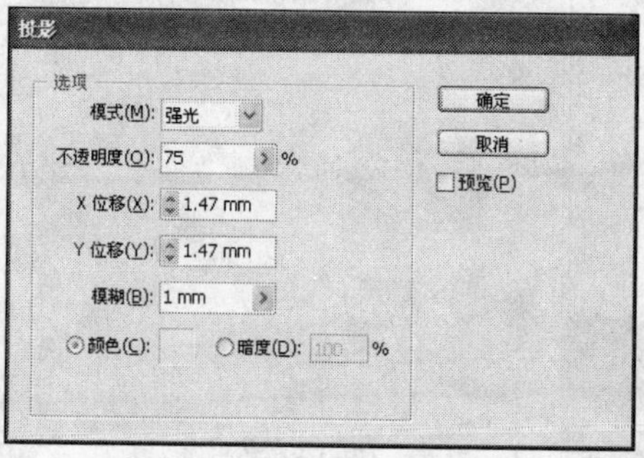

图9-83　“投影”对话框

图9-84　为文字添加投影效果

（3）选择第二次创建的封套对象，单击属性栏中“编辑内容”按钮，即可编辑封套内的文本，参照图 9-85 所示为文本设置颜色，完成实例的制作。

提示 执行“对象”|“封套扭曲”|“封套选项”命令，可打开“封套选项”对话框，如图 9-86 所示，在其中可以对封套进行更为细致的设置。

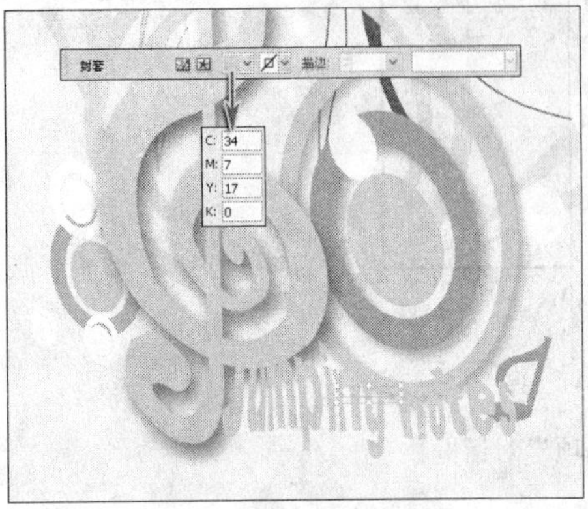

图 9-85 设置文字颜色

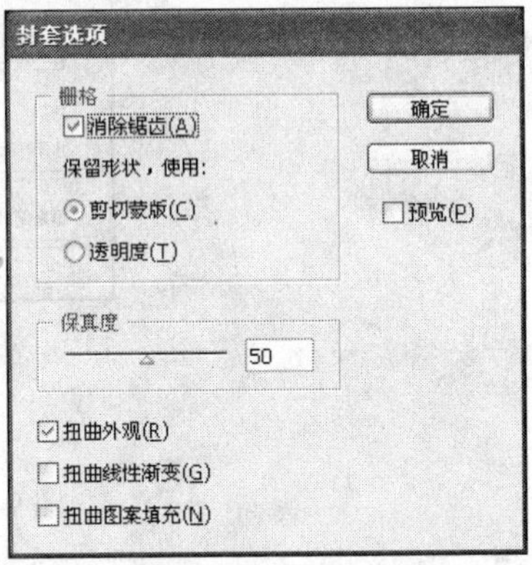

图 9-86 “封套选项”对话框

- 消除锯齿：勾选该选项来防止锯齿的产生，保持图形的清晰度。
- 剪切蒙版：当用非矩形封套扭曲对象时，可选择“剪切蒙版”方式保护图形。
- 透明度：当用非矩形封套扭曲对象时，可选择“透明度”方式保护图形。
- 保真度：调整对象以适合封套图形的精确程度。
- 扭曲外观：将对象的形状与其外观属性一起扭曲，例如已应用的效果或图形样式。
- 扭曲线性渐变：将图形的形状和填充线性渐变效果一起扭曲。
- 扭曲图案填充：将图形的形状和填充的图案效果一起扭曲。

9.6 实例：音乐海报（动作和批处理）

动作可以将 Illustrator CS5 中的命令和操作记录下来，重复执行。在动作中可以记录大多数的命令和工具操作步骤。还可以对动作进行删除、更改名称、设置快捷键等编辑操作。批处理就是将一个指定的动作应用于某文件夹下的所有图像。

下面通过实例音乐海报的制作，详细介绍记录和应用动作的方法。本实例的完成效果如图 9-87 所示。

图 9-87 完成效果

1. 动作调板

首先来了解一下“动作”调板。执行“窗口”|“动作”命令，打开“动作”调板，如图 9-88 所示。对动作的记录、编辑、修改都是在该调板中进行的。

- 停止播放/记录：单击此按钮，可以停止正在播放或记录的动作。
- 开始记录：单击该按钮可以开始记录新的动作。
- 播放当前所选动作：单击此按钮，可以从当前所选择的动作向下播放动作组中的所有命令。
- 创建新动作集：单击此按钮，可以新建一个动作集合。
- 创建新动作：单击此按钮，可以新建一个动作。
- 删除所选动作：可以删除不需要的动作或动作集合。

2. 创建、录制和播放动作

（1）执行“文件”|“打开”命令，打开配套素材\Chapter-09\“海报背景.ai”文件，如图 9-89 所示。

图 9-88　“动作”调板

图 9-89　素材文件

（2）使用“椭圆工具”在页面中绘制两个椭圆形，参照图 9-90 所示设置图形颜色，并按快捷键 Ctrl+G 将图形编组。

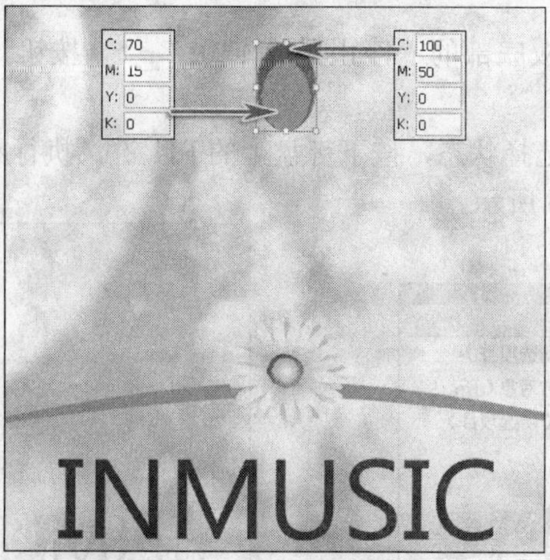

图 9-90　绘制椭圆形

（3）单击“动作”调板底部的“创建新动作” 按钮，打开“新建动作”对话框，参照图 9-91 所示设置对话框参数，单击“记录”按钮，开始录制动作。

（4）选中页面中的椭圆形，配合使用键盘上的 Alt+Shift 组合键复制图形，如图 9-92 所示。

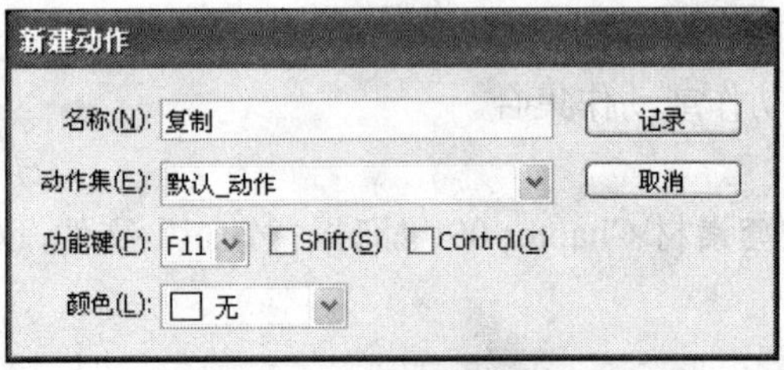

图 9-91 “新建动作”对话框

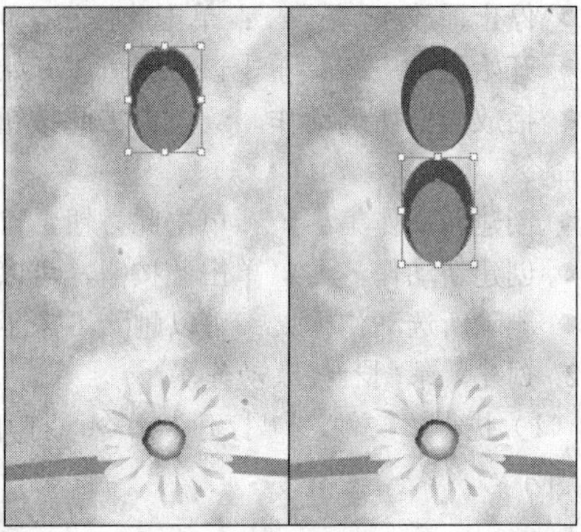

图 9-92 复制图形

（5）双击工具箱中的“比例缩放工具” ，打开“比例缩放”对话框，参照图 9-93 所示设置参数，单击“确定”按钮，等比例缩放图形，得到图 9-94 所示效果。

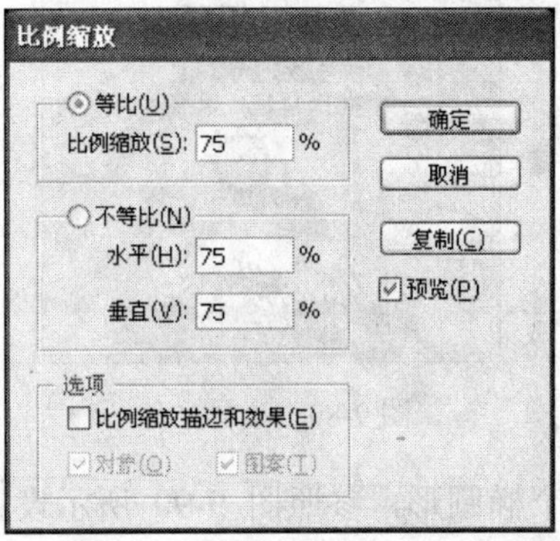

图 9-93 “比例缩放”对话框

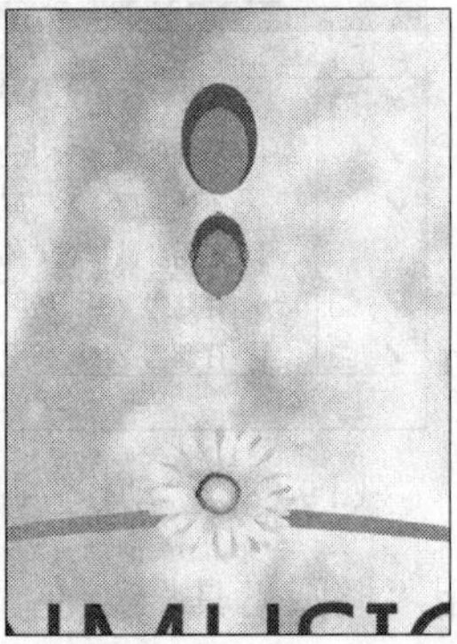

图 9-94 缩放图形

（6）单击“动作”调板底部的“停止播放/记录” 按钮，完成本动作的记录，如图 9-95 所示。

（7）保持复制图形的选择状态，按下键盘上的 F11 键，执行刚刚记录的动作。将图形复制、移动和缩小，如图 9-96 所示。

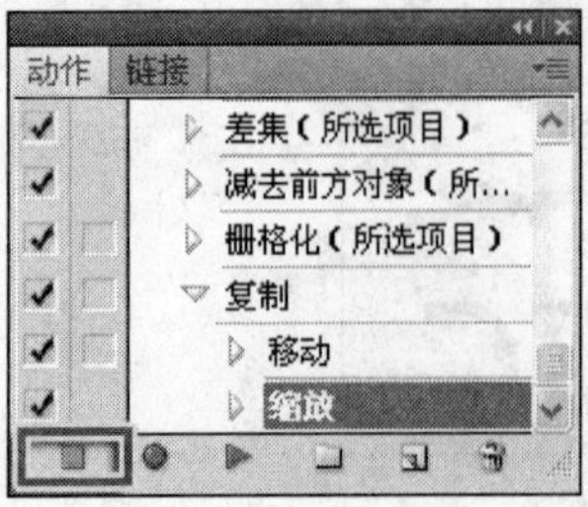

图 9-95 停止记录

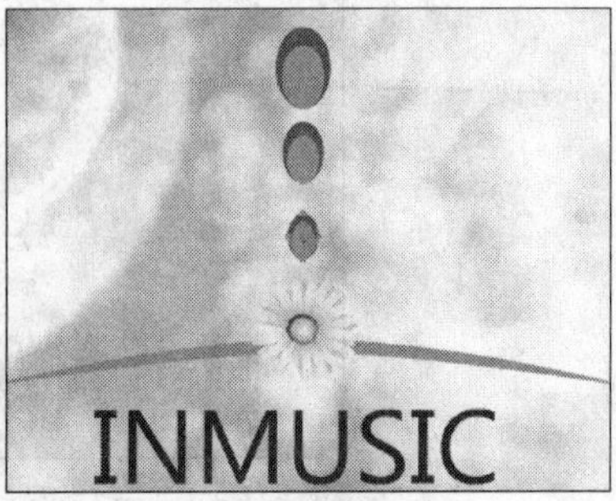

图 9-96 播放动作

3. 编辑动作

（1）单击“动作”调板底部的“创建新动作” 按钮，打开“新建动作”对话框，参照图 9-97 所示设置对话框，单击“记录”按钮，再次记录动作。

（2）选择以上复制的椭圆形，选择“旋转工具”，单击页面设置旋转的中心点，配合键盘上 Alt 键旋转并复制图形，如图 9-98 所示，单击“停止播放/记录” 按钮，停止记录。

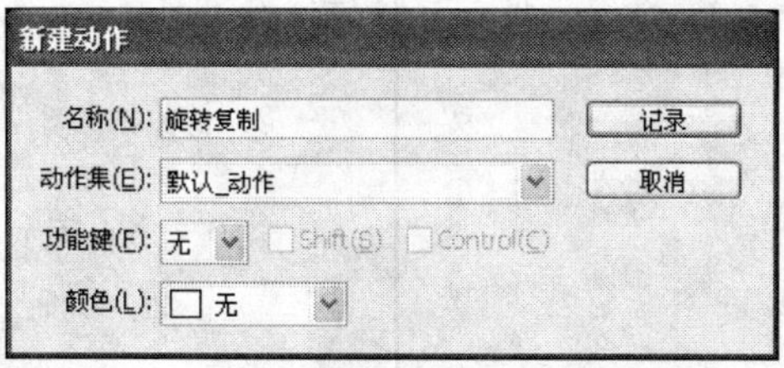

图 9-97　“新建动作”对话框

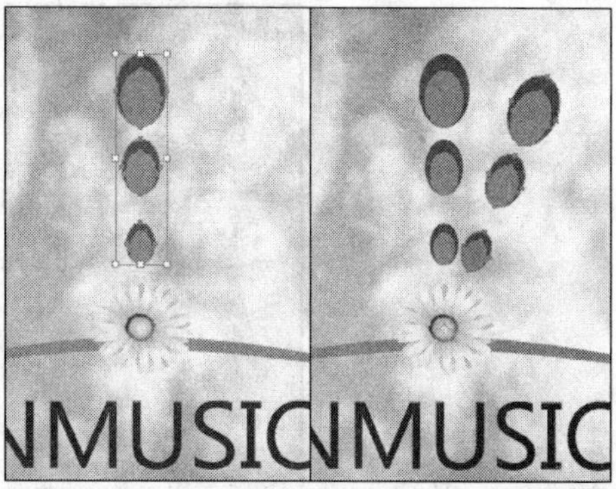

图 9-98　复制图形

（3）多次单击“动作”调板底部的“播放当前所选动作” 按钮，执行动作命令，然后调整副本图形位置，效果如图 9-99 所示。

（4）选择原图形，双击“动作”调板中“旋转”命令，如图 9-100 所示，打开“旋转”对话框，参照图 9-101 所示设置角度为 23 ，单击“复制”按钮，设置旋转角度并复制图形。

（5）单击“动作”调板底部“播放当前所选动作” 按钮，多次执行动作命令，并调整图形位置，得到图 9-102 所示效果。

图 9-99　调整图形 1

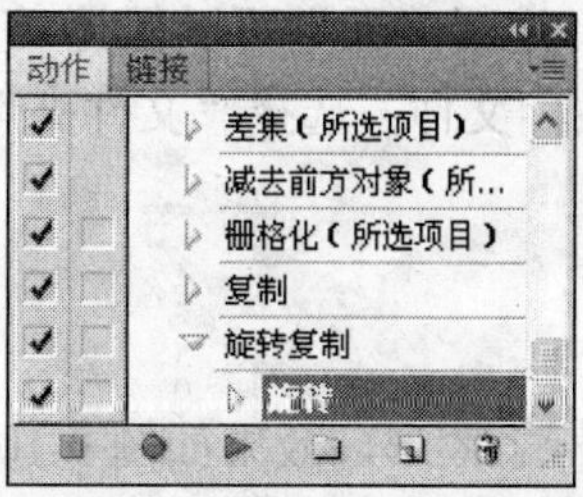

图 9-100　“动作”调板

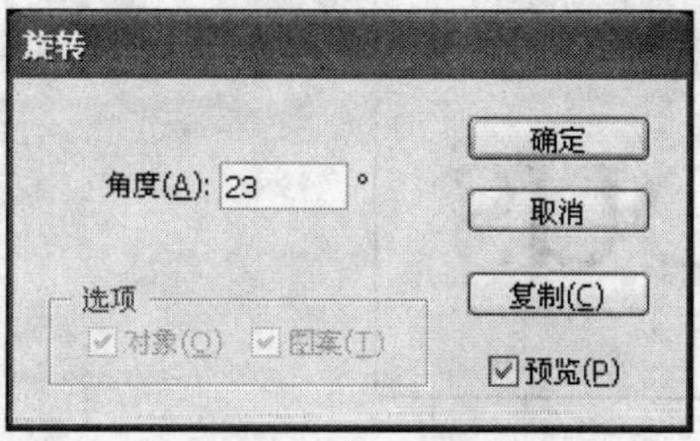

图 9-101　设置旋转角度

图 9-102　调整图形 2

4. 批处理

批处理就是将一个指定的动作应用于某文件夹下的所有图形，方法是在“批处理”对话框中选择动作和动作所在的序列。单击“动作”调板右上角按钮，在弹出的快捷菜单中选择“批处理”命令，打开“批处理”对话框，如图 9-103 所示，下面介绍对话框中各个选项的含义。

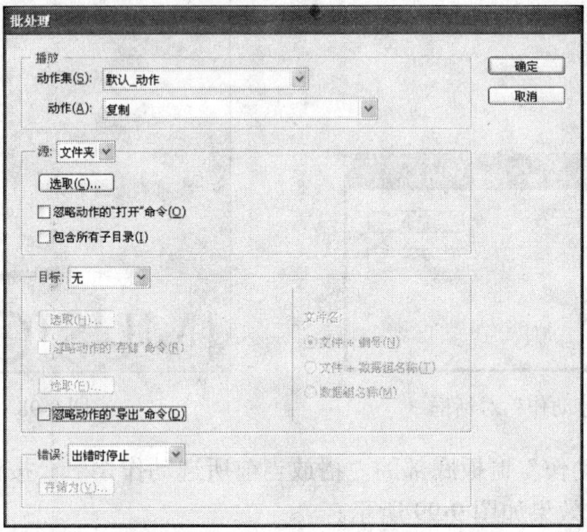

图 9-103 “批处理”对话框

● 播放：首先在“动作集”选项中选择执行动作的序列，然后在“动作”选项中选择要执行的动作。

● 源：该选项可以设置文件夹的位置，选择“文件夹”可以指定一个文件夹作为源文件的来源，选择“数据组”可以对当前文件夹中的各数据组播放动作。

● 目标：选择“无”可以保持文件打开而不存储更改；选择“存储并关闭”可以在当前位置存储和关闭文件；选择“文件夹”可以将文件存储到其他位置。

课后练习

1. 设计标志图形，效果如图 9-104 所示。

图 9-104 标志图形

要求：

（1）创建图层。

（2）创建封套效果。

（3）编辑封套效果。

2．设计儿童插画，效果如图 9-105 所示。

图 9-105　儿童插画

要求：

（1）创建颜色混合效果。

（2）记录动作。

（3）执行动作。

第 10 课

滤镜和效果

本课知识结构

在 Illustrator CS5 中，使用滤镜可以使图形或图像产生色彩或形状上的变化，得到一些绚丽的效果，以对图形或图像做进一步的处理，如为图形添加 3D、变形效果。还可以为图形添加各种位图图像的效果，如马赛克拼贴、玻璃、海报边缘等特殊效果。

就业达标要求

☆ 使用各种矢量滤镜　　☆ 使用各种位图滤镜

☆ 使用 3D 滤镜　　☆ 使用滤镜库

10.1 实例：卡通相框（矢量滤镜）

矢量滤镜包括“扭曲和变换”滤镜组、“风格化”滤镜组、“路径”滤镜组、“路径查找器”滤镜组、“变形”滤镜组等。这些滤镜主要应用于图形，可以制作出各种不同的效果。

下面通过实例卡通相框的制作，详细介绍“扭曲和变换”滤镜组和“风格化”滤镜组中各个滤镜的效果。本实例制作完成的效果如图 10-1 所示。

图 10-1　完成效果

1. “扭曲和变换”滤镜组

（1）启动 Illustrator CS5，执行“文件”|“打开”命令，打开本书配套素材\Chapter-10\“卡通相框素材.ai”文件，如图 10-2 所示。

（2）选择花瓣图形执行“效果”|“扭曲和变换”|“变换”命令，打开“变换效果”对话框，

设置“缩放”选项组中的“水平”和“垂直”选项，使图形缩小，如图 10-3、图 10-4 所示。

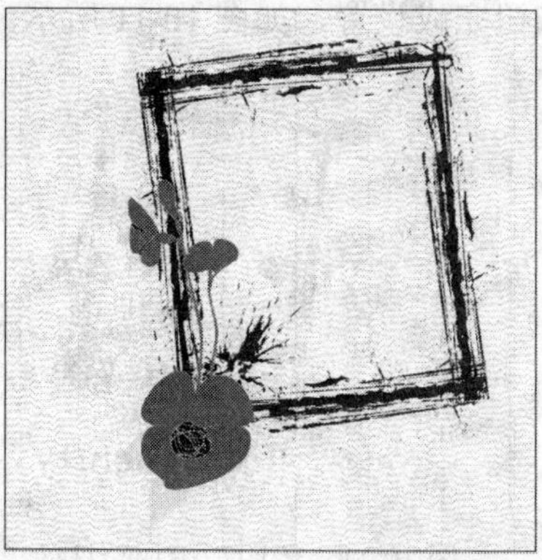

图 10-2　素材文件

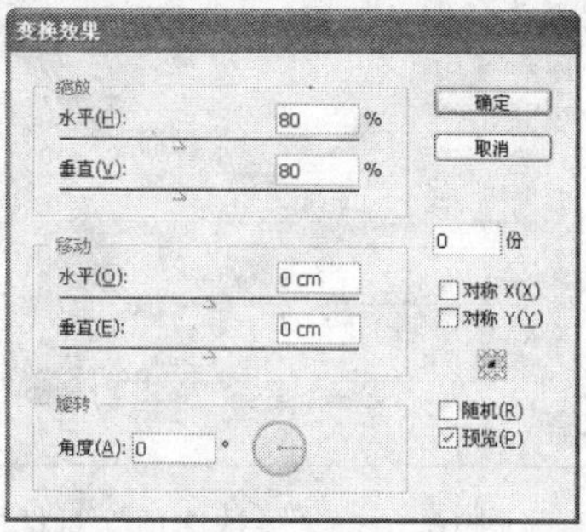

图 10-3　“变换效果”对话框 1

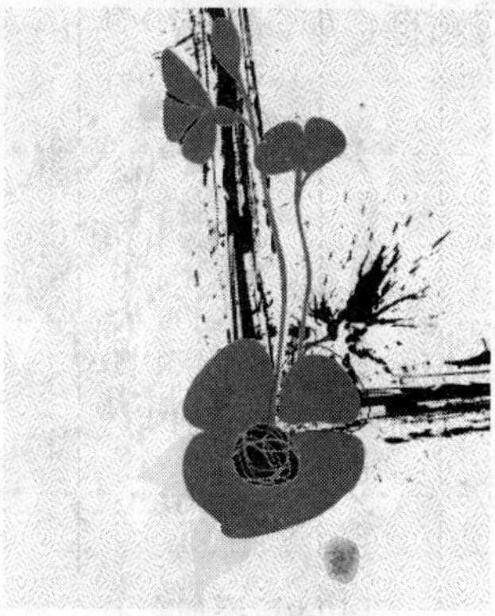

图 10-4　缩放图形

（3）参照图 10-5 所示，在“移动”选项组的“水平”和“垂直”文本框中输入数值，移动图形的位置，如图 10-6 所示。

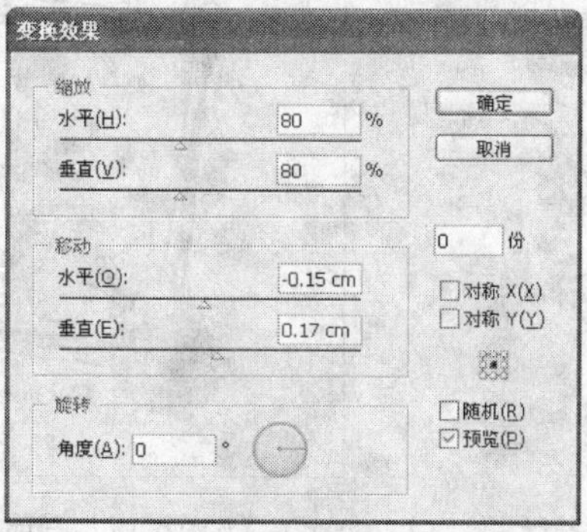

图 10-5　“变换效果”对话框 2

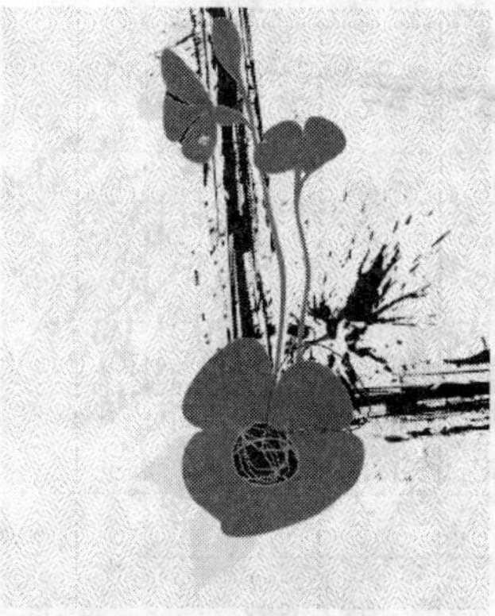

图 10-6　移动图形

（4）参照图 10-7 所示，设置“角度”参数值，调整图形旋转角度，如图 10-8 所示。

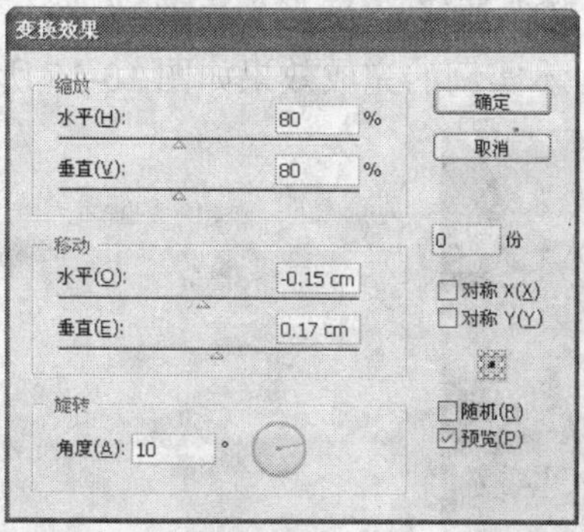

图 10-7　“变换效果”对话框 3

图 10-8　旋转图形

2. “风格化”滤镜组

（1）使用文本工具为页面添加文本，参照图 10-9 所示。

（2）保持文本的选择状态，执行“效果”|“风格化”|“涂抹”命令，打开“涂抹选项”对话框，如图 10-10 所示，设置对话框参数，单击“确定”按钮完成设置，如图 10-11 所示。

图 10-9　添加文本

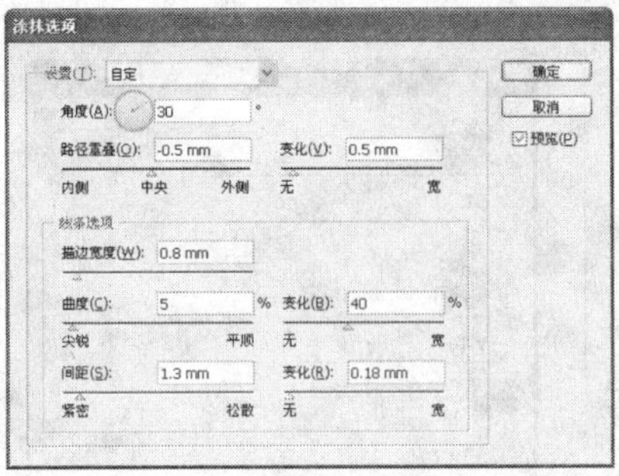

图 10-10　“涂抹选项”对话框

图 10-11　为图形添加涂抹效果

（3）参照如图 10-12 所示调整图形的大小和位置。

（4）执行“文件”|“置入”命令，打开素材文件如图 10-13 所示，并参照如图 10-14 所示，调整图形的大小和位置。

图 10-12　文字调整

图 10-13　素材

图 10-14　完成效果

10.2　实例：音乐晚会海报（3D 滤镜）

本节通过音乐晚会海报的制作，为读者介绍“3D”滤镜、“变形”滤镜、“路径”滤镜、“栅格化”滤镜和“转化为形状”滤镜组的使用技巧。本实例的完成效果如图 10-15 所示。

图 10-15　完成效果

1. “3D”滤镜

（1）执行“文件”|“打开”命令，打开配套素材\Chapter-10\“海报背景.ai”文件，如图 10-16 所示。

（2）选中页面中“2”字样图形，执行“效果”|“3D”|“凸出和斜角”命令，打开“3D 凸出和斜角选项”对话框，如图 10-17 所示。

图 10-16　素材文件

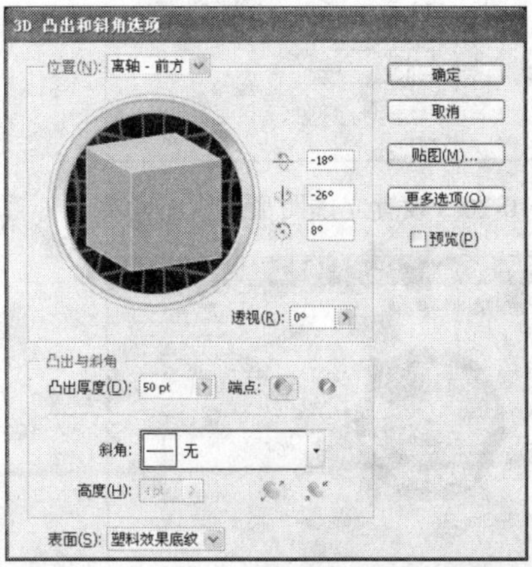

图 10-17　“3D 凸出和斜角选项”对话框

（3）在“指定绕 X 轴旋转”、“指定绕 Y 轴旋转”和“指定绕 Z 轴旋转”参数栏中输入数值，设置立体文字旋转的角度，如图 10-18、图 10-19 所示。

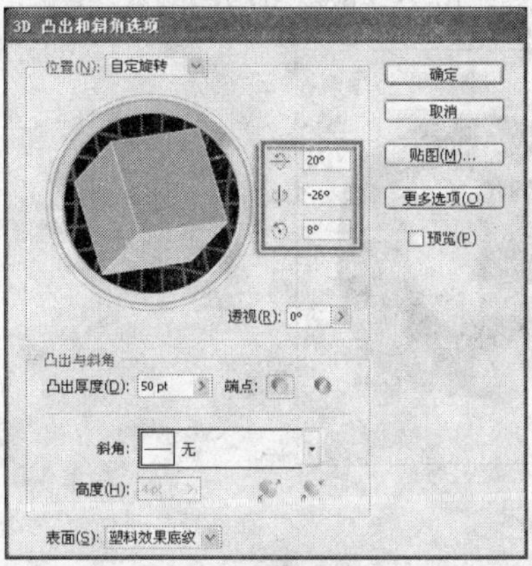

图 10-18　设置旋转的角度

图 10-19　应用效果

（4）在“透视”参数栏中输入数值，设置立体图形透视的角度，如图 10-20、图 10-21 所示。

（5）在“凸出厚度”参数栏中输入数值，设置立体图形的厚度，如图 10-22、图 10-23 所示。

提示

在“凸出厚度”参数栏的右侧为“端点”选项，在该选项中共有两个选项：“开启端点以建立实心”和“关闭端点以建立空心”，这两个选项可产生的效果如图 10-24 所示。

（6）在“3D 凸出和斜角选项”对话框中，单击“更多选项”按钮，显示隐藏的选项，并参照图 10-25 所示设置参数，为对象添加高光效果，如图 10-26 所示。

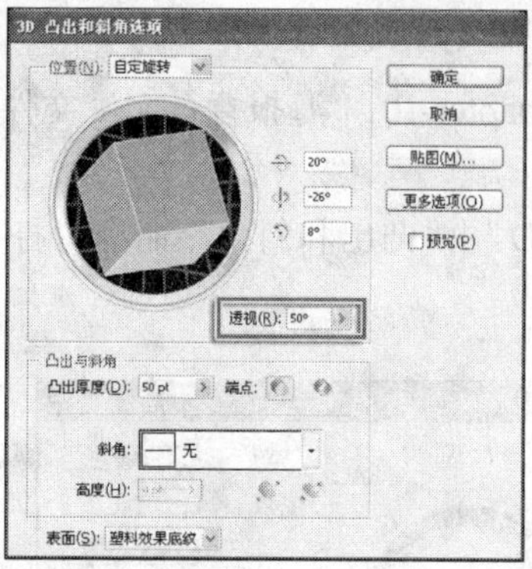

图 10-20　设置立体图形透视的角度

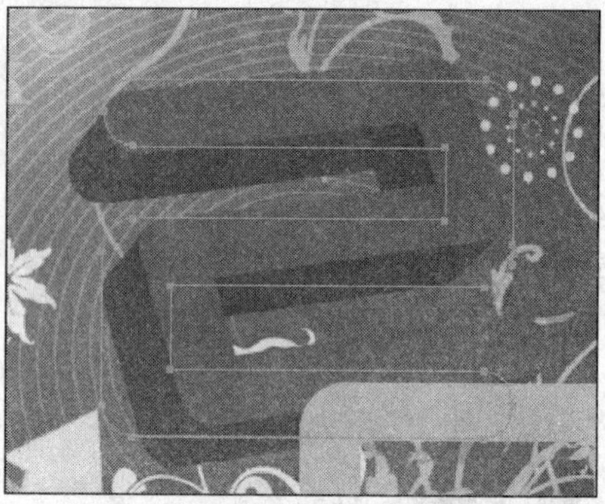

图 10-21　应用 3D 效果

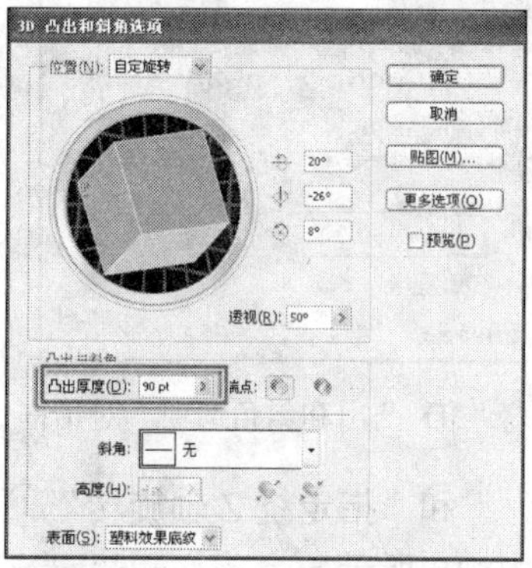

图 10-22　设置图形的厚度

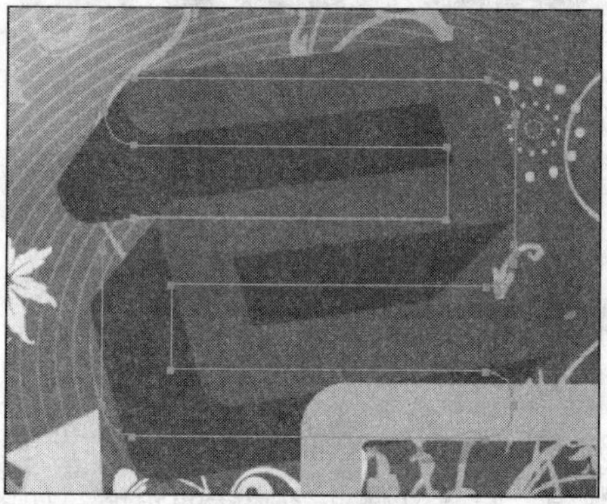

图 10-23　应用 3D 效果

图 10-24　实心和空心效果

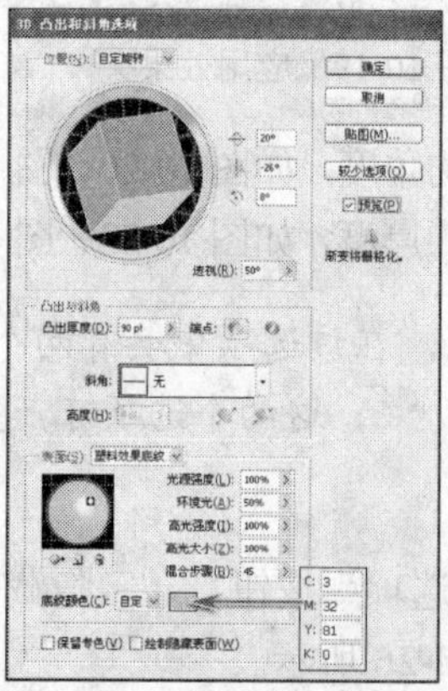

图 10-25　继续设置 3D 效果参数

图 10-26　应用高光效果

（7）单击“3D 凸出和斜角选项”对话框中“贴图”按钮，打开“贴图”对话框，如图 10-27 所示。

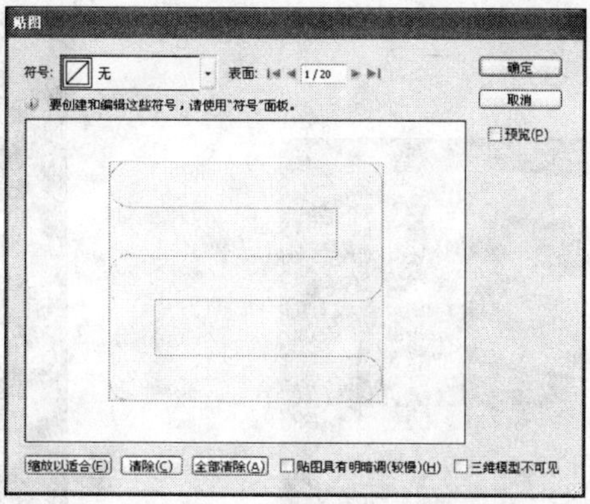

图 10-27　“贴图”对话框

（8）在“贴图”对话框中，选择“符号”下拉列表中“新建符号”项，将图形贴到立体图形表面，如图 10-28、图 10-29 所示。

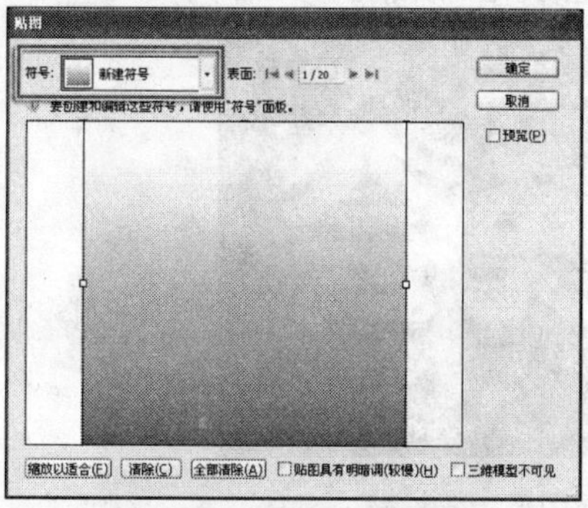

图 10-28　为图形贴图

图 10-29　应用贴图效果

（9）单击“表面”选项中的“下一个表面”▶按钮，更改到立体图形的第 8 个面，为图形添加符号图形，如图 10-30、图 10-31 所示。

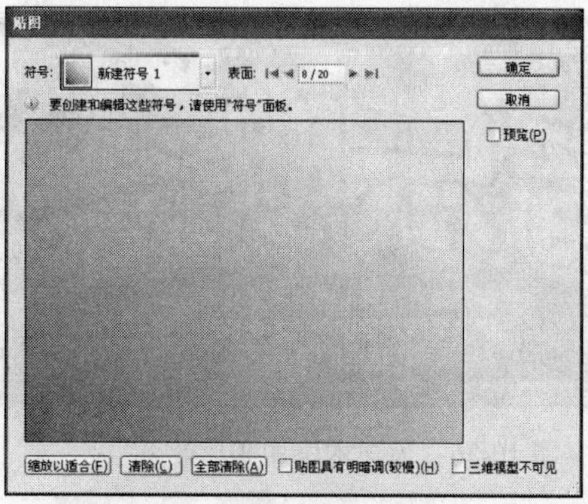

图 10-30　更改至第 8 个面

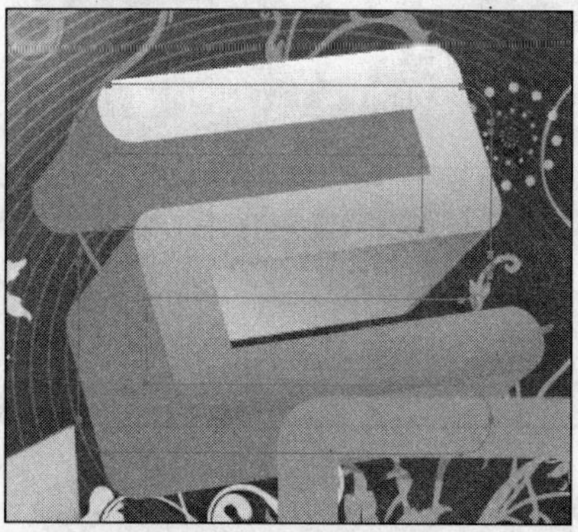

图 10-31　应用贴图效果

（10）使用相同的方法，依次为立体图形“12/20”、“17/20”、“18/20”中的表面贴图。

（11）在“贴图”对话框中，单击“确定”按钮，回到“3D 凸出和斜角选项”对话框，再次单击“确定”按钮，完成3D效果的添加，效果如图10-32所示。

（12）使用以上相同的方法，继续为其他图形添加3D效果，如图10-33所示。

图 10-32　添加 3D 效果

图 10-33　继续为图形添加 3D 效果

2. “变形”滤镜

（1）选中页面中“音乐晚会”字样图形，如图10-34所示。

图 10-34　选择图形

（2）执行“效果”|“变形”|“拱形”命令，打开“变形选项”对话框，参照图10-35所示设置参数，单击“确定”按钮完成设置，得到图10-36所示效果。

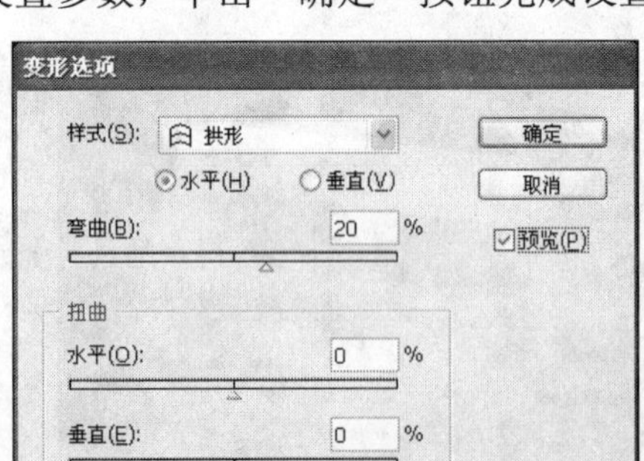

图 10-35　“变形选项”对话框

图 10-36　为文本添加变形效果

（3）接下来参照图10-37所示为“音乐晚会”文本添加渐变填充效果，如图10-38所示。

3. “路径”滤镜

保持文本的选择状态，执行“效果”|“路径”|“位移路径”命令，打开“位移路径”对

话框，设置对话框参数，如图 10-39 所示，单击“确定”按钮使图形扩展，效果如图 10-40 所示。

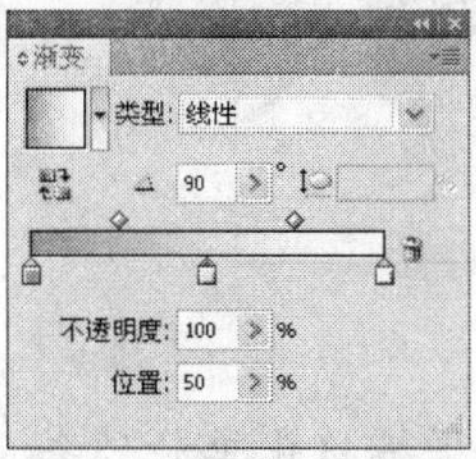

图 10-37　“渐变”调板

图 10-38　为文本添加渐变填充效果

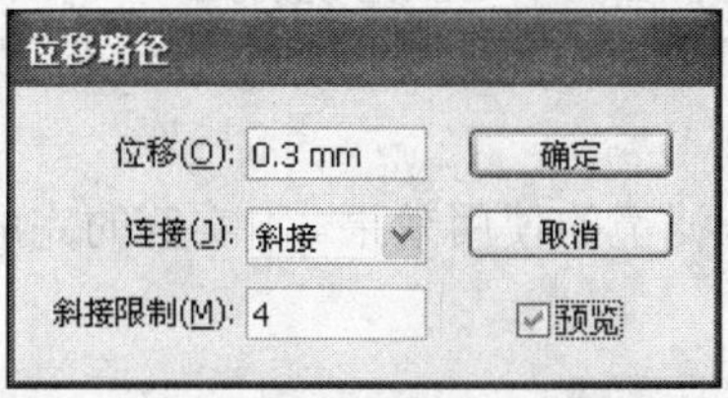

图 10-39　“位移路径”对话框

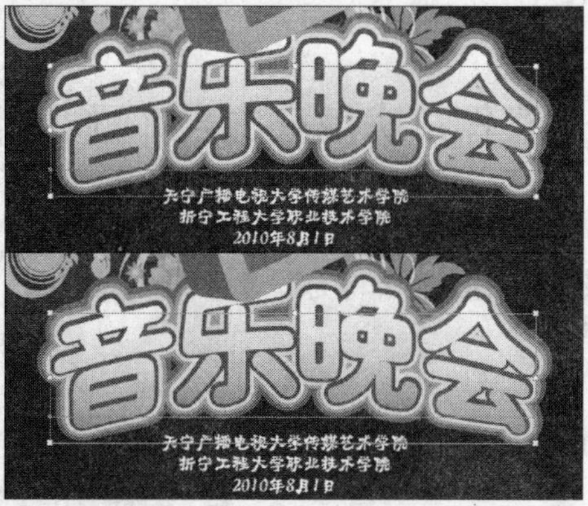

图 10-40　位移路径

4. “栅格化”滤镜

“栅格化”滤镜是将矢量图形转换为位图图像的外观。在栅格化过程中，Illustrator 会将图形路径转换为像素的形式显示，设置的栅格化选项将决定结果像素的大小与属性。选中图形，执行“效果”|“栅格化”命令，打开“栅格化”对话框，如图 10-41 所示，设置对话框参数，单击“确定”按钮完成设置，效果如图 10-42 所示。

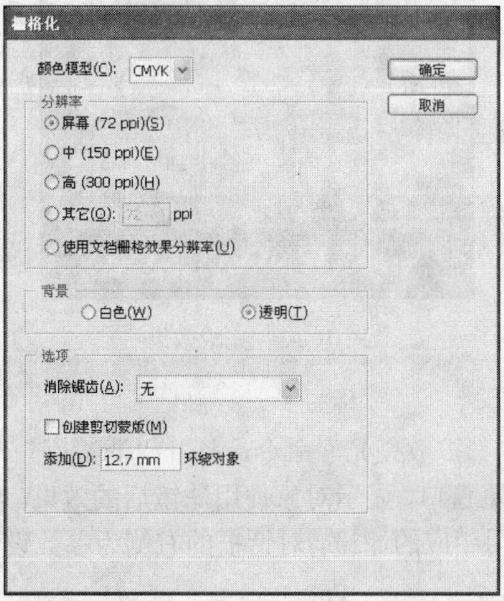

图 10-41　“栅格化”对话框

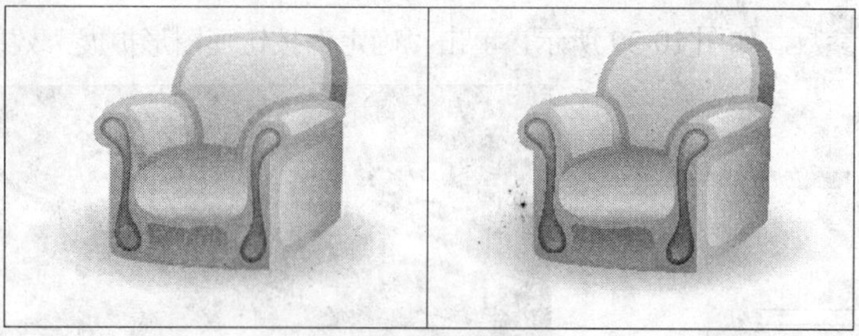

图 10-42　栅格化图形

提示　可以使用“对象”|“栅格化”命令或“栅格化”效果栅格化单独的矢量对象。也可以通过将文档导入为位图格式（如 JPEG、GIF 或 TIFF）的方式来栅格化整个文档。

10.3　实例：房地产广告（“像素化”、“扭曲”和“模糊”滤镜）

位图滤镜包括 10 个滤镜组，每个滤镜组中都包括多个滤镜。这些滤镜有的是在滤镜库中进行设置。在本节中将为读者介绍“滤镜库”滤镜、“像素化”滤镜、“扭曲”滤镜和“模糊”滤镜。

下面通过房地产广告实例的制作，来为读者介绍这些滤镜的使用效果。本实例的完成效果如图 10-43 所示。

图 10-43　完成效果

1. “滤镜库”滤镜

执行“效果”|“扭曲”|“扩散亮光”命令，打开“滤镜库”对话框，如图 10-44 所示，在滤镜库对话框的左侧为预览窗口，显示对象使用滤镜后的效果。对话框的中间为滤镜选择按钮，单击按钮即可为对象应用相应的滤镜。对话框的右侧为参数设置面板，不同的滤镜会显示不同的参数。

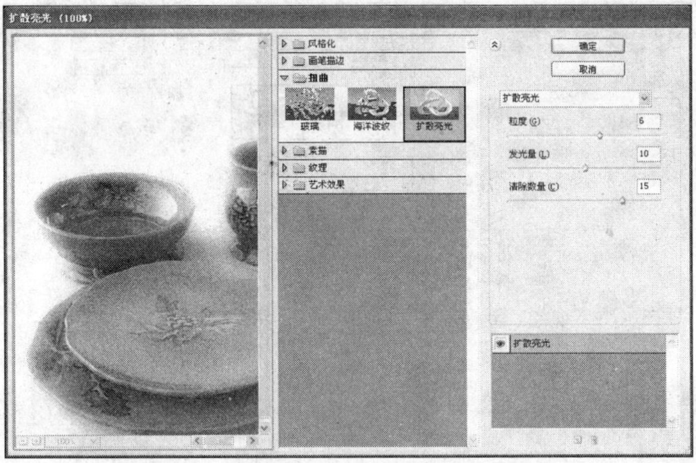

图 10-44　“滤镜库”对话框

提示 如果需要对添加了“滤镜库”滤镜组中滤镜的图像进行更改，可以在“外观”调板中，双击该滤镜名称，打开“滤镜库”对话框，即可对其进行更改设置。

2. “像素化”滤镜

（1）执行“文件”|“打开”命令，打开配套素材\Chapter-10\“房地产.ai”文件，如图 10-45 所示。

（2）选中页面中的位图图像，执行“效果”|“像素化”|“晶格化”命令，打开“晶格化”对话框，如图 10-46 所示，设置对话框参数，单击“确定”按钮完成设置，得到图 10-47 所示效果。

图 10-45　素材文件

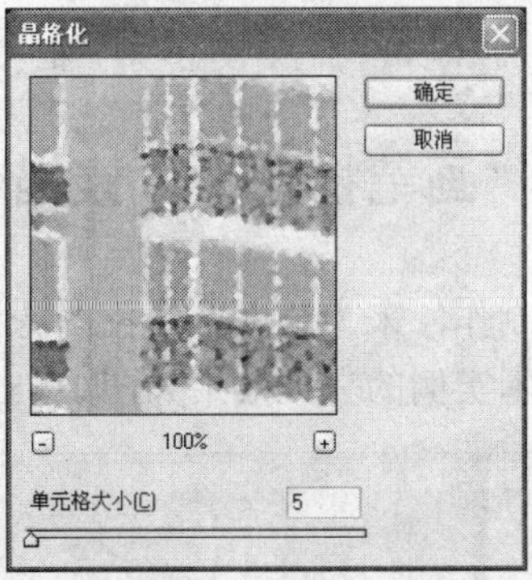

图 10-46　“晶格化”对话框

图 10-47　添加晶格化效果

3. “扭曲”滤镜

继续制作实例，选中位图图像，执行“效果”|“扭曲”|“扩散亮光”命令，打开“扩散亮光”对话框，参照图 10-48 所示设置参数，单击“确定”按钮完成设置，为图像添加扩散亮光效果。

4. “模糊”滤镜

（1）接着制作实例，使用“矩形工具”在页面中绘制一个黑色矩形，如图 10-49 所示。

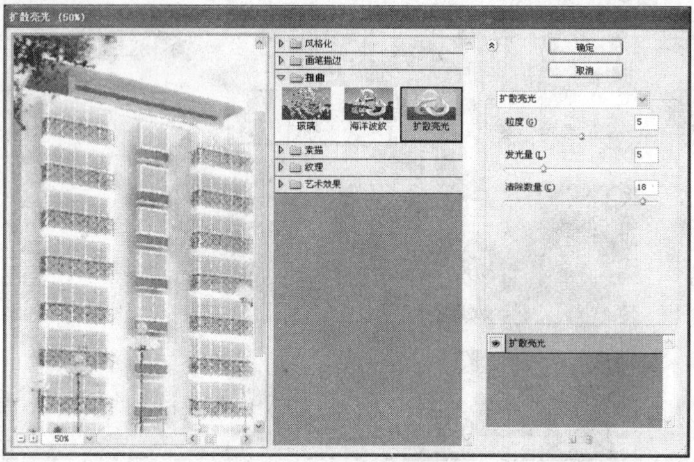

图 10-48 “扩散亮光”对话框

（2）执行“效果”|“模糊”|“高斯模糊”命令，打开“高斯模糊”对话框，设置对话框参数，单击“确定”按钮，关闭对话框，为图形添加高斯模糊效果，并调整图形位置，如图 10-50、图 10-51 所示。

图 10-49 绘制矩形

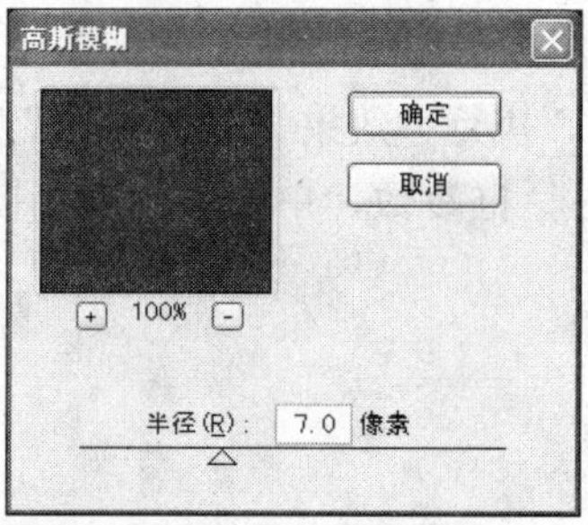

图 10-50 “高斯模糊”对话框

图 10-51 为图形添加高斯模糊效果

10.4 实例：游戏拼图（“画笔描边”、“素描”和“纹理”滤镜组）

本节将通过游戏拼图实例的制作，来为读者介绍位图滤镜中的“画笔描边”滤镜组、“素描”滤镜组和“纹理”滤镜组。本实例的完成效果如图 10-52 所示。

图 10-52 完成效果

1. “画笔描边”滤镜组

（1）执行“文件”|“打开”命令，打开“配套素材\Chapter-10\游戏拼图背景.ai”文件，如图 10-53 所示。

图 10-53　素材文件

（2）保持图形的选择状态，执行“效果”|“画笔描边”|“成角的线条”命令，打开“成角的线条”对话框，如图 10-54 所示，设置对话框参数，单击“确定”按钮完成设置，为图形添加成角线条的效果，如图 10-55 所示。

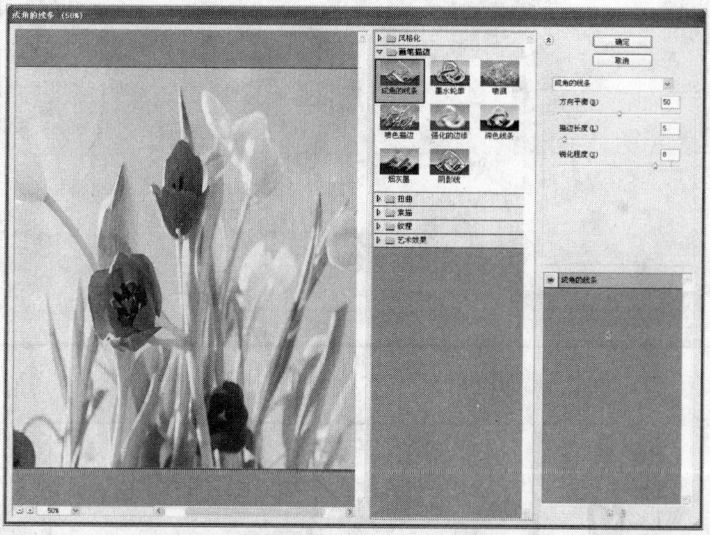

图 10-54　“成角的线条”对话框

2. “素描”滤镜组

继续制作实例，执行“效果”|“素描”|“水彩画纸”，打开“水彩画纸”对话框，如图 10-56 所示。设置对话框参数，单击“确定”按钮完成设置，为图形添加水彩画纸的效果，如图 10-57 所示。

3. “纹理”滤镜组

（1）继续制作实例，执行“效果”|“纹理”|“马赛克拼图”命令，打开“马赛克拼图”对话框，参照图 10-58 所示设置对话框参数，单击“确定”按钮完成设置，为图形添加马赛克效果，如图 10-59 所示。

（2）最终完成效果如前面图 10-52 所示。

图 10-55　添加成角线条的效果

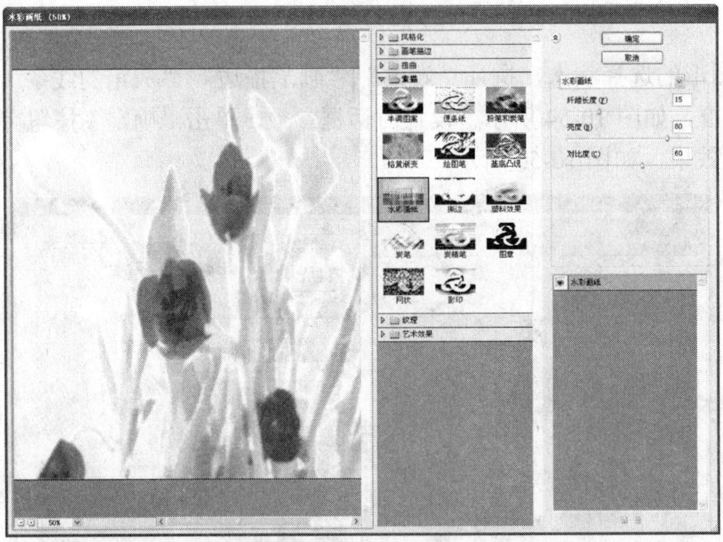

图 10-56　“水彩画纸”对话框

图 10-57　添加水彩画纸效果

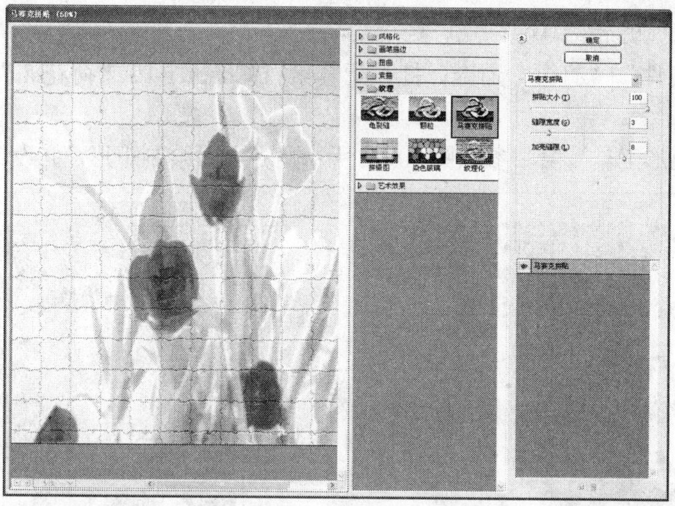

图 10-58　“马赛克拼图”对话框

图 10-59　添加成马赛克效果

10.5　实例：国画效果（“艺术效果”滤镜）

本节将通过国画效果实例的制作，为读者介绍位图滤镜中的“艺术效果”滤镜、“视频”滤镜、“锐化”滤镜和“风格化”滤镜的制作效果。本实例的制作完成效果如图 10-60 所示。

图 10-60　完成效果

1. “艺术效果”滤镜

（1）执行“文件”|“打开”命令，打开配套素材\Chapter-10\“荷花.ai”文件，如图 10-61 所示。

（2）选择“矩形工具”，参照图 10-62 所示贴齐页面绘制矩形，并设置图形颜色与位置。

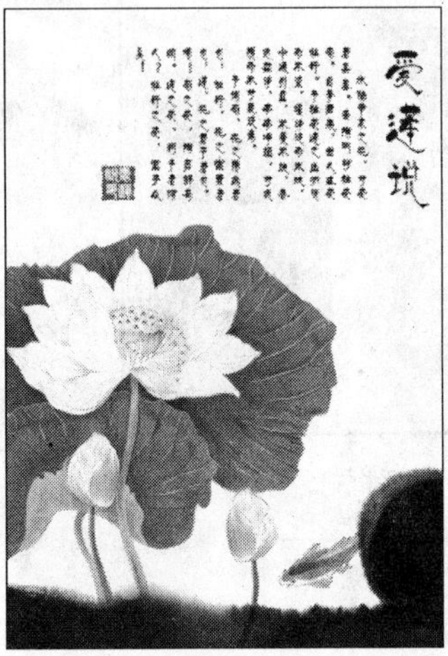

图 10-61 素材文件

图 10-62 绘制矩形

（3）选中矩形，按快捷键 Ctrl+C 复制图形，执行“编辑”|“贴在前面”命令，将图形粘贴到原图形的上一层。

（4）执行“效果”|“艺术效果”|“海绵”命令，打开“海绵”对话框，设置对话框参数，为图形添加海绵绘制效果，如图 10-63、图 10-64 所示。

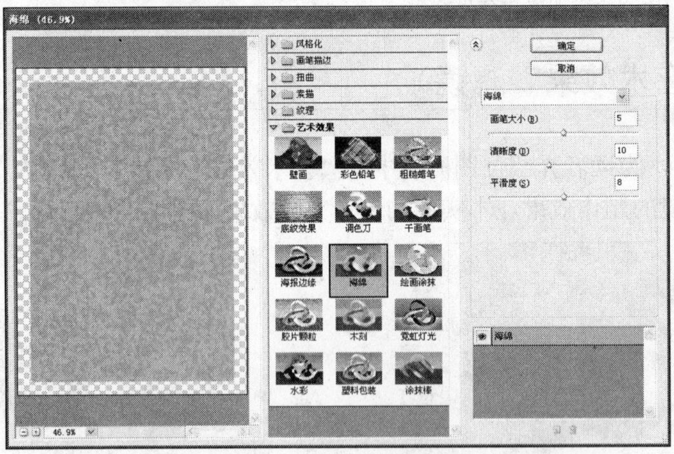

图 10-63 “海绵”对话框

图 10-64 应用海绵滤镜效果

（5）执行“效果”|“艺术效果”|“绘画涂抹”命令，打开“绘画涂抹”对话框，设置对话框参数，单击“确定”按钮完成设置，如图 10-65、图 10-66 所示。

（6）执行“效果”|“艺术效果”|“粗糙蜡笔”命令，打开“粗糙蜡笔”对话框，参照图 10-67 所示设置参数，单击“确定”按钮，关闭对话框，为图形添加粗糙蜡笔滤镜效果，如图 10-68 所示。

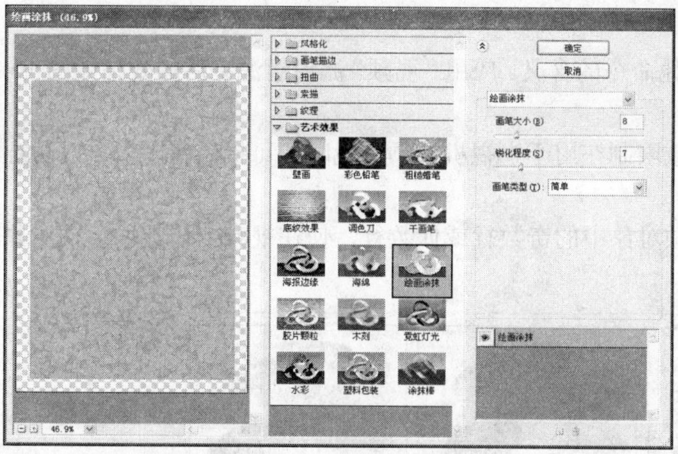

图 10-65　“绘画涂抹”对话框

图 10-66　应用绘画涂抹滤镜效果

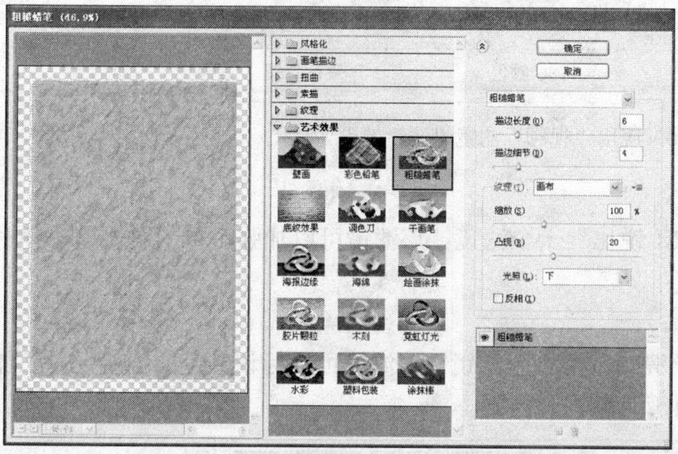

图 10-67　“粗糙蜡笔”对话框

图 10-68　应用粗糙蜡笔滤镜效果

（7）最后参照图 10-69 所示在属性栏中为图形设置透明效果。

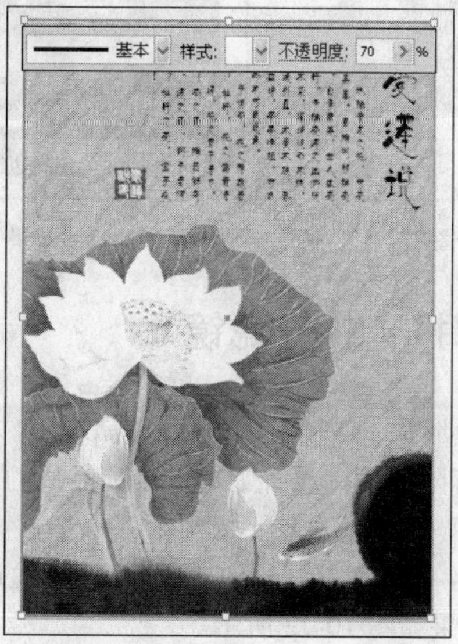

图 10-69　为图形设置透明效果

2. “视频”滤镜

下面介绍“视频”滤镜组中其他命令的含义。应用“视频”滤镜组滤镜后的效果如图 10-70 所示。

● NTSC 颜色：该滤镜将色域限制在用于电视机视频重现时的可接受范围内，以防止饱和颜色渗到电视屏幕扫描中。

● 逐行：该滤镜通过移去视频对象中的奇数行或偶数行，使在视频上捕捉的运动对象变得更平滑。

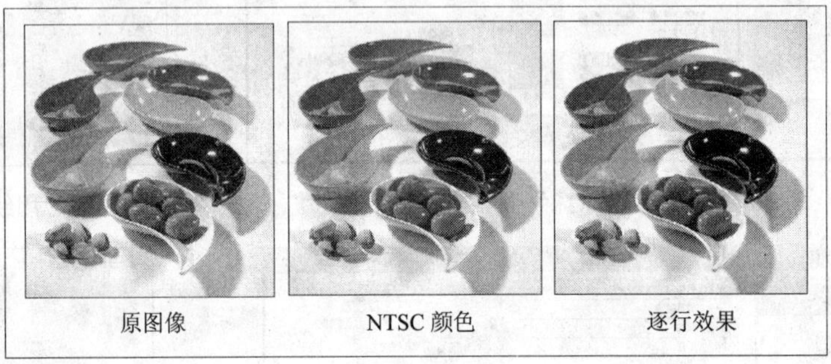

图 10-70　应用“视频”滤镜组滤镜效果

3. “锐化”滤镜

在“锐化”滤镜组中只有“USM 锐化”一个滤镜。该滤镜可以加强对象的对比度，使对象变得更加清晰。

4. “风格化”滤镜

在“风格化”滤镜组也只有“照亮边缘”一个滤镜。该滤镜可以标识颜色的边缘，并添加类似霓虹灯的光亮效果，如图 10-71 所示。

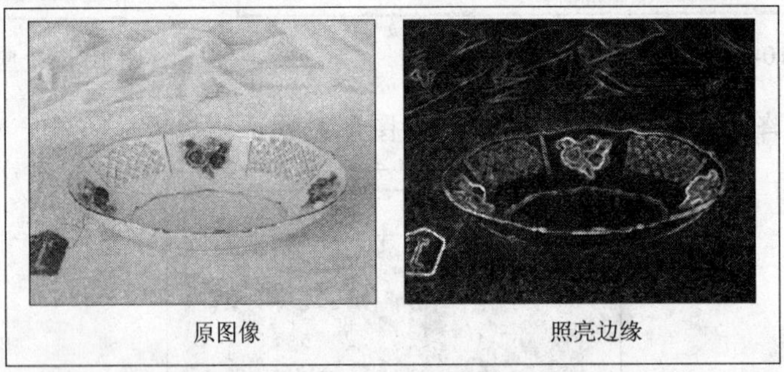

图 10-71　应用“照亮边缘”滤镜效果

10.6　实例：旅游社海报（SVG 滤镜）

SVG 滤镜是将图像描述为形状、路径、文本和滤镜效果的矢量格式，其生成的文件很小，可在 Web、打印机甚至资源有限的手持设备上提供较高品质的图像。但是这种方式创建的图形外观有锯齿，并且会简化一些细节使对象不太清晰。

旅游社海报实例的制作中，主要使用了 SVG 滤镜。读者通过本实例的制作即可学习 SVG 滤镜应用的方法。制作完成效果如图 10-72 所示。

（1）执行“文件”|“打开”命令，打开配套素材\Chapter-10\“天坛.ai”文件，如图 10-73 所示。

图 10-72　完成效果

图 10-73　素材文件

（2）参照图 10-74 所示，复制页面中的图形，并为副本图形填充白色。

图 10-74　复制图形

（3）选取副本图形，执行“效果”|“SVG 滤镜”|“AI_高斯模糊_4”命令，为图形添加模糊效果，然后按快捷键 Ctrl+［，将图形后移一个图层，如图 10-75 所示。

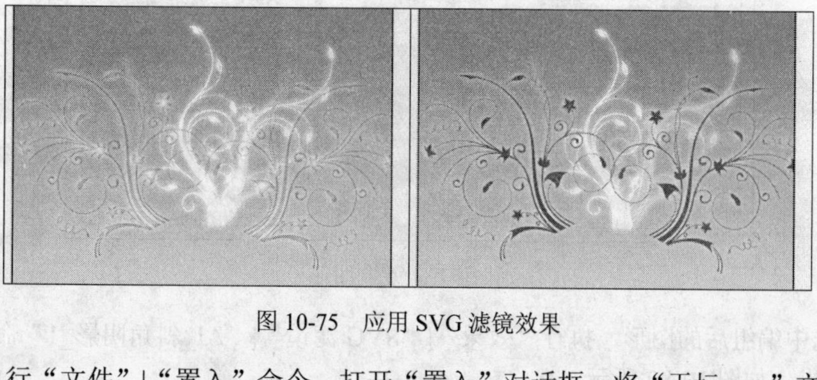

图 10-75　应用 SVG 滤镜效果

（4）执行“文件”|“置入”命令，打开“置入”对话框，将“天坛.png”文件导入到文档中，调整图像的位置，如图 10-76 所示。

（5）保持图像的选择状态，执行“效果”|“SVG 滤镜”|“AI_斜角阴影_1”命令，为图

像添加投影效果，如图 10-77 所示。

图 10-76 导入图像

图 10-77 应用 SVG 滤镜效果

（6）选择“椭圆工具”，配合键盘上的 Shift+Alt 组合键绘制圆形，参照图 10-78 所示，设置图形的位置、大小和描边粗细。

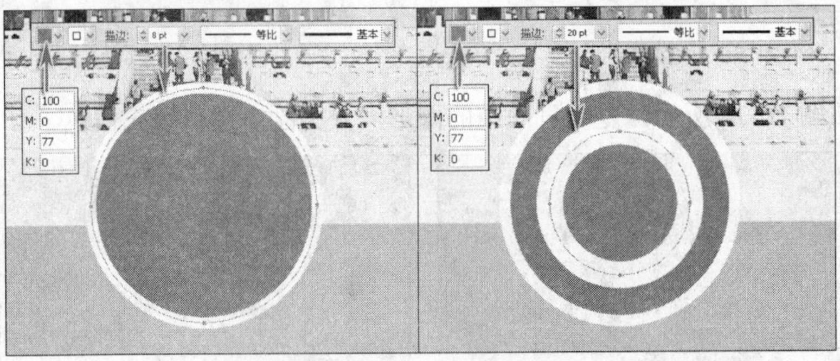

图 10-78 绘制圆形

（7）选取以上绘制的圆形图形，并复制多个图形，调整图形的位置与大小，如图 10-79 所示，选择复制的所有图形，按快捷键 Ctrl+G，将图形编组。

图 10-79 复制图形

（8）选中编组后的图形，执行“效果”|“SVG 滤镜”|“AI_斜角阴影_1”命令，为图像添加投影效果，如图 10-80 所示。

（9）接下来将编组图形复制，并选取副本图形，单击“路径查找器”调板中的“联集”按钮，将图形焊接在一起，如图 10-81 所示。

图 10-80　应用 SVG 滤镜效果

图 10-81　焊接图形

（10）保持图形的选择状态，执行“效果”|“SVG 滤镜”|“AI_木纹”命令，为图形应用图案填充效果，如图 10-82 所示。

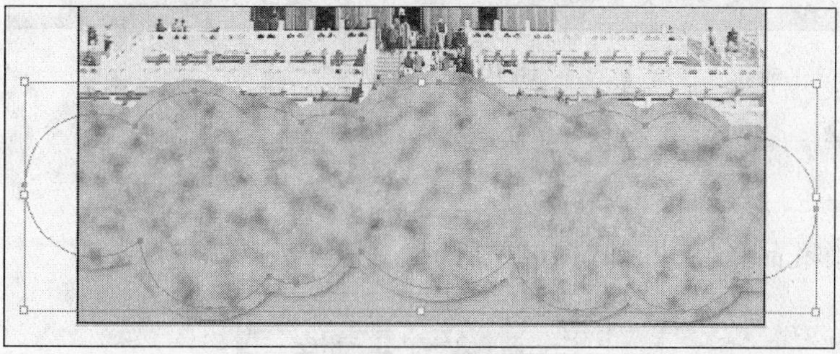

图 10-82　填充效果

（11）保持图形的选择状态，在“透明度”调板中设置混合模式为“颜色加深”选项，如图 10-83、图 10-84 所示。

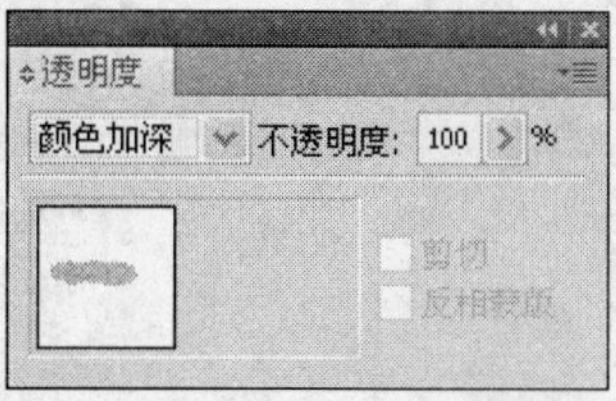

图 10-83　“透明度”调板

图 10-84　设置混合模式的效果

（12）使用“文字工具”T在页面左上角输入相关文字信息，如图 10-85 所示，执行“效

果”|“SVG 滤镜”|“AI_高斯模糊_4”命令，为图形添加模糊效果。

图 10-85 模糊效果

（13）接下来拖动文本图形到“图层”调板底部的“创建新图层” 按钮位置，复制文本图形，将副本文本图形的效果删除，并设置文本图形的颜色为黄色（C：0、M：0、Y：100、K：0），效果如图 10-86 所示。

图 10-86 复制文本

课后练习

1．设计制作礼品盒，效果如图 10-87 所示。

图 10-87 礼品盒

要求：

（1）使用“旋转”滤镜。

（2）使用“凸出和斜角”滤镜。

（3）使用“自由扭曲”滤镜。

2．为图形添加效果，如图 10-88 所示。

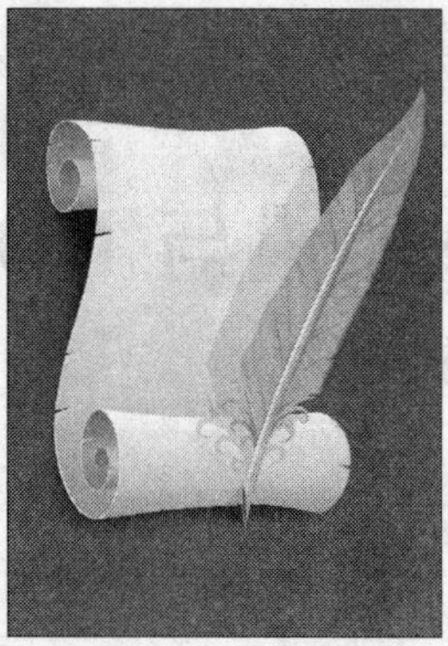

图 10-88　为图形添加效果

要求：

（1）为图形添加投影效果。

（2）为图形添加羽化效果。

第 11 课

打印与 PDF 文件制作

本课知识结构

Illustrator CS5 中，具有强大的打印与导出 PDF 功能。用户可以方便地进行打印设置，在激光打印机、喷墨打印机中打印高分辨率的彩色文档，也可以将页面导出为 PDF。在本课中将学习在 Illustrator CS5 中文件打印和制作 PDF 文件的方法。

就业达标要求

☆ 正确安装 PostScript 打印机　　☆ 常握 PDF 文件的含义

☆ 掌握打印设计的知识　　☆ 正确创建 PDF 文件

☆ 认知输出设备

☆ 了解印刷术语

11.1　实例：安装 PostScript 打印机

无论是专业的平面设计人员，还是普通的软件用户，其设计的作品，最终目的就是打印、印刷或发布到网络。Illustrator CS5 中具有强大的打印与导出 PDF 功能。具体实施时，既可以方便地进行打印设置，又可以方便地在激光打印机、喷墨打印机中打印高分辨率的彩色文档，另外，还可以将页面导出为 PDF。

安装 PostScript 打印机

PostScript 是一种用来描述页面中每个元素的位置、大小等的高级打印机语言。PostScript 打印机是指存在于电脑内部的虚拟打印机，是将页面“打印”成为 PS（PostScript）文件的一个媒介。

下面将以 Windows XP 系统为例，讲解安装 PostScript 虚拟打印机的操作方法。

（1）单击系统的“开始”菜单，在弹出菜单中选择“控制调板”命令，弹出“控制调板”对话框，双击“打印机和传真”图标，弹出“打印机和传真”对话框，然后单击左上侧的“添加打印机”命令，弹出如图 11-1 所示的对话框。

（2）在对话框中单击“下一步”按钮，切换至如图 11-2 所示的对话框，此处由于安装的是虚拟的打印机，所以要取消“自动检测并安装即插即用打印机”选项。

（3）单击“下一步”按钮切换至如图 11-3 所示的对话框，在此不需要设置任何参数。单击“下一步”按钮，在显示的对话框左侧“厂商”区域中选择“HP”，在右侧的“打印机”区域中选择“HP Color Laser Jet 8550-PS”，如图 11-4 所示。

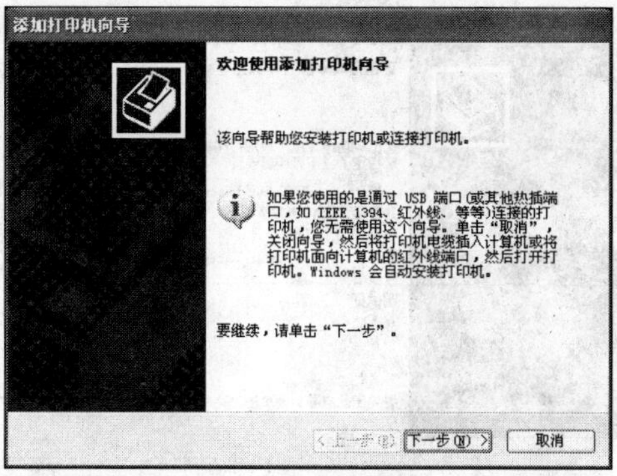

图 11-1　“添加打印机向导”对话框

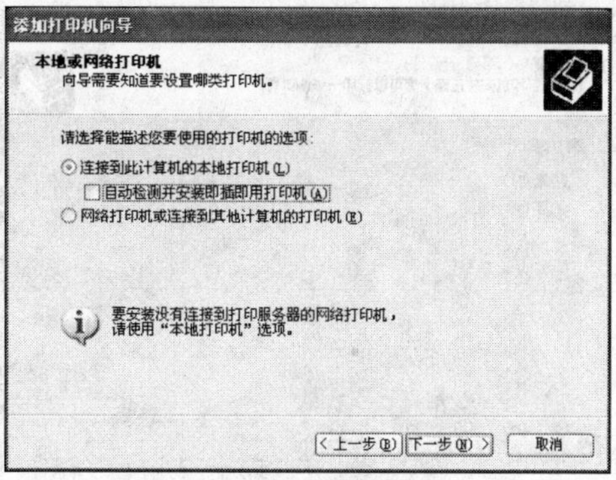

图 11-2　切换界面并设置选项

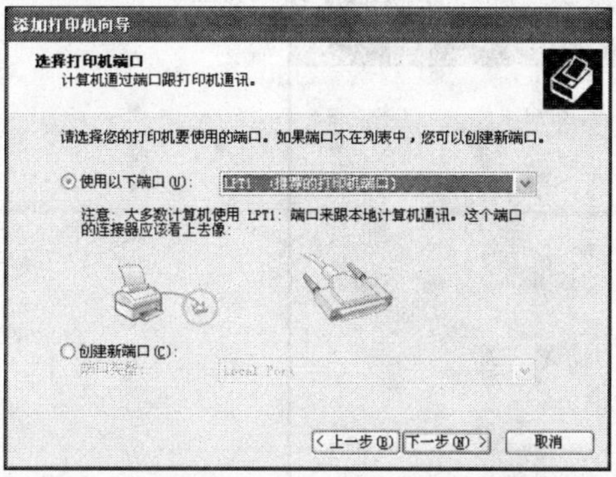

图 11-3　单击“下一步”按钮

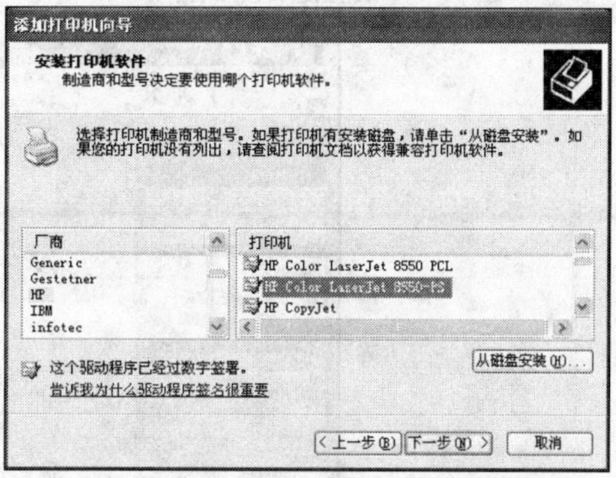

图 11-4　设置打印机的厂商和型号

（4）单击“下一步”按钮将切换至如图 11-5 所示的对话框，在此可以输入新打印机的名称，也可采用默认的名称。单击“下一步”按钮将切换至如图 11-6 所示的对话框，用户可在对话框中设置是否与他人共享打印机。

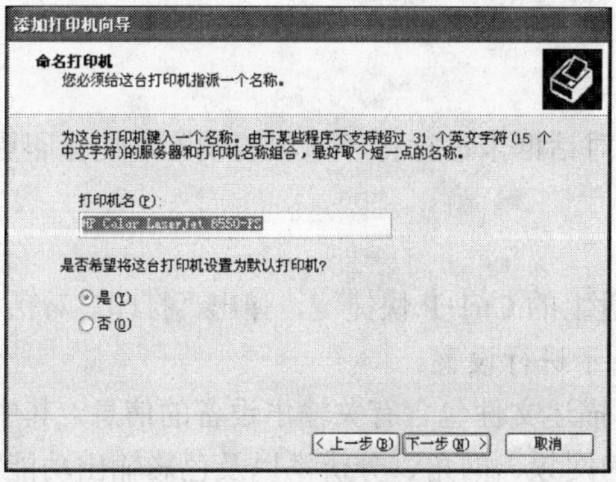

图 11-5　设置打印机名称

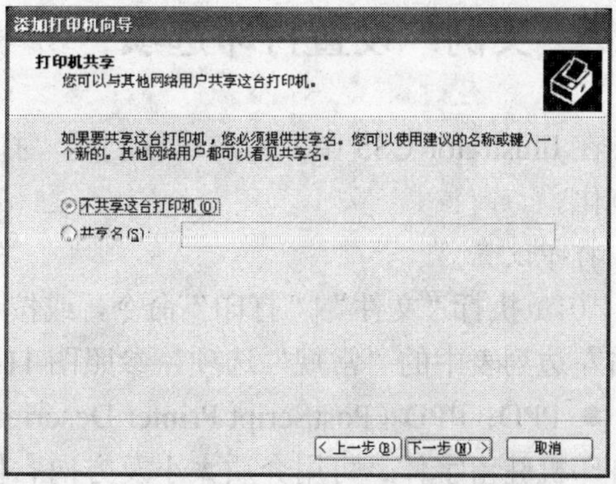

图 11-6　设置是否与他人共享打印机

（5）单击“下一步”按钮，将切换至图 11-7 所示的对话框，通常选择“否”选项。单击“下一步”按钮切换至图 11-8 所示的对话框。

（6）单击“完成”按钮即创建完毕新打印机，此时 Windows 将会为新打印机安装相应的驱动程序。驱动安装完毕后，此时“打印机和传真”对话框将显示为如图 11-9 所示的状态。至此用于打印 PS 文件的打印机就安装完毕。

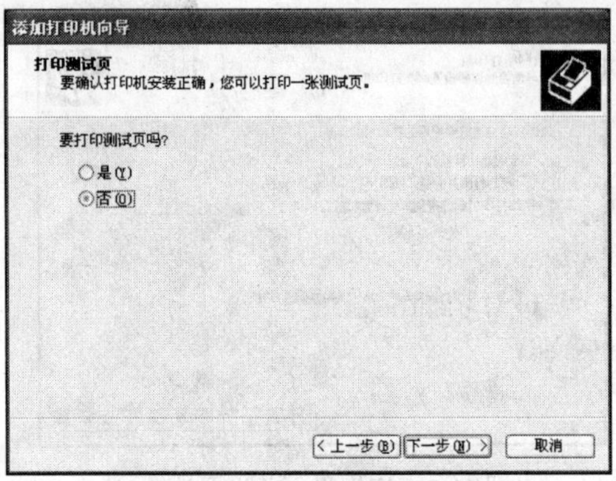

图 11-7 设置是否测试打印

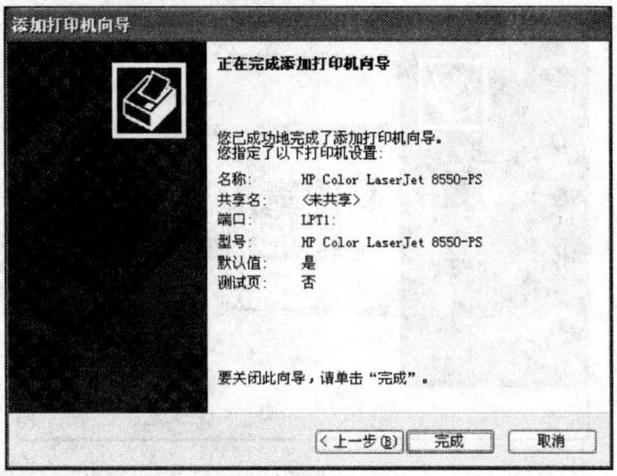

图 11-8 结束界面

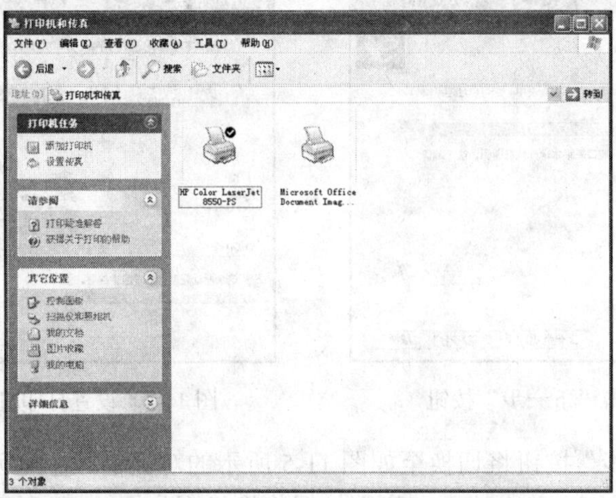

图 11-9 “打印机和传真”对话框

11.2 实例：设置打印选项

在 Illustrator CS5 中，用户可以利用“打印”对话框来进行打印选项的设置，使打印更加规范化。

打印设置

（1）执行“文件”|“打印”命令，或按下键盘上的 Ctrl+P 快捷键，弹出“打印”对话框，单击左边列表中的“常规”选项，参照图 11-10 所示进行设置。

- PPD：PPD（PostScript Printer Description）描述文件包含有关输出设备的信息，其中包括打印机驻留字体、可用介质大小及方向、优化的网频、网角、分辨率以及色彩输出功能等。打印之前选择正确的 PPD 非常重要。
- 份数：输入要打印的份数，选择“逆页序打印”复选项，将从后到前打印文档。
- 大小：在名称右侧的下拉列表中，可以选择打印纸张的尺寸。
- 宽度、高度：用来设置纸张的宽度和高度，单击其右侧的按钮，可以根据需要设置纸张的方向。
- 不要缩放：选择该单选项，可以在预览窗口中以默认比例显示文件大小。
- 调整到页面大小：使图像适合页面缩放。

● 自定缩放：选择该单选项，其右侧的“宽度”与“高度”参数栏将被激活，用户可根据需要设置数值，从而直接控制文件的打印尺寸。

● 平铺：选择该单选项，其右侧的设置内容均被激活，用户可对“平铺范围”、是否重叠、是否缩放等内容进行设置。

● 打印图层：选择要打印的图层，在下拉列表中可以选择“可见图层和可打印图层”、“可见图层”、“所有图层”。

（2）单击左边列表中的“标记和出血”选项，然后进行参数的设置，如图 11-11 所示。

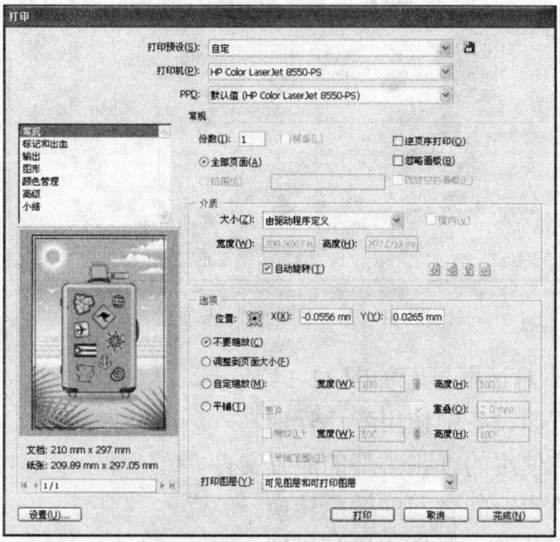

图 11-10　打印常规设置

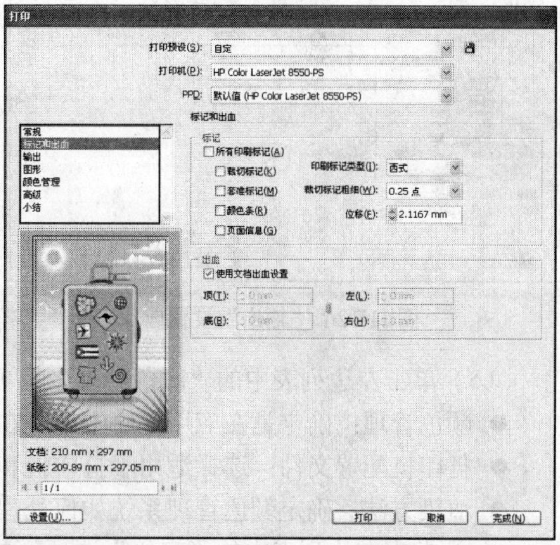

图 11-11　标记和出血设置

● 所有印刷标记：打印所有的打印标记。

● 裁切标记：在被裁剪区域的范围内添加一些垂直和水平的线。

● 套准标记：用来校准颜色。

● 颜色条：一系列的小色块，用来描述 CMYK 油墨和灰度的等级。可以用来校正墨色和印刷机的压力。

● 页面信息：包含打印的网线、文件名称、时间、日期等信息。

● 印刷标记类型：包含“西式”和“日式”两种，用户可以根据需要进行选择。

● 裁切标记的粗细：裁切标记线的宽度。

● 位移：指的是裁切线和工作区之间的距离。

● 出血：用来设置顶、底、左、右的出血值。

（3）单击左边列表中的“输出”选项，参照图 11-12 所示进行设置。

● 模式：设置分色模式。

● 药膜：指胶片或纸上的感光层。

● 图像：通常的情况下，输出的胶片为负片，就好像照片底片一样。

（4）单击左边列表中的“图形”选项，参照如图 11-13 所示进行设置。

● 路径：当路径向曲线转换的时候，如果选择的是“品质”，就会有很多细致的线条转换效果；如果选择的是“速度”，则转换的线条数目会很少。

● 下载：显示下载的字体。

● PostScript：选择 PostScript 兼容性水平。

● 数据格式：数据输出的格式。

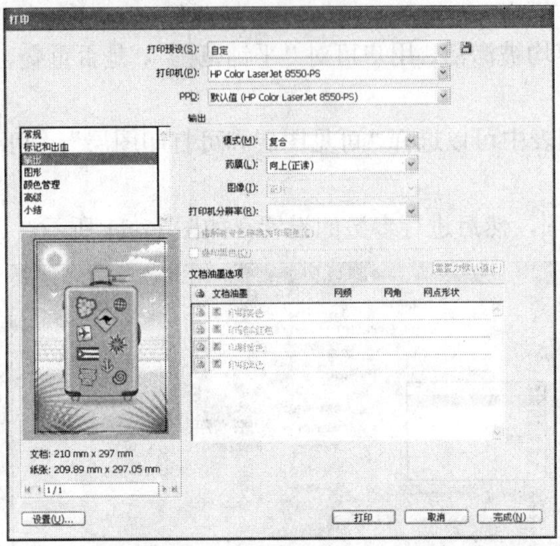

图 11-12 “输出”设置选项

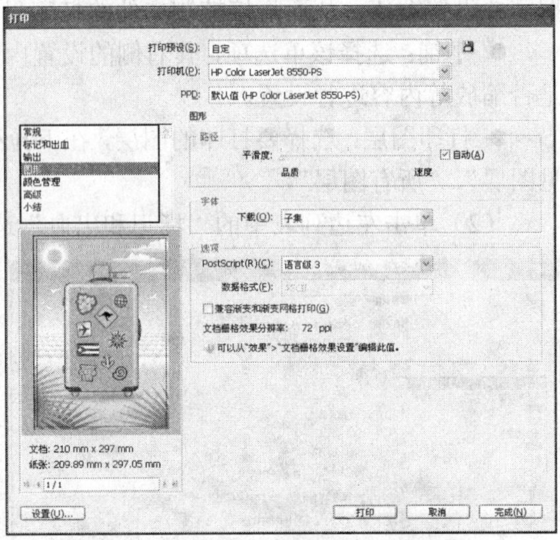

图 11-13 “图形”选项设置

（5）单击左边列表中的“颜色管理”选项，对话框显示如图 11-14 所示。

● 颜色管理：确定是在应用程序中还是在打印设备中使用颜色管理。

● 打印机配置文件：选择适用于打印机和将使用的纸张类型的配置文件。

● 渲染方法：确定颜色管理系统如何处理色彩空间之间的颜色转换。

（6）单击左边列表中的“高级”选项，参照图 11-15 所示进行设置。

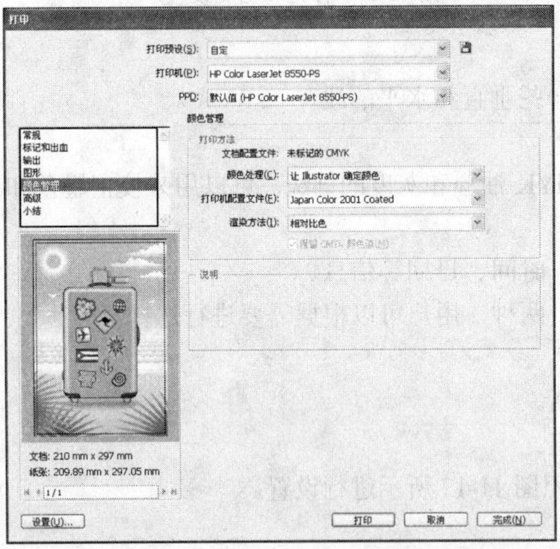

图 11-14 “颜色管理”选项设置

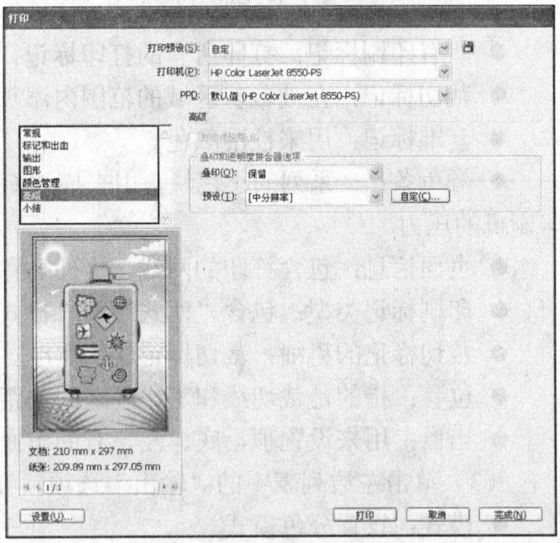

图 11-15 “高级”选项设置

● 打印成位图：将文件作为位图打印。

● 叠印：可以选择保留、放弃或模拟叠印方式。

● 预设：可以选择“高分辨率”、“中分辨率”、“低分辨率”。

（7）单击左边列表中的“小结”选项，对话框显示如图 11-16 所示，完成设置后，单击“打印”按钮，即可开始打印文件。

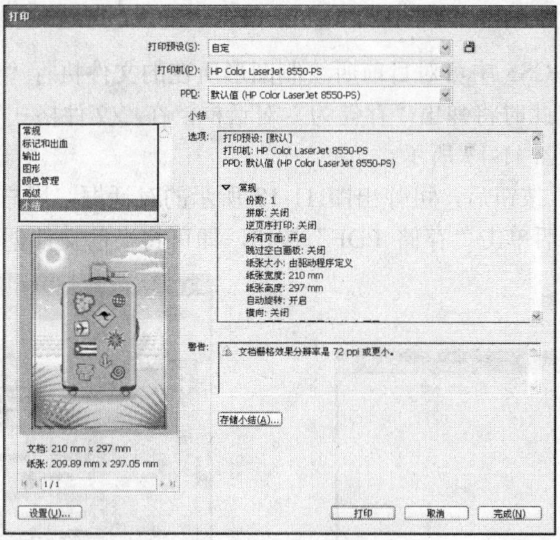

图 11-16　打印小结

● 选项：用户在前面所做的设置在这里可以看到，可以便于用户进行确定和修改。

● 警告：如果会出现问题或冲突，这里会出现警告的提示。

11.3　实例：创建书籍版式 PDF 文件（PDF 文件制作）

PDF（Portable Document Format 的简称，意为“便携式文件格式”）是由 Adobe Systems 在 1993 年用于文件交换所发展出的文件格式。随着科技的不断发展，PDF 文件已经被广为使用，多用来简化文档交换、省却纸张流程。

1. 什么是 PDF

PDF 文件有以下一些特点。

● PDF 是一种“文本图像”格式，能保留源文件的字符、字体、版式、图像和色彩的所有信息。

● PDF 的文件尺寸很小，文件浏览不受到操作系统、网络环境、应用程序的版本、字体等的限制，非常适宜网上传输，可通过电子邮件快速发送，也可传送到局域网服务器上，所以 PDF 是文件电子管理解决方案中理想的文件格式。

● 创建 PDF 文件的过程是比较简单的，从某种意义上讲，在 Illustrator CS5 中创建 PDF 文件就是对文件的默认保存格式进行了转化。

● 通过 Acrobat 软件可以对 PDF 文件进行密码保护，以防其他人在未经授权的情况下查看和更改文件，还可让经授权的审阅者使用直观的批注和编辑工具。Acrobat 软件具有全文搜索功能，可对文档中的字词、书签和数据域进行定位，是文件电子管理审阅批注的最佳工具。

● 由于 PDF 文件极佳的互换性，因此在推出后几年内，它就成为网上出版的标准。除了直接交付外，PDF 非常适合通过 E-mail 传送，或是放在网络上供人下载阅读。

Adobe Acrobat 软件突破了文件电子管理系统的种种局限，将办公自动化提升到了真正的文件电子管理时代。

2. 创建 PDF 文档

（1）在 Illustrator CS5 中可对目前所绘制图形所在的文件执行“文件”|“存储”或“文件”|“存储为”命令，此时将弹出“存储为”对话框，在“文件格式”列表框中选择“PDF”选项进行保存即可，如图 11-17 所示。

（2）单击“保存”按钮后，可弹出图 11-18 所示的对话框，用户在该对话框中可进行各选项的设置，设置完毕后单击“存储 PDF”按钮，即可将当前文件创建为 PDF 格式文件。

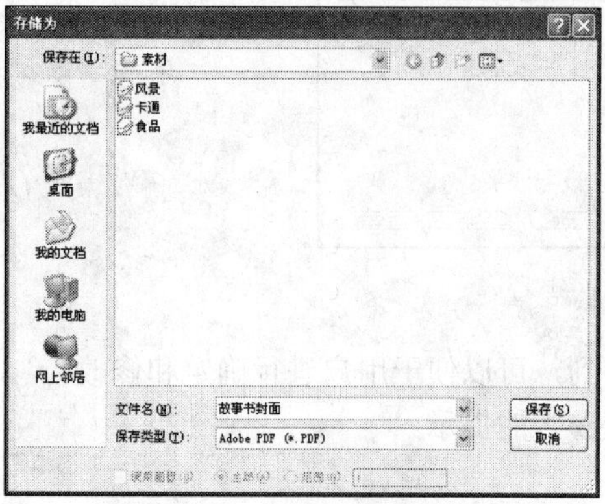

图 11-17 “存储为”对话框

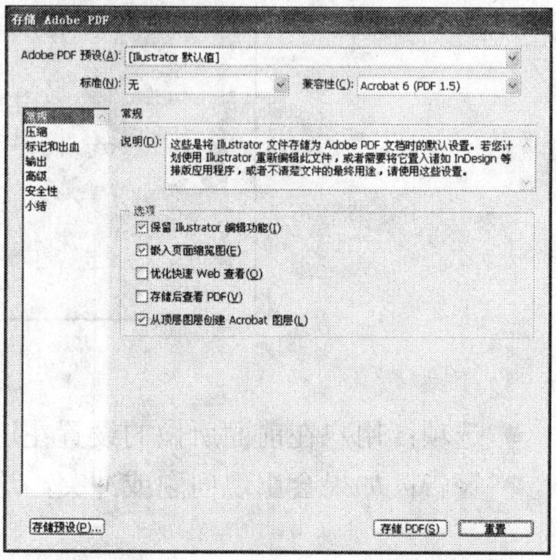

图 11-18 “存储 Adobe PDF”对话框

（3）单击“存储 PDF”对话框左下角的“存储预设”按钮，可打开图 11-19 所示的对话框，单击“确定”按钮，可将设置好的预设内容存储为 PDF 预设类型，以便将来重复使用。

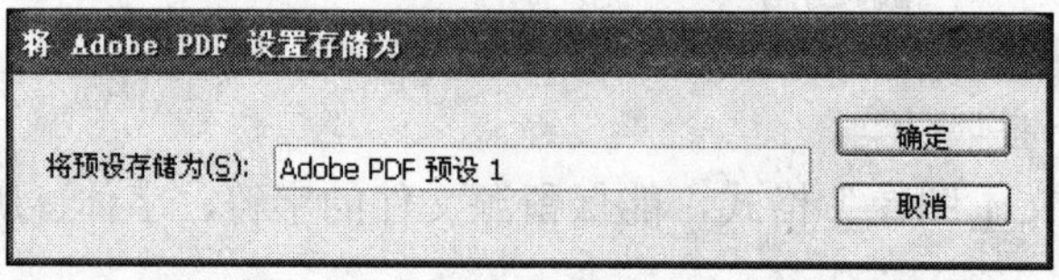

图 11-19 “将 Adobe PDF 设置存储为”对话框

课后练习

1．操作题。

安装 PostScript 打印机。

2．操作题。

创建宣传册 PDF 文件，示例效果如图 11-20 所示。

要求：

（1）制作完毕后，将文件保存为 PDF 格式。

（2）文件尺寸为 380mm×210mm。

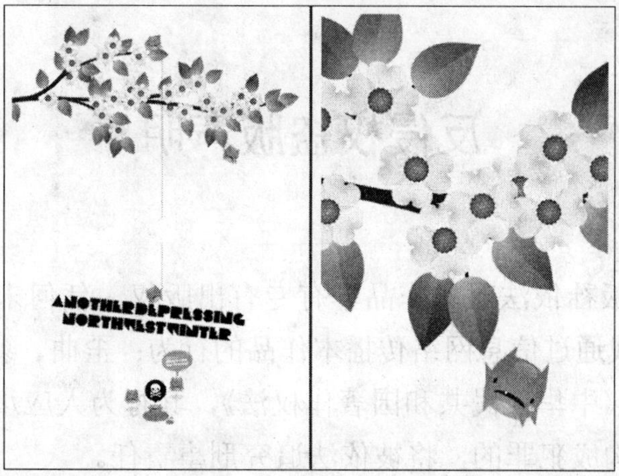

图 11-20　精美的对折页 PDF 文件

反侵权盗版声明

举报电话：（010）88254396；（010）88258888

传　　真：（010）88254397

E-mail：　dbqq@phei.com.cn

通信地址：北京市万寿路 173 信箱

　　　　　电子工业出版社总编办公室

邮　　编：100036